MATERIALIEN FÜR DEN SEKUNDARBEREICH II

MATHEMATIK

Mathematik heute
Leistungskurs Analysis 1

Herausgegeben von
Hermann Athen
Heinz Griesel
Helmut Postel

D1725249

Schroedel Schulbuchverlag

Verlag Ferdinand Schöningh

MATERIALIEN FÜR DEN SEKUNDARBEREICH II

MATHEMATIK HEUTE

Herausgegeben und bearbeitet von
Oberstudiendirektor Dr. Hermann Athen †
Professor Dr. Heinz Griesel
Professor Helmut Postel

Helmut Coers, Horst Jahner, Jörn Bruhn

Beratende Mitwirkung:
Dr. Werner Blum, Günter Cöster,
Dr. Gerhard Holland, Dr. Arnold Kirsch,
Dietrich Pohlmann, Dr. Lothar Profke,
Klaus Schäfer, Hans Weckesser

Bildquellenverzeichnis:
S. 156 Archiv f. Kunst u. Geschichte, Berlin;
S. 157 National Portrait Gallery, London;
S. 158 Deutsches Museum, München

Zu diesem Themenheft gibt es:
Lösungen und didaktisch-methodischer Kommentar
(Best.-Nr. 83189)

ISBN 3-507-**83089**-2 (Schroedel)
ISBN 3-506-**83089**-9 (Schöningh)

© 1982 Schroedel Schulbuchverlag GmbH, Hannover

Druck A $^{5\ 4\ 3\ 2}$ / Jahr 1986 85 84

Alle Drucke der Serie A sind im Unterricht parallel verwendbar.
Die letzte Zahl bezeichnet das Jahr dieses Druckes.

Zeichnungen: Günter Schlierf
Umschlagentwurf: Gerhilde Glebocki
Herstellung: Universitätsdruckerei H. Stürtz AG, Würzburg

Inhaltsverzeichnis

Vorwort 5

1. Folgen

1.1. Zahlenfolgen, ihre Veranschaulichung
auf der Zahlengeraden und ihre Eigenschaften 7
1.2. Konvergente Folgen – Grenzwertsätze . 13

2. Grenzwert bei Funktionen – Stetigkeit

2.1. Grenzwert bei Funktionen 19
2.2. Grenzwertsätze für Funktionen 27
2.3. Stetigkeit 29
2.4. Stetige Erweiterung einer Funktion an
der Stelle a 33

3. Zeichnerisches Differenzieren

3.1. Zeichnerische Bestimmung der Steigung
eines Funktionsgraphen in einem Punkt . 39
3.2. Ableitungskurve – Kritische Betrachtung
des zeichnerischen Differenzierens . . . 42

4. Berechnung der Sekanten- und Tangenten-Steigung bei speziellen Funktionen

4.1. Berechnung der Sekanten- und Tangen-
ten-Steigung bei der Funktion $x \mapsto x^2$. 44
4.2. Berechnung der Tangentensteigung bei
verschiedenen Funktionen 50

5. Differenzierbarkeit, Ableitung, Anwendungen

5.1. Sonderfälle und Probleme bei der
Berechnung der Tangentensteigung . . . 54
5.2. Definition der Differenzierbarkeit . . . 57
5.3. Ableitungsfunktion 60
5.4. Differenzierbarkeit und Stetigkeit 63
5.5. Anwendungen des Begriffs Ableitung in
Naturwissenschaften und Statistik . . . 64

6. Ableitungsregeln

6.1. Die Ableitung der Potenzfunktionen . . 69
6.2. Faktor-, Summen- und Differenzregel . . 71

6.3. Produktregel 76
6.4. Quotientenregel 77
6.5. Kettenregel 80

7. Funktionsuntersuchungen

7.1. Hoch- und Tiefpunkte – notwendiges
Kriterium 85
7.2. Monotonie und Ableitung 90
7.3. Vorzeichenwechselkriterium 92
7.4. Hinreichende Kriterien für Extremstellen mittels höherer Ableitungen . . . 97
7.5. Krümmungsverhalten – Wendepunkte . 104
7.6. Ausführliche Funktionsuntersuchung . . 110
7.7. Parameteraufgaben 113
7.8. Extrema mit Nebenbedingungen 116
▲ 7.9. Beweis des Monotoniesatzes 121

△ 8. Anwendungen

△ 8.1. Anwendungen in der Steuergesetzgebung 128
△ 8.2. Anwendungen in der Wirtschaftslehre . . 133
△ 8.3. Das Newtonsche Verfahren 135

▲ Anhang

▲ A. Stetigkeit – Umgebungen als Hilfsmittel

▲ A.1. Definition der Stetigkeit an der Stelle a
mit Hilfe von Umgebungen 138
▲ A.2. Nachweis der Stetigkeit bzw. Unstetig-
keit bei speziellen Funktionen 144
▲ A.3. Sätze über stetige Funktionen 148
▲ A.4. Grenzwert einer Funktion an der Stelle a
– Definition mit Hilfe von Umgebungen 152

B. Zur Geschichte der Differentialrechnung . 155

B.1. Anfänge im 17. Jahrhundert 155
B.2. Begründung der Differentialrechnung . . 156
B.3. Weitere Entwicklung der Differential-
rechnung 158

Stichwortverzeichnis 159

Aufbau und Gliederung des Leistungskurses Analysis 1

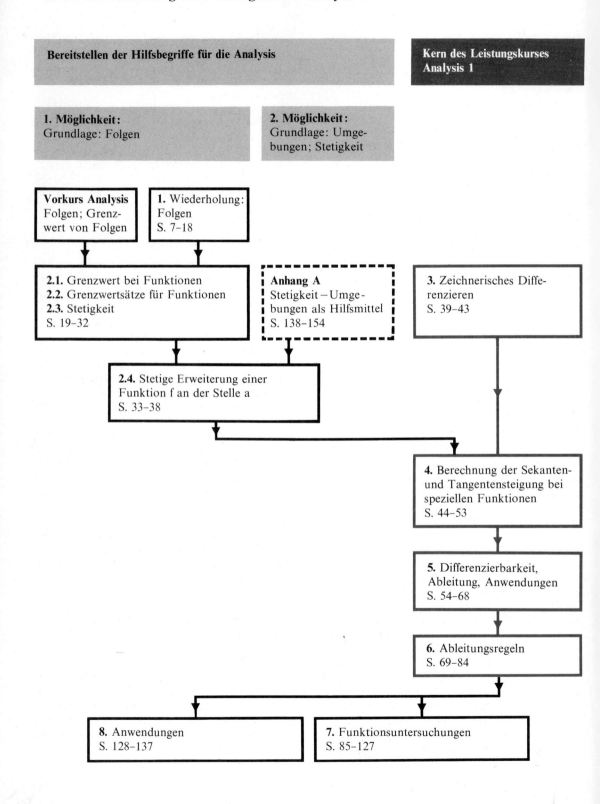

Bereitstellen der Hilfsbegriffe für die Analysis

Kern des Leistungskurses Analysis 1

1. Möglichkeit:
Grundlage: Folgen

2. Möglichkeit:
Grundlage: Umgebungen; Stetigkeit

Vorkurs Analysis
Folgen; Grenzwert von Folgen

1. Wiederholung:
Folgen
S. 7–18

2.1. Grenzwert bei Funktionen
2.2. Grenzwertsätze für Funktionen
2.3. Stetigkeit
S. 19–32

Anhang A
Stetigkeit–Umgebungen als Hilfsmittel
S. 138–154

3. Zeichnerisches Differenzieren
S. 39–43

2.4. Stetige Erweiterung einer Funktion f an der Stelle a
S. 33–38

4. Berechnung der Sekanten- und Tangentensteigung bei speziellen Funktionen
S. 44–53

5. Differenzierbarkeit, Ableitung, Anwendungen
S. 54–68

6. Ableitungsregeln
S. 69–84

8. Anwendungen
S. 128–137

7. Funktionsuntersuchungen
S. 85–127

Hinweise für den Lehrer

Der Kern des Leistungskurses Analysis

Der eigentliche Kern der Analysis ist in den Kapiteln **3** bis **6** dargestellt. Sie tragen die Überschriften:

3. Zeichnerisches Differenzieren,
4. Berechnung der Sekanten- und Tangentensteigung bei speziellen Funktionen,
5. Differenzierbarkeit, Ableitung, Anwendungen,
6. Ableitungsregeln.

In der Graphik auf Seite 4 sind diese Kapitel durch einen roten Rahmen gekennzeichnet. In diesen Kapiteln wird stets von der Anschauung ausgegangen und diese auch als Hilfe bei den Überlegungen verwendet. Doch wird dem Anspruchsniveau eines Leistungskurses entsprechend auch stets zu einer Präzision der Begriffe sowie einem schlußfolgernden Argumentieren und exakten Beweisen vorgestoßen.

Das Kapitel **3** *Zeichnerisches Differenzieren* soll zur anschaulichen Fundierung des Begriffs Ableitung beitragen. Es ist jedoch keine unbedingte Voraussetzung für die folgenden Kapitel und kann daher auch ausgelassen werden.

Zu den verwendeten Hilfsbegriffen

Bei den exakten Definitionen und Beweisen werden als *Hilfsbegriffe* der Grenzwert $\lim_{x \to a} f(x)$ einer Funktion f an der Stelle a sowie die stetige Erweiterung einer Funktion an der Stelle a verwendet. Diese Hilfsbegriffe werden in Kapitel **2**, *Grenzwert bei Funktionen – Stetigkeit*, bereitgestellt und anschaulich fundiert. Im Regelfall wird als Grundlage für diese Hilfsbegriffe im Unterricht der Begriff der *Folge* und der Begriff des *Grenzwertes einer Folge* in Anspruch genommen. Einen ausführlichen Lehrgang über Folgen, in welchem diese Begriffe abgehandelt werden, enthält der **Vorkurs Analysis** auf den Seiten 129 bis 157. Normalerweise sollte man die Folgen nach diesem Vorkurslehrgang im Leistungskurs unterrichten. Doch sind in Kapitel **1** dieses Buches, das die Überschrift *Folgen* trägt, die wesentlichen Stationen des Lehrganges über Folgen aus dem Vorkurs zusammengestellt, mit neuen Beispielen zu den Definitionen und Sätzen versehen und mit zusätzlichen Übungsaufgaben aufgefüllt. Allerdings ist auf Motivationen und Aufgaben zur Erarbeitung i.allg. verzichtet worden. Immerhin kann dieses erste Kapitel wegen seines sorgfältigen methodischen Aufbaus und seiner vielen Übungsaufgaben ohne weiteres auch zur Erarbeitung des Folgenbegriffs und des Grenzwertes von Folgen verwendet werden.

Im Anhang dieses Buches ist ein weiterer Weg (siehe die Übersicht S. 4; 2. Möglichkeit, Grundlage: Umgebungen; Stetigkeit) dargestellt, der unabhängig vom Folgenbegriff unter Verwendung der Umgebungsdefinition der Stetigkeit den Anschluß an den Abschnitt 2.4 liefert. Da dieser Weg nach unseren Erfahrungen unterrichtlich schwieriger ist, wurde er in den Anhang aufgenommen.

Zur didaktischen Gestaltung

Das methodisch fein abgestufte Vorgehen des Buches gibt dem Lehrer Hilfen bei der Vorbereitung auf den Unterricht. Seine methodische Freiheit bleibt jedoch gewahrt, da das Beispiel- und Übungsmaterial so umfangreich ist, daß auch eigene methodische Wege möglich sind.

Der breite, ausführliche Lehrtext ist klar und übersichtlich gegliedert. Zielsetzungen werden deutlich herausgearbeitet, die Einführung und Präzisierung neuer Begriffe werden motiviert. Das Buch ist deswegen zur Eigenarbeit der Schüler geeignet.

Das aus Definitionen und Sätzen bestehende mathematische Gerüst ist deutlich herausgearbeitet. Um einer besseren Lesbarkeit willen sind die Seiten in zwei Spalten angelegt. Die jeweils innere Spalte enthält den fortlaufenden Lehrgang, während sich die zugehörigen Übungsaufgaben in der äußeren Spalte befinden.

Zusatzstoffe sind nach zwei Schwierigkeitsgraden differenziert durch ein Dreieck gekennzeichnet. Es handelt sich hier um Anregungen, Ergänzungen und Motivationshilfen.

Zum methodischen Aufbau der einzelnen Lernabschnitte

1. Einstiegsaufgaben mit vollständiger Lösung

Das Thema des Lernabschnitts ist meist hinter dem Wort „Aufgabe" notiert. Die Einstiegsaufgabe soll beim Schüler eine Aktivität in Gang setzen, die zu dem neu zu erlernenden Begriff oder Zusammenhang bzw. zu der neu zu erwerbenden Fähigkeit oder Fertigkeit hinführt.

Die Einstiegsaufgabe dürfte im Regelfall in der Klasse gelöst werden. Die Angabe der vollständigen Lösung dient der Kontrolle und ermöglicht eine häusliche Nachbereitung.

2. Informationen – Ergänzungen

Gelegentlich werden Informationen oder Ergänzungen eingefügt, wenn das unterrichtlich günstiger ist als eine aktivitätsgebundene Erarbeitung des Informationsgehalts.

3. Zusammenfassung des Gelernten

Sätze und Definitionen als Zusammenfassung des Gelernten stehen in einem roten Rahmen. Andere wichtige Ergebnisse sind durch eine rote Unterlegung hervorgehoben.

4. Übungen

Am Ende eines jeden Lernabschnitts wird angegeben, welche Aufgaben des Übungsteils zur Übung des im Lernabschnitt neu Erarbeiteten besonders geeignet sind. Bei dem reichhaltigen Aufgabenmaterial wurde neben dem Übungsaspekt besonderer Wert auf die Variation der Aufgabenstellung zur Schulung des Transfers und auf Aufgaben mit Zielumkehr zur operativen Durchdringung und zur Herstellung von Zusammenhängen gelegt.

Anmerkung zur Beschreibung von Punkten im Koordinatensystem

Hat ein Punkt im Koordinatensystem die Koordinaten 3 und 4, so wird der Punkt mit p(3; 4) bezeichnet. Diese Bezeichnungsweise ist mathematisch völlig korrekt. Mit p wird nämlich die Funktion (Abbildung) bezeichnet, die jedem geordneten Zahlenpaar (x; y) genau einen Punkt im Koordinatensystem zuordnet, d.h. p ist eine Abbildung: $\mathbb{R} \times \mathbb{R} \to \mathbb{E}$ (wobei $\mathbb{E}$ die Ebene ist).
Nach der üblichen Funktionsschreibweise wird dann mit p(x; y) der Funktionswert dieser Funktion an der Stelle (x; y) bezeichnet. Das ist aber der Punkt mit den Koordinaten (x; y).
Die Funktion p hat einen besonderen Namen. Sie heißt Koordinatensystem, denn im eigentlichen Sinne sind nicht die beiden Koordinatenachsen das Koordinatensystem, sondern die Abbildung, die jedem geordneten Paar reeller Zahlen genau einen Punkt der Ebene zuordnet.

Ausblick auf den Leistungskurs Analysis 2

Inhaltliche Schwerpunkte des Leistungskurses Analysis 2 bilden die *Integralrechnung*, eine *Weiterführung der Differentialrechnung* (rationale Funktionen, Grenzwerte einer Funktion für $x \to \pm\infty$, trigonometrische Funktionen, Regel über die Ableitung der Umkehrfunktion, allgemeine Potenzregel) sowie gesonderte Kapitel, in welchen *Exponential- und Logarithmusfunktionen, numerische Verfahren, die Approximation von Funktionen* und gewisse *Differentialgleichungen* behandelt werden. Naturgemäß weicht der Leistungskurs Analysis 2 stärker vom Grundkurs Analysis 2 ab als dieser Leistungskurs Analysis 1 vom Grundkurs Analysis 1. So wird die Integralrechnung anders als im Grundkurs mit Hilfe von Ober- und Untersummen aufgebaut.
In zwei Kapiteln des Leistungskurses Analysis 2 erfolgt außerdem eine Vorbereitung auf das schriftliche Abitur durch Bereitstellen von komplexeren Aufgaben auch aus größeren Stoffbereichen.
Im Anhang werden die Beweise der Sätze zusammengestellt, welche sich auf die Vollständigkeit der reellen Zahlen gründen. Hierzu gehören u.a. der Zwischenwertsatz, der Satz vom Maximum bzw. Minimum stetiger Funktionen, der Mittelwertsatz der Differentialrechnung und der Satz von der Existenz des Integrals für stetige Funktionen. Neben einem historischen Rückblick enthält der Anhang auch eine Zusammenstellung von Definitionen und Sätzen aus dem Leistungskurs Analysis 1.

Differenzierung:

Zusatzstoffe enthalten wünschenswerte Ergänzungen.
Die Zusatzstoffe sind nach zwei Schwierigkeitsgraden unterschieden und folgendermaßen gekennzeichnet:

△ Zusatzstoff
▲ Zusatzstoff mit höherem Schwierigkeitsgrad

1. Folgen

In diesem Kapitel stellen wir die wichtigsten Begriffe über Folgen zusammen und geben dazu Übungsaufgaben zur Wiederholung und Einübung an. Einen ausführlichen Lehrgang über Folgen findet man im *Vorkurs Analysis*, Seite 129 ff.

1.1. Zahlenfolgen, ihre Veranschaulichung auf der Zahlengeraden und ihre Eigenschaften

A. Beispiele für Folgen – Definition einer Folge

Beispiel 1: *Folge der Stammbrüche*

Folgenglieder: $a_1 = \frac{1}{1}$; $a_2 = \frac{1}{2}$; $a_3 = \frac{1}{3}$; $a_4 = \frac{1}{4}$; ...;
$a_n = \frac{1}{n}$; ...

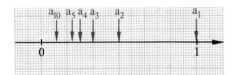

Beispiel 2: *Folge der abwechselnd positiven und negativen geraden Zahlen*

Folgenglieder: $a_1 = -2$; $a_2 = 4$; $a_3 = -6$; $a_4 = 8$; ...;
$a_n = (-1)^n \cdot 2n$; ...

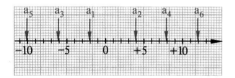

Beispiel 3: *Konstante Folge mit dem Wert* 3

Folgenglieder: $a_1 = 3$; $a_2 = 3$; $a_3 = 3$; $a_4 = 3$; ...;
$a_n = 3$; ...

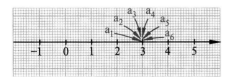

Übungen 1.1

1. Veranschauliche die Folge $\langle a_n \rangle$ auf der Zahlengeraden. Zeichne 7 Folgenglieder ein. Gib diese 7 Glieder an.

a) $a_n = -\dfrac{1}{n}$ n) $a_n = -4$

b) $a_n = \dfrac{(-1)^n}{n}$ o) $a_n = (-1)^n \cdot 2$

c) $a_n = 2 - \dfrac{1}{n}$ p) $a_n = \dfrac{1 + (-1)^n}{n}$

d) $a_n = 3 + \dfrac{1}{n}$ q) $a_n = \dfrac{1}{2^n}$

e) $a_n = 4 + \dfrac{(-1)^n}{n}$ r) $a_n = \dfrac{2^n}{2}$

f) $a_n = -n$ s) $a_n = 1{,}5^n$

g) $a_n = (-1)^n \cdot n$ t) $a_n = (-2)^n$

h) $a_n = 2n$ u) $a_n = \left(-\frac{1}{2}\right)^n$

i) $a_n = 2 \cdot (n-1)$ v) $a_n = \frac{3}{7} \cdot \left(1 - \left(\frac{3}{10}\right)^n\right)$

j) $a_n = (-1)^n \cdot (n-1)$ w) $a_n = 2n^2$

k) $a_n = n + (-1)^n$ x) $a_n = 5 - n^2$

l) $a_n = -3n$ y) $a_n = n^2 - 20$

m) $a_n = 2$ z) $a_n = n^2 - (n-1)^2$

2. Versuche eine Gesetzmäßigkeit zu erkennen und setze die Folge um 5 Glieder fort.

a) 0; $\frac{1}{2}$; $\frac{2}{3}$; $\frac{3}{4}$; ...

b) $\frac{1}{2}$; 1; $\frac{3}{2}$; 2; $\frac{5}{2}$; 3; ...

c) $0{,}1$; $0{,}01$; $0{,}001$; ...

d) 8; 5; 2; ...

e) -4; -8; -12; ...

f) $\frac{1}{2}$; $-\frac{1}{2}$; $\frac{1}{2}$; $-\frac{1}{2}$; ...

3. Gib das n-te Folgenglied a_n an:

a) $\frac{1}{3}$; $\frac{1}{4}$; $\frac{1}{5}$; $\frac{1}{6}$; $\frac{1}{7}$; ...

b) 1; 4; 9; 16; ...

c) $\frac{1}{1}$; $-\frac{1}{2}$; $+\frac{1}{3}$; $-\frac{1}{4}$; ...

d) $-\frac{1}{4}$; $-\frac{1}{2}$; $-\frac{3}{4}$; -1; $-1\frac{1}{4}$; $-1\frac{1}{2}$; $-1\frac{3}{4}$; ...

e) 3; 5; 7; 9; 11; ...

4. Gib die ersten 10 Glieder an.
Versuche mit Hilfe der Terme $1+(-1)^n$ bzw. $1-(-1)^n$ das Folgenglied a_n anzugeben.

a) $n \mapsto \begin{cases} n, & \text{falls } n \text{ ungerade} \\ \frac{1}{n} & \text{falls } n \text{ gerade} \end{cases}$

b) $n \mapsto \begin{cases} -n, & \text{falls } n \text{ gerade} \\ n^2, & \text{falls } n \text{ ungerade} \end{cases}$

c) $n \mapsto \begin{cases} 1+\frac{1}{n}, & \text{falls } n \text{ ungerade} \\ 1, & \text{falls } n \text{ gerade} \end{cases}$

d) $n \mapsto \begin{cases} n, & \text{falls } n \text{ gerade} \\ 2n, & \text{falls } n \text{ ungerade} \end{cases}$

5. Gib die ersten 7 Glieder der durch die folgenden Angaben festgelegten Folge an:

a) $a_1 = 2; \qquad a_{n+1} = a_n + 2$

b) $a_1 = -2; \qquad a_{n+1} = 2a_n + 1$

c) $a_1 = 6; \qquad a_{n+1} = a_n - n$

d) $a_1 = 4; \qquad a_{n+1} = \dfrac{2}{a_n} - 1$

6. Berechne mit einem Taschenrechner die ersten 10 Folgenglieder.

a) Beginne mit 30 000 000 und ziehe sukzessive die Wurzel.

b) Beginne mit 1,002 und quadriere sukzessive.

c) Beginne mit 7,5 und multipliziere sukzessive mit 1,04.

d) Beginne mit 1,25 und bilde dann abwechselnd das Quadrat und das Reziproke.

7. Berechne mit einem Taschenrechner angenähert das Glied mit der Platznummer 25 [300; 800; 4 000; 130 000; 250 000].

a) $a_n = \dfrac{\sqrt{n}-4}{5 \cdot \sqrt{n}}$

c) $a_n = \dfrac{1}{\sqrt{n}} - 30$

b) $a_n = \sqrt{\dfrac{2+n}{4n}}$

d) $a_n = \dfrac{\sqrt{n}}{\sqrt{400\,000}}$

8. Notiere die ersten 6 Glieder der arithmetischen Folge mit dem Anfangsglied a_1 und der konstanten Differenz d.

a) $a_1 = 3; \ d = 0,5$

d) $a_1 = 0; \ d = -0,25$

b) $a_1 = -8; \ d = 2$

e) $a_1 = -\frac{2}{3}; \ d = \frac{1}{9}$

c) $a_1 = 4; \ d = -1,5$

f) $a_1 = 3,8; \ d = 0$

Definition 1: Eine Funktion mit der Menge $\mathbb{N}$ der natürlichen Zahlen ohne 0 als Definitionsbereich heißt **Folge**.
Die Funktionswerte sind Elemente aus $\mathbb{R}$.

Eine Folge notiert man häufig so:

$a_1, a_2, a_3, \ldots, a_n, \ldots$

Für jedes $n \in \mathbb{N}$ ist a_n das der Zahl n zugeordnete Element.

a_1 heißt   1. Folgenglied
a_2 heißt   2. Folgenglied
a_3 heißt   3. Folgenglied
$\vdots$
a_n heißt   n-tes Folgenglied

n heißt die **Platznummer** des Folgengliedes a_n.

Die zugehörige Folge lautet: $\langle a_n \rangle$

Zu einem Folgenglied (z.B. a_4) gehört eine bestimmte Platznummer (hier: 4) und das Element selbst (hier: a_4). Strenggenommen müßte man daher ein Folgenglied als Paar $(n; a_n)$ definieren. Diese Präzisierung wird im folgenden jedoch nicht benötigt.
Eine Folge hat unendlich viele Glieder. Man verwechsle jedoch nicht die Folgenglieder mit den Elementen des Wertebereichs der Folge. Die Folge $\langle a_n \rangle$ mit $a_n = 3$ hat wie jede Folge unendlich viele Glieder, ihr Wertebereich hat nur *ein* Element, nämlich 3.

Zur Übung: **1** bis **7**

B. Arithmetische Folgen

Definition 2: Eine Folge heißt **arithmetische Folge**, falls gilt:

$a_{n+1} = a_n + d$ (für alle $n \in \mathbb{N}$), d.h. $a_n \xrightarrow{\ +d\ } a_{n+1}$

a_1 heißt **Anfangsglied** der arithmetischen Folge;
d heißt **konstante Differenz**, weil

$d = a_{n+1} - a_n$.

Beispiel 1:

$3 \xrightarrow{+2} 5 \xrightarrow{+2} 7 \xrightarrow{+2} 9 \xrightarrow{+2} 11 \xrightarrow{+2} \ldots$

$a_1 = 3; \ a_2 = 5; \ a_3 = 7; \ a_4 = 9; \ a_5 = 11; \ldots$

$a_n = 3 + (n-1) \cdot 2; \qquad a_1 = 3; \ d = 2$

Beispiel 2:

$$4 \xrightarrow{-3,5} 0,5 \xrightarrow{-3,5} -3 \xrightarrow{-3,5} -6,5 \xrightarrow{-3,5} -10\ldots$$

$a_1 = 4; \quad a_2 = 0,5; \quad a_3 = -3; \quad a_4 = -6,5; \quad a_5 = -10\ldots$

$a_n = 4 - (n-1) \cdot 3,5; \qquad a_1 = 4; \quad d = -3,5$

Satz 1: Eine Folge $\langle a_n \rangle$ ist genau dann arithmetisch, falls gilt:

$$a_n = a_1 + (n-1) \cdot d$$

Beweis:

1. Wenn $\langle a_n \rangle$ arithmetisch ist, dann gilt die Formel.

Die Gültigkeit der Formel erkennt man, wenn man die einzelnen Folgenglieder notiert:

$a_1 = a_1 + 0 \cdot d$

$a_2 = a_1 + d = a_1 + 1 \cdot d$

$a_3 = a_2 + d = a_1 + 2 \cdot d$

$a_4 = a_3 + d = a_1 + 3 \cdot d$

$\vdots$

$a_n = a_{n-1} + d = a_1 + (n-1) \cdot d$

$\vdots$

Ein genauer Beweis verwendet vollständige Induktion.

△ *(1) Induktionsbeginn:* Die Formel gilt für $n = 1$, denn
△ $a_1 = a_1 + (1-1) \cdot d$ ist richtig.
△

△ *(2) Induktionsschluß:* Zu beweisen ist für eine arithme-
△ tische Folge:
△ Wenn $a_k = a_1 + (k-1) \cdot d$, dann $a_{k+1} = a_1 + ((k+1)-1) \cdot d$
△ Es sei $a_k = a_1 + (k-1) \cdot d$ *(Induktionsannahme)*
△
△ Nun gilt nach der Definition der arithmetischen Folge
△ $a_{k+1} = a_k + d$. Also folgt:
△
△ $a_{k+1} = a_1 + (k-1) \cdot d + d$
△ $\qquad = a_1 + (k-1+1) \cdot d = a_1 + ((k+1)-1) \cdot d$

2. Wenn die Formel gilt, dann ist $\langle a_n \rangle$ arithmetisch.

Dazu bilden wir die Differenz $a_{n+1} - a_n$ mit

$a_{n+1} = a_1 + ((n+1)-1) \cdot d = a_1 + n \cdot d$:

$a_{n+1} - a_n = (a_1 + n \cdot d) - (a_1 + (n-1) \cdot d)$

$\qquad\quad = a_1 + n \cdot d - a_1 - n \cdot d + d = d,$

d.h. $a_{n+1} = a_n + d$. Die Folge $\langle a_n \rangle$ ist arithmetisch.

Zur Übung: **8** bis **11**

---

9. Gib an, ob die Zahlenfolge eine arithmetische Folge ist.

a) $-1; -2; -3; -4; -5; \ldots$

b) $7; 3; 0; 3; 7; 3; 7; 3; 0; \ldots$

c) $2^2; 4^2; 6^2; 8^2; \ldots$

d) $\frac{1}{1}; \frac{1}{2}; \frac{1}{3}; \frac{1}{4}; \frac{1}{5}; \frac{1}{6}; \ldots$

e) $2^2 - 1^2; \; 3^2 - 2^2; \; 4^2 - 3^2; \; 5^2 - 4^2; \ldots$

10. Prüfe nach, ob es sich um eine arithmetische Folge handelt.

a) $a_1 = 2; \qquad a_{n+1} = a_n - 4$

b) $a_1 = 5; \qquad a_{n+1} = a_n$

c) $a_3 = 2; \qquad a_{n+1} = 2a_n$

11. Beweise:

a) Für eine arithmetische Folge $\langle a_n \rangle$ gilt:
$a_{n+1} = \frac{1}{2}(a_n + a_{n+2})$

b) Ist $\langle a_n \rangle$ eine arithmetische Folge, so ist auch $\langle -a_n \rangle$ eine arithmetische Folge.

c) Addiert man zu jedem Glied einer arithmetischen Folge eine konstante Zahl, so entsteht wieder eine arithmetische Folge. [Suche entsprechende Sätze, falls subtrahiert, multipliziert oder dividiert wird. Beweise sie.]

d) Addiert man die Glieder mit gleicher Platznummer zweier arithmetischer Folgen, so entsteht wieder eine arithmetische Folge. [Gelten entsprechende Sätze, falls die Glieder mit gleicher Platznummer subtrahiert, multipliziert oder dividiert werden? Wenn ja, beweise sie.]

e) Gilt für eine arithmetische Folge $\langle a_n \rangle$
$a_k = a_m$ $(k \ne m)$, so ist $d = 0$.

12. Notiere die ersten 5 Glieder der geometrischen Folge.

a) $a_1 = 6; \qquad q = 3$

b) $a_1 = 200 \qquad q = 0,1$

c) $a_1 = 200; \qquad q = 1,5$

d) $a_1 = 1\,000; \qquad q = -\frac{1}{2}$

e) $a_1 = 4; \qquad q = \frac{3}{4}$

f) $a_1 = 4; \qquad q = -1$

g) $a_1 = -6; \qquad q = 3$

9

13. Berechne das 10. Glied der geometrischen Folge.

a) $a_1 = 3$; $q = 2$

b) $a_1 = 0{,}5$; $q = -4$

c) $a_1 = 1000$; $q = 0{,}5$

d) $a_1 = -9$; $q = \frac{1}{3}$

14. Beweise folgende Sätze:

a) Für eine geometrische Folge $\langle a_n \rangle$ gilt:
$a_{n+1}^2 = a_n \cdot a_{n+2}$

b) Ist $\langle a_n \rangle$ eine geometrische Folge, so ist auch $\langle \frac{c}{a_n} \rangle$ eine geometrische Folge ($c \neq 0$).

c) Sind $\langle a_n \rangle$ und $\langle b_n \rangle$ geometrische Folgen, so gilt:

(1) $\langle a_n \cdot b_n \rangle$ ist eine geometrische Folge.

(2) $\langle \frac{a_n}{b_n} \rangle$ ist eine geometrische Folge.

[Untersuche, ob es entsprechende Sätze für die Addition und die Subtraktion gibt.
Warum kann man Satz b) als Sonderfall vom Satz c) auffassen?
Formuliere weitere Sonderfälle von Satz c).]

d) Es sei $b_n = \alpha^{a_n}$ ($\alpha > 0$). Dann gilt: $\langle a_n \rangle$ ist genau dann eine arithmetische Folge, wenn $\langle b_n \rangle$ eine geometrische Folge ist. (Beachte, daß in diesem Satz zwei Wenn-dann-Aussagen zusammengefaßt sind.)

15. Entscheide, ob die Folge nach oben oder nach unten beschränkt ist. Wenn ja, gib drei obere bzw. drei untere Schranken sowie die kleinste obere bzw. größte untere Schranke an.

a) -2; $+2$; -2; $+2$; ...

b) $\frac{1}{1}$; 5; $\frac{1}{2}$; 5; $\frac{1}{4}$; 5; $\frac{1}{8}$; 5; $\frac{1}{16}$; 5; ...

c) $\frac{3}{4}$; $\frac{8}{9}$; $\frac{15}{16}$; $\frac{24}{25}$; $\frac{35}{36}$; $\frac{48}{49}$; ...

d) -1; 2; -2; -1; 3; -3; -1; 4; -4; ...

e) $0{,}9$; $1{,}99$; $2{,}999$; $3{,}9999$; $4{,}99999$; ...

f) $\langle a_n \rangle$ mit $a_n = \dfrac{1}{(-3)^n}$

g) $\langle a_n \rangle$ mit $a_n = 3 - \frac{1}{n}$

h) $\langle a_n \rangle$ mit $a_n = n - n^2$

i) $\langle a_n \rangle$ mit $a_n = \sqrt{1 - \frac{1}{n}}$

j) $\langle a_n \rangle$ mit $a_n = \dfrac{1 - n^2}{1 + n}$

k) $\langle a_n \rangle$ mit $a_n = \frac{n}{2} \cdot (1 + (-1)^n)$

C. Geometrische Folgen

> **Definition 3:** Eine Folge heißt **geometrische** Folge, falls gilt:
>
> $a_{n+1} = a_n \cdot q$ (für alle $n \in \mathbb{N}$), d.h.
>
> $a_n \xrightarrow{\;\cdot q\;} a_{n+1}$ mit $a_1 \neq 0$, $q \neq 0$
>
> a_1 heißt **Anfangsglied** der geometrischen Folge;
>
> q heißt **konstanter Quotient,** weil
>
> $q = \dfrac{a_{n+1}}{a_n}.$

Beispiel 1:

$2 \xrightarrow{\cdot(-3)} -6 \xrightarrow{\cdot(-3)} 18 \xrightarrow{\cdot(-3)} -54 \xrightarrow{\cdot(-3)} 162 \xrightarrow{\cdot(-3)} \ldots$

$a_1 = 2$; $a_2 = -6$; $a_3 = 18$; $a_4 = -54$; $a_5 = 162$; ...

$a_n = 2 \cdot (-3)^{n-1}$; $a_1 = 2$; $q = -3$

Beispiel 2:

$48 \xrightarrow{\cdot(\frac{1}{2})} 24 \xrightarrow{\cdot(\frac{1}{2})} 12 \xrightarrow{\cdot(\frac{1}{2})} 6 \xrightarrow{\cdot(\frac{1}{2})} 3 \xrightarrow{\cdot(\frac{1}{2})} \ldots$

$a_1 = 48$; $a_2 = 24$; $a_3 = 12$; $a_4 = 6$; $a_5 = 3$; ...

$a_n = 48 \cdot (\frac{1}{2})^{n-1}$; $a_1 = 48$; $q = \frac{1}{2}$

Beispiel 3:

$-2 \xrightarrow{\cdot 5} -10 \xrightarrow{\cdot 5} -50 \xrightarrow{\cdot 5} -250 \xrightarrow{\cdot 5} \ldots$

$a_1 = -2$; $a_2 = -10$; $a_3 = -50$; $a_4 = -250$; ...

$a_n = -2 \cdot 5^{n-1}$; $a_1 = -2$; $q = 5$

> **Satz 2:** Eine Folge $\langle a_n \rangle$ ist genau dann geometrisch, falls gilt:
>
> $a_n = a_1 \cdot q^{n-1}$

Beweis:

1. Wenn $\langle a_n \rangle$ geometrisch ist, dann gilt die Formel.

Die Gültigkeit der Formel erkennt man, wenn man die einzelnen Folgenglieder notiert:

$a_1 = a_1 \cdot q^0$

$a_2 = a_1 \cdot q = a_1 \cdot q^1$

$a_3 = a_2 \cdot q = a_1 \cdot q^2$

$a_4 = a_3 \cdot q = a_1 \cdot q^3$
$\vdots$

$a_n = a_{n-1} \cdot 1 = a_1 \cdot q^{n-1}$
$\vdots$

Ein genauer Beweis verwendet vollständige Induktion.

△ *(1) Induktionsbeginn*: Die Formel gilt für n = 1, denn
△
△ $a_1 = a_1 \cdot q^{(1-1)}$ ist richtig.
△
△ *(2) Induktionsschluß*: Zu beweisen ist für eine geome-
△ trische Folge:
△ Wenn $a_k = a_1 \cdot q^{k-1}$, dann $a_{k+1} = a_1 \cdot q^{(k+1)-1}$.
△ Es sei $a_k = a_1 \cdot q^{k-1}$ *(Induktionsannahme)*.
△ Nun gilt nach der Definition der geometrischen Folge:
△
△ $a_{k+1} = a_k \cdot q$
△
△ Also folgt:
△
△ $a_{k+1} = a_1 \cdot q^{k-1} \cdot q$
△
△ $\qquad = a_1 \cdot q^{k-1+1} = a_1 \cdot q^{(k+1)-1}$

2. *Wenn die Formel gilt, dann ist* $\langle a_n \rangle$ *geometrisch.*

Wir bilden dazu den Quotienten $\dfrac{a_{n+1}}{a_n}$ mit

$a_{n+1} = a_1 \cdot q^{(n+1)-1} = a_1 \cdot q^n$:

$$\frac{a_{n+1}}{a_n} = \frac{a_1 \cdot q^n}{a_1 \cdot q^{n-1}} = q^{n-(n-1)} = q,$$

d.h. $a_{n+1} = a_n \cdot q$. Die Folge $\langle a_n \rangle$ ist geometrisch.

Zur Übung: **12** bis **14**

D. Beschränkte Folgen

> **Definition 4:** Die Zahl S heißt **obere Schranke**
> (bzw. **untere Schranke**) der Folge $\langle a_n \rangle$, falls für alle
> $n \in \mathbb{N}$ gilt:
>
> $a_n \leq S$ (bzw. $a_n \geq S$)

Beispiel 1:

Die Folge $-5, -10, -15, -20, \ldots$ mit $a_n = -5n$ hat
z.B. die Zahl -4 als obere Schranke. Jede Zahl größer
oder gleich -5 ist obere Schranke der Folge.
Die Folge hat jedoch keine untere Schranke.

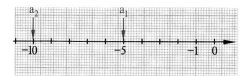

16. Gib eine Folge an, für die

a) 5 obere Schranke ist, 4 aber keine obere
Schranke ist.

b) unendlich viele Glieder gleich -2 sind,
-2 aber trotzdem untere Schranke ist. Wie
heißt die größte untere Schranke?

c) 6 kleinste obere Schranke ist, aber kein
Folgenglied gleich 6 ist.

d) 6 kleinste obere Schranke ist, unendlich
viele Glieder gleich 6 sind, aber auch unendlich viele Glieder von 6 verschieden sind.

e) -4 obere Schranke, aber nicht kleinste
obere Schranke ist.

17. Gib eine Folge an, für die

a) -2 größte untere Schranke und 3 kleinste
obere Schranke ist.

b) -3 größte untere Schranke und jede positive Zahl obere Schranke ist.

c) 3 größte untere Schranke ist, unendlich
viele Glieder gleich 3 sind, aber auch unendlich viele Glieder von 3 verschieden sind.

18. In der Formulierung der Definition **5** sind der
sogenannte Existenzquantor „es gibt" sowie
der Allquantor „alle (jeder)" versteckt. Es
muß ausführlich heißen:
Die Folge $\langle a_n \rangle$ heißt nach oben beschränkt,
wenn es eine Zahl S gibt, so daß für alle
Folgenglieder a_n gilt: $a_n \leq S$.
Verneine diese Definition. Gib mehrere äqui-
valente Formulierungen an. Setze dazu die
folgenden Formulierungen fort.
Die Folge $\langle a_n \rangle$ heißt nach oben unbe-
schränkt, wenn

(1) es keine Zahl S gibt, so daß ...

(2) für jede Zahl S gilt, daß nicht für ...

(3) es zu jeder Zahl S ein Folgenglied a_n gibt,
so daß ...

19. Beweise:

a) Ist S obere Schranke der Folge $\langle a_n \rangle$, so
ist 0 obere Schranke der Folge $\langle a_n - S \rangle$.

b) Eine Folge $\langle a_n \rangle$ ist genau dann beschränkt, wenn es eine Zahl T gibt, so daß
für alle a_n gilt: $|a_n| < T$.

c) Wenn S untere Schranke der Folge $\langle a_n \rangle$
ist und $c > 0$, so ist $c \cdot S$ untere Schranke von
$\langle c \cdot a_n \rangle$.
[Untersuche auch die Fälle $c < 0$ und $c = 0$.]

20. Entscheide, ob die angegebene Folge monoton wachsend oder monoton fallend ist.

a) $\frac{1}{1}$; $\frac{1}{2}$; $\frac{1}{4}$; $\frac{1}{9}$; $\frac{1}{16}$; $\frac{1}{25}$; ...

b) 3; $3\frac{1}{2}$; $3\frac{2}{3}$; $3\frac{3}{4}$; $3\frac{4}{5}$; $3\frac{5}{6}$; ...

c) 1; -1; 3; -3; 5; -5; 7; -7; ...

d) -4; -2; 0; 2; 4; 6; 8; ...

e) $\langle a_n \rangle$ mit $a_n = 4n - n^2$

f) $\langle a_n \rangle$ mit $a_n = n^2 - \frac{1}{n}$

g) $\langle a_n \rangle$ mit $a_n = \frac{(-1)^{n+1}}{n}$

h) $\langle a_n \rangle$ mit $a_n = n - \frac{1}{n}$

i) $\langle a_n \rangle$ mit $a_n = \sqrt[n]{2}$

j) $\langle a_n \rangle$ mit $a_n = \sqrt[n]{0,5}$

k) $\langle a_n \rangle$ mit $a_n = \sqrt[n]{n}$

21. Entscheide, ob folgender Satz wahr oder falsch ist. Beweise ihn gegebenenfalls bzw. korrigiere ihn, so daß er wahr wird.

a) Jede arithmetische Folge ist monoton steigend oder monoton fallend.

b) Jede geometrische Folge ist monoton steigend oder monoton fallend.

c) Eine konstante Folge ist sowohl monoton steigend als auch monoton fallend.

d) Ist $\langle a_n \rangle$ monoton wachsend und $a_n \neq 0$, so ist $\left\langle \frac{1}{a_n} \right\rangle$ monoton fallend.

22. Beweise:

a) Die Folge $\langle a_n \rangle$ ist genau dann monoton wachsend, falls gilt:
Wenn $m < n$, dann $a_m \leq a_n$.

b) Die Folge $\langle a_n \rangle$ ist genau dann monoton fallend, falls für alle $n \in \mathbb{N}$ gilt:
$a_n - a_{n+1} \geq 0$

c) Die Folge $\langle a_n \rangle$ habe nur positive Glieder. Dann gilt: $\langle a_n \rangle$ ist monoton fallend, genau dann, wenn $\frac{a_n}{a_{n+1}} \geq 1$.

Beispiel 2:

Die Folge 1, $\frac{1}{2}$, $\frac{1}{4}$, $\frac{1}{8}$, $\frac{1}{16}$, ... mit $a_n = \left(\frac{1}{2}\right)^{n-1}$ hat z.B. 2 als obere und -1 als untere Schranke. Die kleinste obere Schranke ist 1. Jede Zahl größer als 1 ist ebenfalls obere Schranke.
Die größte untere Schranke ist 0. Jede Zahl kleiner als 0 ist ebenfalls untere Schranke.

> **Definition 5:** Eine Folge $\langle a_n \rangle$ heißt **nach oben (nach unten) beschränkt,** wenn sie eine obere (untere) Schranke hat.

Beispiel 1:

Die Folge der Quadratzahlen 1, 4, 9, 16, ... mit $a_n = n^2$ ist nach unten, nicht aber nach oben beschränkt. Eine untere Schranke ist z.B. 0.

Beispiel 2:

Die Folge der Stammbrüche $\frac{1}{1}$, $\frac{1}{2}$, $\frac{1}{3}$, $\frac{1}{4}$, $\frac{1}{5}$, ... mit $a_n = \frac{1}{n}$ ist nach oben und nach unten beschränkt.

Zur Übung: **15** bis **19**

E. Monotone Folgen

> **Definition 6:** Die Folge $\langle a_n \rangle$ heißt **monoton wachsend** (bzw. **fallend**), falls gilt:
> $a_1 \leq a_2 \leq a_3 \leq a_4 \leq \ldots$
> (bzw. $a_1 \geq a_2 \geq a_3 \geq a_4 \geq \ldots$)

Beispiel 1:

Die Folge der dezimalen Näherungswerte von $\frac{1}{3}$, nämlich die Folge 0,3; 0,33; 0,333; 0,3333; ...

mit $a_n = \frac{3}{10} + \frac{3}{10^2} + \ldots + \frac{3}{10^n}$ ist monoton wachsend, da gilt: $0,3 \leq 0,33 \leq 0,333 \leq 0,3333 \leq \ldots$

Beispiel 2:

Die Folge der Stammbrüche ist monoton fallend, da gilt $\frac{1}{1} \geq \frac{1}{2} \geq \frac{1}{3} \geq \frac{1}{4} \geq \frac{1}{5} \geq \ldots$

Zur Übung: **20** bis **22**

1.2 Konvergente Folgen – Grenzwerte

In diesem Abschnitt wird der Begriff des *Grenzwertes einer Folge* eingeführt. Dieser Begriff ist für den weiteren Aufbau der Analysis zentral. Zu seiner Präzisierung benötigt man als Hilfsbegriff den der *Umgebung einer Zahl*. Seine Einführung erfolgt im Unterabschnitt **A**.

Im Unterabschnitt **B** wird dann schwierigkeitsgradig gestuft der Grenzwert einer Folge behandelt.

Als Kontrastbegriff wird im Unterabschnitt **C** der Begriff *des Häufungspunktes einer Folge* eingeführt.

Für die Anwendung in der Analysis sind die Grenzwertsätze für Folgen von großer Bedeutung (Unterabschnitte **D** und **E**). Beweis der Grenzwertsätze siehe *Vorkurs Analysis*, Seiten 152 bis 157

A. Umgebung einer Zahl

Für die weiteren Überlegungen zu den Folgen benötigen wir den Begriff der **Umgebung** $U(a)$ **einer Zahl** a.

Definition 7: Unter einer **Umgebung einer Zahl** a versteht man ein nach beiden Seiten *offenes* Intervall, welches a als Element hat.

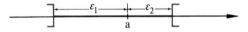

Die Entfernung des linken Randpunktes von a bezeichnen wir mit ε_1, die des rechten mit ε_2.

$$U(a) =]a - \varepsilon_1 ; a + \varepsilon_2[= \{x \in \mathbb{R} \mid a - \varepsilon_1 < x < a + \varepsilon_2\}$$

Bei einer symmetrischen Umgebung ist $\varepsilon_1 = \varepsilon_2$. Die Verwendung von beliebigen Umgebungen, die nicht notwendig symmetrisch sind, ist für das folgende jedoch gelegentlich praktischer.

Beispiel:

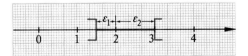

Das Intervall $U(2) =]1,5; 3[$ ist eine Umgebung der Zahl 2. Es ist $\varepsilon_1 = 0,5; \varepsilon_2 = 1$.

Beachte: Die Randpunkte der Umgebung gehören nicht zur Umgebung, da das Intervall offen sein soll.

Zur Übung: **1** bis **4**

Übungen 1.2

1. Zeichne auf der Zahlengeraden folgende Umgebung $U(a)$ der Zahl a. Gib ε_1 und ε_2 an. Ist die Umgebung symmetrisch?

   a) $U(5) =]3; 6[$ c) $U(1,5) =]-0,5; 2[$

   b) $U(-2) =]-3; 0[$ d) $U(1,25) =]1; 1,5[$

2. Gib für folgende Umgebung die Zahlen ε_1 und ε_2 an. Ist die Umgebung symmetrisch?

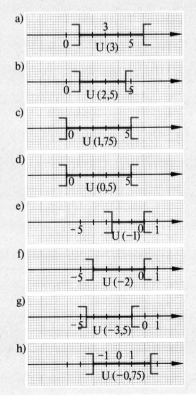

13

3. Gegeben ist das Intervall $]a; b[$. Es kann als Umgebung einer Zahl des Intervalls aufgefaßt werden. Gib dazu jeweils drei Möglichkeiten an. Wie groß sind ε_1 und ε_2?

a) $]a; b[=]3; 7[$

b) $]a; b[=]-4; +4[$

c) $]a; b[=]-8; -2[$

4. Gegeben ist das Intervall $]a; b[$ und eine Zahl $c \in]a; b[$. Fasse das Intervall als Umgebung von c auf. Bestimme ε_1 und ε_2.

5. Gegeben ist die konvergente Folge $\langle a_n \rangle$. Von welcher Platznummer ab liegen alle Glieder der Folge in der jeweils angegebenen Umgebung?

a) $a_n = \dfrac{1}{2n};\quad U =]-\tfrac{1}{15}; +\tfrac{1}{15}[$

b) $a_n = 1 - \dfrac{1}{n^2};\quad U =]1 - \tfrac{1}{3}; 1 + \tfrac{1}{3}[$

c) $a_n = 4 - \dfrac{(-1)^n}{n};\quad U_1 =]4 - \tfrac{1}{3}; 4 + \tfrac{1}{3}[$

$U_2 =]4 - \tfrac{1}{10}; 4 + \tfrac{1}{10}[$

$U_3 =]4 - \tfrac{1}{500}; 4 + \tfrac{1}{500}[$

6. Versuche mit dem Taschenrechner herauszufinden, welche Zahl Grenzwert der Folge $\langle a_n \rangle$ ist.
Gib dann eine Umgebung dieses Grenzwertes an, so daß genau von der Platznummer 10 [30; 100; 1000] ab alle Glieder der Folge in der Umgebung liegen. Verwende auch dazu einen Taschenrechner.

a) $a_n = \sqrt[n]{2}$

b) $a_n = \sqrt[n]{0{,}5}$

c) $a_n = \sqrt[n]{n}$

7. Gegeben ist die konvergente Folge $\langle a_n \rangle$. Gib eine Umgebung des Grenzwertes an, so daß genau von der angegebenen Platznummer ab alle Glieder der Folge in der Umgebung liegen.

a) $a_n = 2 + \dfrac{(-1)^n}{n};\quad 10 \; [20; 25; 100]$

b) $a_n = \dfrac{1 + (-1)^n}{4n};\quad 10 \; [15; 20; 100]$

c) $a_n = \dfrac{1}{n^2};\quad 10 \; [25; 100; 400]$

B. Grenzwerte einer Folge

Definition 8: Eine Zahl G heißt **Grenzwert der Folge** $\langle a_n \rangle$, wenn in jeder noch so kleinen Umgebung von G unendlich viele Glieder der Folge liegen, aber außerhalb höchstens endlich viele.
Eine Folge, die einen Grenzwert hat, heißt **konvergent,** andernfalls heißt die Folge *divergent.*

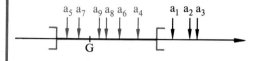

Beispiel:

Die Folge $\langle a_n \rangle$ mit $a_n = 2 + \tfrac{1}{n}$ hat die Zahl 2 als Grenzwert, da in jeder noch so kleinen Umgebung von 2 unendlich viele Glieder der Folge liegen, aber außerhalb nur endlich viele.

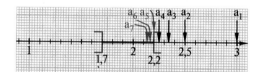

Gibt man beispielsweise (wie im Bild) die Umgebung $U(2) =]1{,}7; 2{,}2[$ vor, so liegt a_5 genau auf dem Rand der Umgebung. Da Umgebungen offene Intervalle sind, deren Randpunkte nicht zum Intervall gehören, liegt a_5 (ebenso wie a_1, a_2, a_3, a_4) außerhalb der vorgegebenen Umgebung.
Alle anderen unendlich vielen Glieder der Folge, also alle Glieder mit einer Platznummer $n > 5$, liegen innerhalb der Umgebung.
Um zu zeigen, daß es zu *jeder* Umgebung $U(2)$ eine Platznummer gibt, von der ab alle Glieder der Folge $\langle 2 + \tfrac{1}{n} \rangle$ in der Umgebung liegen, geht man von einer *beliebigen* Umgebung $U(2) =]2 - \varepsilon_1; 2 + \varepsilon_2[$ aus.

Das Glied $2 + \tfrac{1}{n}$ liegt genau dann in der Umgebung $U(2)$, falls gilt:

$$2 - \varepsilon_1 < 2 + \tfrac{1}{n} < 2 + \varepsilon_2.$$

Da die linke Ungleichung stets erfüllt ist, muß nur die rechte beachtet werden. Nun gilt:

$$2 + \tfrac{1}{n} < 2 + \varepsilon_2 \;\Leftrightarrow\; \tfrac{1}{n} < \varepsilon_2 \;\Leftrightarrow\; \tfrac{1}{\varepsilon_2} < n$$

Das bedeutet: Für alle Platznummern, die größer als $\tfrac{1}{\varepsilon_2}$ sind, liegen die Glieder der Folge $\langle 2 + \tfrac{1}{n} \rangle$ in der Umgebung $U(2)$.

Satz 3: Eine Zahl G ist genau dann Grenzwert der Folge $\langle a_n \rangle$, wenn man zu jeder noch so kleinen Umgebung von G eine Platznummer finden kann, von der ab alle Glieder der Folge in der Umgebung liegen, d.h. wenn es ein $n_0 \in \mathbb{N}$ (eine Platznummer) gibt, so daß für alle $n > n_0$ gilt, daß a_n in der Umgebung liegt.

In dem obigen Beispiel der Folge $\langle a_n \rangle$ mit $a_n = 2 + \frac{1}{n}$ gibt es zu der vorgegebenen Umgebung $U(2) =]1,7; 2,2[$ die (Platznummer) Zahl 5, so daß für alle n mit $n > 5$ die Glieder a_n in $U(2)$ liegen.

Satz 4: Eine Folge kann höchstens einen Grenzwert haben.

Beweis: Wenn es eine Folge mit zwei Grenzwerten gäbe, dann braucht man nur um G_1 die Umgebung U_1 und um G_2 die Umgebung U_2 so zu legen, daß sie sich nicht überschneiden. Dann wären innerhalb von U_1 unendlich viele Glieder der Folge, aber außerhalb von U_1, also innerhalb von U_2, nur endlich viele. Das ist ein Widerspruch. Eine Folge kann höchstens einen Grenzwert haben. Man kann dann von *dem* Grenzwert der Folge $\langle a_n \rangle$ sprechen.

Definition 9: Hat die Folge $\langle a_n \rangle$ den Grenzwert G, so bezeichnet man ihn mit $\lim_{n \to \infty} a_n$

(gelesen: *Limes a_n für n gegen unendlich*).

Es gilt: $\lim_{n \to \infty} a_n = G$.

Man sagt: *Die Folge $\langle a_n \rangle$ konvergiert gegen den Grenzwert G.*

Konvergiert die Folge $\langle a_n \rangle$ gegen 0, d.h. gilt $\lim_{n \to \infty} a_n = 0$, so heißt die Folge **Nullfolge.**

Ist eine Folge konvergent, so sagt man auch:

Der Grenzwert $\lim_{n \to \infty} a_n$ existiert.

Ist eine Folge divergent, so sagt man:

Der Grenzwert $\lim_{n \to \infty} a_n$ existiert nicht.

Zur Übung: **5** bis **10**

8. Berechne näherungsweise mit einem Taschenrechner den Grenzwert der Folge $\langle a_n \rangle$.

a) $a_n = \frac{4+n}{3+n}$

b) $a_n = \sqrt{\frac{3n-1}{5n}}$

c) $a_n = \frac{\sqrt{n}}{\sqrt{n+1}}$

d) $a_n = \sqrt[n]{5^n \cdot n}$

9. Beweise:

a) Jede konvergente Folge ist nach oben und nach unten beschränkt.

b) Jede arithmetische Folge mit $d \neq 0$ ist divergent.

c) Wenn $-1 < q \leq +1$, dann ist die geometrische Folge konvergent.

d) Wenn $1 < q$ oder $q \leq -1$, dann ist die geometrische Folge divergent.

e) Wenn die Glieder einer Folge von einer Platznummer ab alle gleich sind, dann ist die Folge konvergent.

f) Wenn eine Folge keine negativen [positiven] Glieder hat, kann der Grenzwert auch nicht negativ [positiv] sein.

g) Wenn $\lim_{n \to \infty} a_n = G$ und S eine obere Schranke der Folge $\langle a_n \rangle$ ist, dann gilt: $G \leq S$ (d.h. der Grenzwert einer Folge kann nicht größer als eine obere Schranke der Folge sein).

10. In der Definition 8 wurde erklärt, wann eine Zahl G Grenzwert der Folge $\langle a_n \rangle$ heißt. Diese Formulierung läßt sich verkürzen:

Definition 8*: Eine Zahl G heißt Grenzwert der Folge $\langle a_n \rangle$, wenn außerhalb jeder Umgebung von G höchstens endlich viele Glieder der Folge liegen.

a) Worin besteht der Unterschied in den Formulierungen der beiden Definitionen? Warum ist es berechtigt, von „verkürzen" zu sprechen?

b) Warum ist die Folgerung von Definition 8* aus Definition 8 trivial?

c) Zeige, daß auch Definition 8 aus Definition 8* folgt und damit beide Definitionen äquivalent sind.

11. Untersuche die Folge $\langle a_n \rangle$ auf Konvergenz und Häufungspunkte, Monotonie und Beschränktheit.

a) $a_n = (1-(-1)^n) \cdot \dfrac{1}{n}$

b) $a_n = \dfrac{1}{2^n}$

c) $a_n = \dfrac{1}{n} - (1+(-1)^n)$

d) $a_n = (1-(-1)^n) \cdot n$

e) $a_n = \dfrac{-3}{n^2}$

f) $a_n = n^2 + 2n + 1$

12. Gib eine Folge mit nachstehender Eigenschaft an. Gib so viele Glieder an, bis die Gesetzmäßigkeit zu erkennen ist.

a) Ein Häufungspunkt, nach unten beschränkt, divergent

b) Ein Häufungspunkt, weder nach oben noch nach unten beschränkt

c) Drei Häufungspunkte, beschränkt

d) 1 und 2 als Häufungspunkte

e) Vier Häufungspunkte [fünf Häufungspunkte; unendlich viele Häufungspunkte]

13. Bilde die Summen-, Differenz-, Produkt- und Quotientenfolge. Es sollen jeweils die ersten 4 Glieder sowie das n-te Glied angegeben werden.

a) $a_n = \dfrac{1}{n^2}$; $\qquad b_n = \dfrac{1}{n^3}$

b) $a_n = 1 + \dfrac{1}{n^2}$; $\qquad b_n = \dfrac{(-1)^n}{4}$

c) $a_n = \dfrac{n^2-1}{n}$; $\qquad b_n = \dfrac{n-1}{n^2}$

14. Fasse die Folge als Summen- bzw. Differenz- bzw. Produkt- bzw. Quotientenfolge auf. Zerlege bis in die kleinsten Bestandteile.

a) $n \mapsto 2n-1$

b) $n \mapsto n^2-1$

c) $n \mapsto \dfrac{n-1}{n}$

d) $n \mapsto \dfrac{3n-1}{4n+5}$

e) $n \mapsto \dfrac{n^2-1}{2n^2+3n-1}$

C. Häufungspunkte einer Folge

> **Definition 10:** Eine Zahl H heißt **Häufungspunkt der Folge** $\langle a_n \rangle$, wenn in jeder noch so kleinen Umgebung von H unendlich viele Glieder der Folge liegen.

Der Grenzwert einer Folge ist auch Häufungspunkt dieser Folge. Die Umkehrung gilt nicht, da auch außerhalb einer Umgebung eines Häufungspunktes unendlich viele Glieder liegen können.

Beispiel:

Die Folge $\langle a_n \rangle$ mit $a_n = (-1)^n + \dfrac{1}{n}$ hat die Glieder:

$a_1 = -1 + \frac{1}{1} = 0 \qquad a_2 = 1 + \frac{1}{2} = 1\frac{1}{2}$

$a_3 = -1 + \frac{1}{3} = -\frac{2}{3} \qquad a_4 = 1 + \frac{1}{4} = 1\frac{1}{4}$

$a_5 = -1 + \frac{1}{5} = -\frac{4}{5} \qquad a_6 = 1 + \frac{1}{6} = 1\frac{1}{6}$

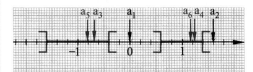

Man sieht anschaulich:
-1 ist Häufungspunkt der Folge. In jeder noch so kleinen Umgebung von -1 liegen unendlich viele Glieder der Folge (nämlich von einer bestimmten Platznummer ab alle Glieder mit ungerader Platznummer).
Entsprechend ist $+1$ Häufungspunkt der Folge.

Zur Übung: **11** und **12**

D. Grenzwertsätze für Folgen

> **Definition 11:** Gegeben seien die Folgen $\langle a_n \rangle$ und $\langle b_n \rangle$. Durch gliedweises Addieren, Subtrahieren, Multiplizieren und Dividieren entstehen neue Folgen, und zwar die
>
> *Summenfolge* $\langle a_n + b_n \rangle$: $a_1+b_1, \; a_2+b_2, \; a_3+b_3, \; \ldots$
>
> *Differenzfolge* $\langle a_n - b_n \rangle$: $a_1-b_1, \; a_2-b_2, \; a_3-b_3, \; \ldots$
>
> *Produktfolge* $\langle a_n \cdot b_n \rangle$: $a_1 \cdot b_1, \; a_2 \cdot b_2, \; a_3 \cdot b_3, \; \ldots$
>
> *Quotientenfolge* $\left\langle \dfrac{a_n}{b_n} \right\rangle$: $\dfrac{a_1}{b_1}, \; \dfrac{a_2}{b_2}, \; \dfrac{a_3}{b_3}, \; \ldots$
>
> (sofern $b_1 \neq 0$, $b_2 \neq 0$, $b_3 \neq 0$, $\ldots$)

Beispiele:

$a_1 = 2; \; a_2 = 4; \; a_3 = 6; \; a_4 = 8; \; \ldots; \; a_n = 2n; \; \ldots$

$b_1 = \frac{1}{1}; \; b_2 = \frac{1}{2}; \; b_3 = \frac{1}{3}; \; b_4 = \frac{1}{4}; \; \ldots; \; b_n = \dfrac{1}{n}; \; \ldots$

Summenfolge: $3; \; 4\frac{1}{2}; \; 6\frac{1}{3}, \; 8\frac{1}{4}; \; \ldots;$

$a_n + b_n = 2n + \dfrac{1}{n} \quad \left(= \dfrac{2n^2 + 1}{n} \right), \; \ldots$

Differenzfolge: $1; \; 3\frac{1}{2}; \; 5\frac{2}{3}; \; 7\frac{3}{4}; \; \ldots;$

$a_n - b_n = 2n - \dfrac{1}{n} \quad \left(= \dfrac{2n^2 - 1}{n} \right), \; \ldots$

Produktfolge: $2; \; 2; \; 2; \; 2; \; \ldots;$

$a_n \cdot b_n = 2n \cdot \dfrac{1}{n} \quad (= 2); \; \ldots$

Quotientenfolge: $2; \; 8; \; 18; \; 32; \; \ldots;$

$\dfrac{a_n}{b_n} = \dfrac{2n}{\frac{1}{n}} \quad (= 2n^2); \; \ldots$

Zur Übung: **13** bis **15**

Grenzwertsätze für Folgen

Die Folge $\langle a_n \rangle$ konvergiere gegen A (d.h. $\lim\limits_{n \to \infty} a_n = A$);

die Folge $\langle b_n \rangle$ konvergiere gegen B (d.h. $\lim\limits_{n \to \infty} b_n = B$).

Damit gilt:

1. Grenzwertsatz für Summenfolgen

Die Folge $\langle a_n + b_n \rangle$ konvergiert und zwar gegen $A + B$, d.h. $\lim\limits_{n \to \infty} (a_n + b_n) = A + B$.

2. Grenzwertsatz für Differenzfolgen

Die Folge $\langle a_n - b_n \rangle$ konvergiert und zwar gegen $A - B$, d.h. $\lim\limits_{n \to \infty} (a_n - b_n) = A - B$.

3. Grenzwertsatz für Produktfolgen

Die Folge $\langle a_n \cdot b_n \rangle$ konvergiert und zwar gegen $A \cdot B$, d.h. $\lim\limits_{n \to \infty} (a_n \cdot b_n) = A \cdot B$.

4. Grenzwertsatz für Quotientenfolgen

Die Folge $\left\langle \dfrac{a_n}{b_n} \right\rangle$ konvergiert und zwar gegen $\dfrac{A}{B}$,

sofern $b_n \neq 0$ und $B \neq 0$, d.h. $\lim\limits_{n \to \infty} \dfrac{a_n}{b_n} = \dfrac{A}{B}$.

---

15. Gegeben sind die Folgen $\langle a_n \rangle$ und $\langle b_n \rangle$. Bilde die neuen Folgen $\langle a_n^2 \rangle$, $\langle \sqrt{b_n} \rangle$ und $\left\langle \sqrt{\dfrac{a_n}{b_n}} \right\rangle$.

a) $a_n = n^3;$ $b_n = n$

b) $a_n = \dfrac{1}{1+n};$ $b_n = n^2$

c) $a_n = 3;$ $b_n = n^2$

d) $a_n = 2n + 2;$ $b_n = 4n + 4$

16. Bestätige die Gültigkeit der Grenzwertsätze an den folgenden Beispielen. Bestimme dazu die Grenzwerte der einzelnen Folgen $\langle a_n \rangle$ und $\langle b_n \rangle$ und jeweils den Grenzwert der Summenfolge, Differenzfolge, Produktfolge und Quotientenfolge.

a) $a_n = 1 + \dfrac{4}{n^2};$ $b_n = 1 + \dfrac{2}{n}$

b) $a_n = \left(2 + \dfrac{1}{n} \right) \cdot \left(3 + \dfrac{1}{n} \right);$ $b_n = 2 + \dfrac{1}{n}$

c) $a_n = 4 + \dfrac{1}{n^2};$ $b_n = 4$

17. Warum ist der Grenzwertsatz für Quotientenfolgen nicht auf folgende Beispiele anwendbar?

a) $a_n = \frac{1}{n};$ $b_n = \frac{2}{n}$

b) $a_n = 1 + \frac{1}{n};$ $b_n = \frac{1}{n^2}$

c) $a_n = 2;$ $b_n = \frac{1}{n}$

d) $a_n = 2;$ $b_n = \frac{1}{n} \cdot (1 + (-1)^n)$

18. Bestimme den Grenzwert der Folge $\langle a_n \rangle$ durch Anwenden der Grenzwertsätze.

a) $a_n = \dfrac{n^2 - 1}{n^3}$ e) $a_n = \dfrac{\frac{1}{n} - n}{n}$

b) $a_n = \dfrac{3n^2 + 2n}{n^2}$ f) $a_n = \dfrac{(4n - 1) \cdot (5n + 3)}{2n^2 - 3n + 2}$

c) $a_n = \dfrac{4n^2 + 2n - 1}{3n^2 - 1}$ g) $a_n = \dfrac{(2n - 1) \cdot (4 + 3n)}{(2n^2 - 1) \cdot (1 + n)}$

d) $a_n = \frac{1}{n} \cdot \left(n - \frac{1}{n} \right)$ h) $a_n = \dfrac{3n^2 - 5n - 1}{(5 + n) \cdot (2 + n)}$

19. Untersuche die Folge $\langle a_n \rangle$ auf Konvergenz und bestimme gegebenenfalls den Grenzwert.

a) $a_n = \dfrac{n-1}{n^2+1}$

e) $a_n = \dfrac{2n-n^2}{5n-1}$

b) $a_n = \dfrac{n^2+1}{3n-1}$

f) $a_n = \dfrac{\frac{1}{n}}{\frac{1}{n^2}}$

c) $a_n = \dfrac{2n^2}{2n^2-1}$

g) $a_n = \dfrac{\frac{1}{n^2}}{\frac{1}{n}}$

d) $a_n = \dfrac{4n-3}{5n-1}$

h) $a_n = \dfrac{n-\frac{1}{n}}{n+\frac{1}{n}}$

20. Beweise durch Zurückführen auf die Grenzwertsätze:

a) $\lim\limits_{n\to\infty} (k \cdot a_n) = k \cdot \lim\limits_{n\to\infty} a_n$

b) $\lim\limits_{n\to\infty} a_n^2 = \left(\lim\limits_{n\to\infty} a_n\right)^2$

c) $\lim\limits_{n\to\infty} (a_n + c) = \left(\lim\limits_{n\to\infty} a_n\right) + c$

d) $\lim\limits_{n\to\infty} \dfrac{1}{a_n} = \dfrac{1}{\lim\limits_{n\to\infty} a_n}$

(sofern $a_n \neq 0$; $\lim\limits_{n\to\infty} a_n \neq 0$)

21. Beweise:

a) $\lim\limits_{n\to\infty} a_n = G$ genau dann, wenn $\lim\limits_{n\to\infty} (a_n - G) = 0$

b) Es sei $G \neq 0$. Dann gilt:

$\lim\limits_{n\to\infty} a_n = G$ genau dann, wenn $\lim\limits_{n\to\infty} \dfrac{a_n}{G} = 1$

22. a) Beweise mit Hilfe der Grenzwertsätze: Wenn zwei der drei Folgen $\langle a_n \rangle$, $\langle b_n \rangle$, $\langle a_n + b_n \rangle$ konvergieren, dann konvergiert auch die dritte Folge.

Anleitung: Unterscheide drei Fälle.

b) Formuliere entsprechende Sätze für Differenz-, Produkt- und Quotientenfolgen; beweise sie.

Beispiele:

Die Folge $\langle a_n \rangle$ mit $a_n = 2 - \dfrac{1}{n}$ konvergiert gegen 2.

Die Folge $\langle b_n \rangle$ mit $b_n = 3 + \dfrac{1}{n^2}$ konvergiert gegen 3.

Die Summenfolge $\langle a_n + b_n \rangle$ konvergiert gegen $2 + 3$.

Die Differenzfolge $\langle a_n - b_n \rangle$ konvergiert gegen $2 - 3$.

Die Produktfolge $\langle a_n \cdot b_n \rangle$ konvergiert gegen $2 \cdot 3$.

Die Quotientenfolge $\left\langle \dfrac{a_n}{b_n} \right\rangle$ konvergiert gegen $\frac{2}{3}$.

Kurzform der Grenzwertsätze für Folgen:

Für Summenfolgen: $\quad \lim\limits_{n\to\infty} (a_n + b_n) = \lim\limits_{n\to\infty} a_n + \lim\limits_{n\to\infty} b_n$

Für Differenzfolgen: $\quad \lim\limits_{n\to\infty} (a_n - b_n) = \lim\limits_{n\to\infty} a_n - \lim\limits_{n\to\infty} b_n$

Für Produktfolgen: $\quad \lim\limits_{n\to\infty} (a_n \cdot b_n) = \lim\limits_{n\to\infty} a_n \cdot \lim\limits_{n\to\infty} b_n$

Für Quotientenfolgen: $\quad \lim\limits_{n\to\infty} \dfrac{a_n}{b_n} = \dfrac{\lim\limits_{n\to\infty} a_n}{\lim\limits_{n\to\infty} b_n}$

(sofern $b_n \neq 0$, $\lim\limits_{n\to\infty} b_n \neq 0$)

Zur Übung: **16** und **17**

E. Anwendung der Grenzwertsätze für Folgen

Gesucht ist der Grenzwert der Folge $\left\langle \dfrac{9n^2 - 4n + 6}{3n^2 + 2n - 5} \right\rangle$.

Eine direkte Anwendung der Grenzwertsätze für Folgen ist nicht möglich, da die Zählerfolge und die Nennerfolge divergent sind. Wie kürzen daher erst mit n^2.

$$\frac{9n^2 - 4n + 6}{3n^2 + 2n - 5} = \frac{9 - \frac{4}{n} + \frac{6}{n^2}}{3 + \frac{2}{n} - \frac{5}{n^2}}$$

Die einzelnen Folgen im Zähler und im Nenner konvergieren. Nach den Grenzwertsätzen folgt daher:

$$\lim\limits_{n\to\infty} \frac{9n^2 - 4n + 6}{3n^2 + 2n - 5} = \lim\limits_{n\to\infty} \frac{9 - \frac{4}{n} + \frac{6}{n^2}}{3 + \frac{2}{n} - \frac{5}{n^2}} = \frac{\lim\limits_{n\to\infty}\left(9 - \frac{4}{n} + \frac{6}{n^2}\right)}{\lim\limits_{n\to\infty}\left(3 + \frac{2}{n} - \frac{5}{n^2}\right)}$$

$$= \frac{\lim\limits_{n\to\infty} 9 - \lim\limits_{n\to\infty} \frac{4}{n} + \lim\limits_{n\to\infty} \frac{6}{n^2}}{\lim\limits_{n\to\infty} 3 + \lim\limits_{n\to\infty} \frac{2}{n} - \lim\limits_{n\to\infty} \frac{5}{n^2}} = \frac{9 - 0 + 0}{3 + 0 - 0} = \frac{9}{3} = 3$$

Zur Übung: **18** bis **22**

2. Grenzwert bei Funktionen – Stetigkeit

2.1. Grenzwert bei Funktionen

Der Grenzwert einer Funktion an der Stelle a wird in der Differentialrechnung (S. 44ff.) ständig gebraucht. Wir gehen zunächst bei diesem Begriff von einer anschaulichen Vorstellung aus und kommen dann zu einer präzisierten Definition.

Aufgabe 1: *Anschauliche Vorstellung zum Grenzwert einer Funktion an der Stelle a*

Gegeben sei die Funktion f. Wir stellen uns einen Punkt P auf dem Graphen der Funktion f vor. Er möge sich einmal links von a und einmal rechts von a so bewegen, daß seine Abszisse x_P auf a zustrebt. Welchem Wert strebt dann die Ordinate y_P zu?

a) Die Funktion ist an der Stelle a nicht definiert.

(1) $f(x) = x + 1$ für $x \neq a$; (2) $f(x) = \begin{cases} x+1 & \text{für } x < a \\ x+2 & \text{für } x > a \end{cases}$

b) Die Funktion ist an der Stelle a definiert.

(3) $f(x) = \begin{cases} x+1 & \text{für } x \neq a \\ a+2 & \text{für } x = a \end{cases}$; (4) $f(x) = \begin{cases} x+1 & \text{für } x \leq a \\ x+2 & \text{für } x > a \end{cases}$

Lösung:

a)(1)

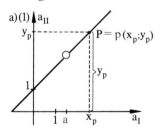

Bei Annäherung von links und von rechts strebt die Ordinate y_P in beiden Fällen gegen $a+1$. Man nennt $a+1$ auch den **Grenzwert der Funktion an der Stelle a.**

(2)

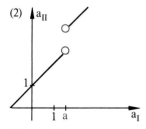

Bei Annäherung von links strebt y_P gegen $a+1$.
Bei Annäherung von rechts strebt y_P gegen $a+2$.
Die Funktion hat *keinen* Grenzwert an der Stelle a, weil sich verschiedene Werte ergeben.

b) (3)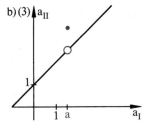

Bei Annäherung von links und von rechts strebt die Ordinate y_P in beiden Fällen gegen $a + 1$.
Der Grenzwert der Funktion an der Stelle a ist gleich $a + 1$.

(4)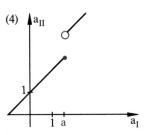

Bei Annäherung von links strebt y_P gegen den Funktionswert an der Stelle a, also gegen $a + 1$.
Bei Annäherung von rechts strebt y_P gegen $a + 2$.
Die Funktion hat an der Stelle a *keinen* Grenzwert, weil sich verschiedene Werte ergeben.

Zur Übung: **1** bis **3**

Übungen 2.1

1. Gegeben sei die Funktion f. Man stelle sich einen Punkt P auf dem Graphen der Funktion f vor. Er möge sich einmal links von a und einmal rechts von a so bewegen, daß seine Abszisse x_P auf a zustrebt.
Welchem Wert strebt dann die Ordinate y_P zu?

a) $f(x) = 2x - 2$ (für $x \neq a$)

b) $f(x) = x^2$ (für $x \neq a$)

c) $f(x) = \begin{cases} 3x + 4 & \text{für } x < a \\ 3x + 2 & \text{für } x > a \end{cases}$

d) $f(x) = \begin{cases} x^2 & \text{für } x < a \\ x^2 + 1 & \text{für } x > a \end{cases}$

e) $f(x) = \begin{cases} 2x + 1 & \text{für } x \neq a \\ 2a + 4 & \text{für } x = a \end{cases}$

f) $f(x) = \begin{cases} x^2 & \text{für } x \neq a \\ a^2 + 1 & \text{für } x = a \end{cases}$

g) $f(x) = \begin{cases} 2x + 3 & \text{für } x \leq a \\ 2x & \text{für } x > a \end{cases}$

h) $f(x) = \begin{cases} x^2 & \text{für } x \leq a \\ x^2 - 1 & \text{für } x > a \end{cases}$

Information: *Kritik des Verfahrens – Ausblick*

(1) Mit der Vorstellung eines sich bewegenden Punktes kann man sehr anschaulich den Grenzwert einer Funktion bestimmen. Wenn man jedoch allgemeine Sätze über Grenzwerte beweisen will, benötigt man eine präzise Definition des Grenzwertes, welche in allen Fällen zu entscheiden gestattet, ob ein Grenzwert vorliegt oder nicht. Wir müssen daher in den nächsten Aufgaben versuchen, eine präzise Grenzwertdefinition zu entwickeln.
Trotz dieser Kritik ist die Vorstellung eines sich bewegenden Punktes ein anschauliches Hilfsmittel, welches bei der Bestimmung eines Grenzwertes eine große Hilfe leistet.

(2) Wenn die Abszisse x_P auf die Stelle a zustrebt, so kann man sich vorstellen, daß die Abszisse x eine Folge $\langle x_n \rangle$ durchläuft, die gegen a konvergiert. Wir betrachten daher zunächst diese Folgen genauer. Wir nennen sie *Grundfolgen*.

Aufgabe 2: *Grundfolge und zugehörige Folge der Funktionswerte*

Gegeben sei die Funktion f mit $f(x) = x^2$.

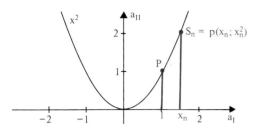

a) Gib Beispiele für Folgen $\langle x_n \rangle$ an, die gegen 1 konvergieren, wobei aber kein Folgenglied gleich dem Grenzwert 1 sein soll.

b) Jedes Folgenglied kann als Abszisse eines Kurvenpunktes S_n aufgefaßt werden. Wie lauten die Koordinaten von S_n? Wohin *wandert* S_n, falls man zu immer höheren Platznummern der Folge $\langle x_n \rangle$ übergeht?

Lösung: a) Beispiele für solche Grundfolgen sind:

(1) $\langle x_n \rangle = \left\langle 1 + \dfrac{1}{n} \right\rangle$

(2) $\langle x_n \rangle = \left\langle 1 - \dfrac{1}{n} \right\rangle$

(3) $\langle x_n \rangle = \left\langle 1 + (-1)^n \cdot \dfrac{1}{n} \right\rangle$

Es gilt in allen drei Fällen: $\lim\limits_{n \to \infty} x_n = 1$ und $x_n \neq 1$.

b) Für die Koordinaten des Punktes S_n gilt: $S_n = p(x_n; x_n^2)$. S_n nähert sich auf der Kurve immer mehr dem Punkt P, denn nach dem Grenzwertsatz für Produktfolgen gilt:

$$\lim_{n \to \infty} x_n^2 = \lim_{n \to \infty} x_n \cdot \lim_{n \to \infty} x_n = 1 \cdot 1 = 1$$

Information: *Folge der Funktionswerte – Isolierte Stellen*

Die Folge $\langle x_n^2 \rangle$ der Ordinaten des Punktes S_n heißt die **zur Grundfolge** $\langle x_n \rangle$ **gehörende Folge der Funktionswerte**. Die Überlegung mit Hilfe des Grenzwertsatzes für Produktfolgen zeigte, daß in unserem Beispiel die zu einer beliebigen gegen 1 konvergierenden Grundfolge $\langle x_n \rangle$ gehörende Folge der Funktionswerte $\langle x_n^2 \rangle$ gegen 1 konvergiert, d.h. in unserem Beispiel ist die *Folge der Funktionswerte immer konvergent* mit dem Grenzwert 1.

2. Gegeben sei die Funktion f. Man stelle sich auf ihrem Graphen einen Punkt P vor. Er möge sich so bewegen, daß seine Abszisse x_P auf a zustrebt. Welchem Wert strebt dann die Ordinate y_P zu?

a) $f = [x \mapsto x + 2; \ x \leq a]$

b) $f = [x \mapsto 2x - 1; \ x \geq a]$

c) $f = [x \mapsto x^2; \ x \geq 0], \quad a = 0$

d) $f = [x \mapsto 2x; \ x > a]$

e) $f = [x \mapsto x^2 - 1; \ x < a]$

3. Gegeben sei die Funktion f und auf ihrem Graphen der Punkt A mit der Abszisse a. Man stelle sich auf dem Graphen von f einen Punkt P vor, der abwechselnd von der linken auf die rechte Seite von A springt und sich dabei immer mehr auf A zu bewegt. Welchem Wert strebt dann die Ordinate y_P des Punktes P zu?

a) $f(x) = \begin{cases} 2x + 1 & \text{für } x \neq a \\ 2a - 1 & \text{für } x = a \end{cases}$

b) $f(x) = \begin{cases} x^2 & \text{für } x \neq a \\ a^2 + 1 & \text{für } x = a \end{cases}$

4. Gegeben ist die Funktion f, die Stelle a sowie eine gegen a konvergierende Grundfolge $\langle x_n \rangle$. Gib die Folge $\langle S_n \rangle$ der Punkte des Graphen an, die x_n als Abszisse haben. Gib ferner die Folge der Funktionswerte an und bestimme deren Grenzwert.

a) $f(x) = x^2$; $\quad a = 2$; $\quad x_n = 2 + \dfrac{1}{n}$

b) $f(x) = x^2$; $\quad a = -4$; $\quad x_n = -4 - \dfrac{1}{n}$

c) $f(x) = x^2$; $\quad a = 0$; $\quad x_n = (-1)^n \cdot \dfrac{1}{n}$

d) $f(x) = x^3$; $\quad a = 1$; $\quad x_n = 1 - (\tfrac{1}{2})^n$

e) $f(x) = x^3$; $\quad a = -2$; $\quad x_n = -2 + \dfrac{1}{n}$

f) $f(x) = x^4 + x$; $a = 1$; $\quad x_n = 1 + (-1)^n \cdot \dfrac{1}{n}$

g) $f(x) = \dfrac{1}{x}$; $\quad a = 1$; $\quad x_n = 1 + (-1)^n (\tfrac{1}{2})^n$

5. Gegeben ist die Funktion f und die Stelle a. Wähle eine beliebige gegen a konvergierende Grundfolge. Bestimme dann die zu dieser Grundfolge gehörende Folge der Funktionswerte und deren Grenzwert. Welche Grenzwertsätze mußten bei der Grenzwertbestimmung angewendet werden?

a) $f(x) = x^2$; $\qquad$ $a = -5$

b) $f(x) = x^5$; $\qquad$ $a = 3$

c) $f(x) = x^2 + x^3$; $\qquad$ a beliebig

d) $f(x) = 8x^3$; $\qquad$ a beliebig

e) $f(x) = mx + n$; $\qquad$ a beliebig

f) $f(x) = \dfrac{1}{x}$; $\qquad$ a beliebig mit $a \neq 0$

g) $f(x) = \sqrt{x}$; $\qquad$ a beliebig mit $a > 0$

h) $f(x) = \dfrac{1}{x^2}$; $\qquad$ a beliebig mit $a \neq 0$

i) $f(x) = \dfrac{1}{x^4}$; $\qquad$ a beliebig mit $a \neq 0$

j) $f(x) = \dfrac{1}{(x+1)^2}$; $\qquad$ a beliebig mit $a \neq -1$

k) $f(x) = \dfrac{3x}{x-2}$; $\qquad$ a beliebig mit $a \neq 2$

6. Gegeben ist die Funktion f, die Stelle a und eine Folge $\langle h_n \rangle$, die gegen 0 konvergiert. Fasse h_n als Koordinatendifferenz $x_n - a$ auf. Bestimme die zugehörige Folge der Funktionswerte und deren Grenzwert.

a) $f(x) = x^2$; $\quad$ $a = 2$; $\quad$ $h_n = \dfrac{1}{n}$

b) $f(x) = x^2$; $\quad$ $a = 2$; $\quad$ $h_n = -\dfrac{1}{n}$

c) $f(x) = x^2$; $\quad$ $a = 2$; $\quad$ $h_n = (-1)^n \cdot \dfrac{1}{n}$

d) $f(x) = x^3$; $\quad$ $a = -3$; $\quad$ $h_n = (\tfrac{1}{10})^n$

e) $f(x) = x^4$; $\quad$ $a = 1$; $\quad$ $h_n = (-\tfrac{1}{2})^n$

f) $f(x) = 4x^2$; $\quad$ $a = 4$; $\quad$ $h_n = (\tfrac{1}{2})^n$

g) $f(x) = x^3 + x^2$; $\quad$ $a = 1,5$; $\quad$ $h_n = (0,9)^n$

Definition 1: Gegeben sei die Funktion f.

$\langle x_n \rangle$ sei eine gegen a konvergierende Grundfolge, die ganz im Definitionsbereich von f liege (mit $x_n \neq a$). a muß nicht unbedingt zum Definitionsbereich gehören.

Dann heißt die Folge $\langle f(x_n) \rangle$ die **zu der Grundfolge gehörende Folge der Funktionswerte.**

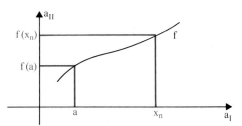

Nicht immer gibt es eine gegen a konvergierende Grundfolge $\langle x_n \rangle$ mit $x_n \neq a$, die ganz im Definitionsbereich der Funktion f liegt.

Beispiel:

Gegeben sei die Funktion f mit

$$f(x) = \begin{cases} x & \text{für } x \leq 3 \\ 3 & \text{für } x = 4 \end{cases}$$

und die Stelle $a = 4$.

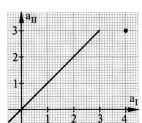

Hier gibt es keine gegen 4 konvergierende Grundfolge $\langle x_n \rangle$ mit $x_n \neq 4$, die ganz im Definitionsbereich der Funktion f liegt (vgl. auch Übungsaufgabe **9**). 4 und auch jede andere Zahl größer als 4 liegt isoliert zum Definitionsbereich der Funktion f.

Definition 2: Die Stelle a heißt **isoliert** zum Definitionsbereich der Funktion f, wenn es keine gegen a konvergierende Grundfolge $\langle x_n \rangle$ mit $x_n \neq a$ gibt, die ganz im Definitionsbereich von f liegt.

Zur Übung: **4** bis **9**

Aufgabe 3: *Hinführung zur präzisierten Definition des Grenzwertes einer Funktion*

Wir greifen zurück auf die Funktionen von Aufgabe **1.**

(1) $f(x) = x + 1 \quad (x \neq a)$

(2) $f(x) = \begin{cases} x+1 & \text{für } x < a \\ x+2 & \text{für } x > a \end{cases}$

(3) $f(x) = \begin{cases} x+1 & \text{für } x \neq a \\ a+2 & \text{für } x = a \end{cases}$

(4) $f(x) = \begin{cases} x+1 & \text{für } x \leq a \\ x+2 & \text{für } x > a \end{cases}$

Gib zu diesen Funktionen Grundfolgen an, die gegen a konvergieren und bestimme den Grenzwert der zugehörigen Folge der Funktionswerte.

Lösung:

(1)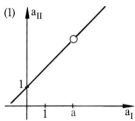

Sei $\langle x_n \rangle$ eine beliebige gegen a konvergierende Grundfolge (mit $x_n \neq a$), dann gilt für die Folge der Funktionswerte:

$f(x_n) = x_n + 1$

Nach dem Grenzwertsatz für Summenfolgen konvergiert dann $\langle f(x_n) \rangle$ gegen $a + 1$. Da $\langle x_n \rangle$ eine beliebige Grundfolge war, gilt: Zu jeder Grundfolge $\langle x_n \rangle$ mit $x_n \neq a$ und $\lim_{n \to \infty} x_n = a$ konvergiert die zugehörige Folge der Funktionswerte gegen $a + 1$.

(2)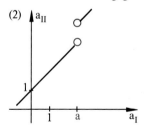

Wir geben zwei Grundfolgen $\langle x_n \rangle$ und $\langle \bar{x}_n \rangle$ vor, die von links bzw. von rechts gegen a konvergieren.

Beispiel: $x_n = a - \frac{1}{n}$; $\bar{x}_n = a + \frac{1}{n}$

Dann gilt für die zugehörigen Folgen der Funktionswerte:

$\lim_{n \to \infty} f(x_n) = \lim_{n \to \infty} (x_n + 1) = \lim_{n \to \infty} (a - \frac{1}{n} + 1) = a + 1$

$\lim_{n \to \infty} f(\bar{x}_n) = \lim_{n \to \infty} (\bar{x}_n + 2) = \lim_{n \to \infty} (a + \frac{1}{n} + 2) = a + 2$

Die Folgen der Funktionswerte konvergieren gegen verschiedene Grenzwerte.

---

7. Gegeben ist die Funktion f, die Stelle a und eine beliebige gegen 0 konvergierende Folge $\langle h_n \rangle$ mit $h_n \neq 0$. Fasse h_n als Koordinatendifferenz $x_n - a$ auf. Bestimme die Folge der zugehörigen Funktionswerte und deren Grenzwert. Welche Grenzwertsätze müssen angewendet werden?

a) $f(x) = x^2$;   a beliebig

b) $f(x) = x^3$;   a beliebig

c) $f(x) = x^3 + x^2$;   a beliebig

d) $f(x) = 5x^2$;   a beliebig

e) $f(x) = \frac{1}{x}$;   a beliebig mit $a \neq 0$

f) $f(x) = \frac{1}{x^2 + 1}$;   a beliebig

8. a) Erläutere die folgende Definition:

Definition 1*: Gegeben sei die Funktion f. $\langle h_n \rangle$ sei eine Nullfolge. $a + h_n$ liege im Definitionsbereich von f. Es gelte $h_n \neq 0$. Dann heißt die Folge $\langle f(a + h_n) \rangle$ die zur *Nullfolge $\langle h_n \rangle$ gehörende Folge der Funktionswerte.*

b) Vergleiche diese Definition in den Einzelheiten mit Definition **1**.

9. Gegeben ist die Funktion f und die Stelle a. Entscheide, ob a isoliert zum Definitionsbereich der Funktion liegt.

a) $f(x) = x^2$; $x \geq 0$; $a = -3$ $[a = 3]$

b) $f(x) = 2x + 5$; $x \in \mathbb{Z}$; $a = 2$ $[a = 1,5]$

c) $f(x) = 3x$; $x > 0$; $a = 0$ $[a = -2]$

d) $f(x) = x^2$; $x \neq 2$; $a = 2$ $[a = 1]$

e) $f(x) = x$; $x \in \mathbb{Q}$; $a = \pi$ $[a = \sqrt{2}]$

23

10. Gegeben sei die Funktion $x \mapsto H(x)$ und die Stelle 0.

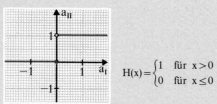

$$H(x) = \begin{cases} 1 & \text{für } x > 0 \\ 0 & \text{für } x \le 0 \end{cases}$$

Diese Funktion heißt auch *Heavisidefunktion*.

a) Gegeben sei die Grundfolge $\langle x_n \rangle$ mit $x_n = (-1)^n \cdot \dfrac{1}{n}$.
Zeige, daß die zugehörige Folge der Funktionswerte divergent ist und zwei Häufungspunkte hat.

b) Gib eine weitere gegen 0 konvergierende Grundfolge $\langle x_n \rangle$ mit $x_n \ne 0$ an, deren zugehörige Folge der Funktionswerte divergent ist.

c) $\langle x_n \rangle$ sei eine beliebige gegen 0 konvergierende Grundfolge mit $x_n \ne 0$, deren zugehörige Folge der Funktionswerte divergent ist. Zeige, daß die Folge der Funktionswerte zwei Häufungspunkte hat.

d) Gib auch eine gegen 0 konvergierende Grundfolge $\langle x_n \rangle$ mit $x_n \ne 0$ an, deren zugehörige Folge der Funktionswerte konvergent ist.

11. Gegeben sei die Funktion f und die Stelle a. Gib eine Grundfolge an, so daß die zugehörige Folge der Funktionswerte divergiert.

a) $f(x) = H(x-1)$; $a = 1$

b) $f(x) = [x]$; $a = 1$; $a = -1$

c) $f(x) = [x^2]$; $a = 0$

d) $f(x) = \operatorname{sgn} x$; $a = 0$

Hinweis: H bezeichnet die *Heavisidefunktion*. Zur Definition siehe Übungsaufgabe **10** sowie *Vorkurs Analysis*, Seite 28.
Mit $[x]$ wird die größte ganze Zahl bezeichnet, die kleiner oder gleich x ist. *Beispiele:* $[3,5] = 3$; $[4,2] = 4$; $[-2,9] = -3$; $[5] = 5$

Siehe dazu auch *Vorkurs Analysis*, Seite 27.

sgn bezeichnet die *Vorzeichen-Funktion* (Signum-Funktion).

$$\operatorname{sgn} x = \begin{cases} 1 & \text{für } x > 0 \\ 0 & \text{für } x = 0 \\ -1 & \text{für } x < 0 \end{cases}$$

Siehe dazu *Vorkurs Analysis*, Seite 28.

(3)

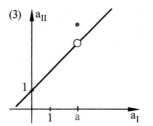

Sei $\langle x_n \rangle$ eine beliebige Grundfolge mit $\lim\limits_{n \to \infty} x_n = a$ und $x_n \ne a$. Dann gilt:

$$\lim_{n \to \infty} f(x_n) = \lim_{n \to \infty} (x_n + 1) = a + 1$$

Alle Folgen von Funktionswerten, die zu verschiedenen Grundfolgen $\langle x_n \rangle$ (mit $\lim\limits_{n \to \infty} x_n = a$, $x_n \ne a$) gehören, konvergieren gegen denselben Grenzwert $a + 1$.

(4)

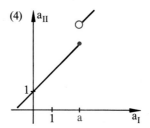

Wir geben zwei Grundfolgen vor, die von links bzw. von rechts gegen a konvergieren.

Beispiele: $x_n = a - \left(\tfrac{1}{2}\right)^n$; $\bar{x}_n = a + \left(\tfrac{1}{2}\right)^n$

Dann gilt:

$$\lim_{n \to \infty} f(x_n) = \lim_{n \to \infty} (x_n + 1)$$
$$= \lim_{n \to \infty} \left(a - \left(\tfrac{1}{2}\right)^n + 1\right) = a + 1$$

$$\lim_{n \to \infty} f(\bar{x}_n) = \lim_{n \to \infty} (\bar{x}_n + 2)$$
$$= \lim_{n \to \infty} \left(a + \left(\tfrac{1}{2}\right)^n + 2\right) = a + 2$$

Die zugehörigen Folgen von Funktionswerten konvergieren nicht gegen denselben Grenzwert.

Zur Übung: **10** bis **13**

Information: *Präzisierte Definition des Grenzwertes einer Funktion f an der Stelle a*

Die bisher betrachteten Beispiele haben gezeigt:
Wenn nach der anschaulichen Vorstellung die Funktion f an der Stelle a einen Grenzwert hat, dann konvergieren alle Folgen von Funktionswerte, die jeweils zu einer gegen a konvergierenden Grundfolge gehören, gegen denselben Grenzwert.

24

Wenn dagegen nach der anschaulichen Vorstellung die Funktion f an der Stelle a keinen Grenzwert hat, so gibt es gegen a konvergierende Grundfolgen, deren zugehörige Folgen der Funktionswerte nicht gegen denselben Grenzwert konvergieren.

Diese Tatsache verwenden wir zur präzisierten Definition.

Definition 3: f sei eine Funktion und a liege nicht isoliert zum Definitionsbereich der Funktion f.

Unter dem **Grenzwert der Funktion f an der Stelle a** versteht man eine Zahl, die man folgendermaßen erhält:

(1) Man geht aus von einer beliebigen Grundfolge $\langle x_n \rangle$ mit $x_n \neq a$, die gegen a konvergiert.

(2) Man bildet die zu der Grundfolge gehörende Folge der Funktionswerte $\langle f(x_n) \rangle$.

(3) Man prüft, ob jede dieser Folgen von Funktionswerten gegen denselben Grenzwert G konvergiert. Ist dies der Fall, so ist die Zahl G der Grenzwert der Funktion f an der Stelle a.

Man schreibt: $G = \lim_{x \to a} f(x)$.

Man sagt: $\lim_{x \to a} f(x)$ existiert.

Ist Bedingung (3) nicht erfüllt, so hat die Funktion an der Stelle a keinen Grenzwert. Man sagt: Der Grenzwert $\lim_{x \to a} f(x)$ existiert nicht.

△ **Ergänzung:** *Abschwächung der Bedingung (3)*

△ Die Bedingung 3 läßt sich durch die folgende schwächere
△ Bedingung ersetzen:
△ (3′) Man prüft, ob jede dieser Folgen von Funktions-
△   werten konvergent ist.
△ Dazu muß gezeigt werden, daß aus der Konvergenz der
△ Folgen der Funktionswerte schon folgt, daß diese gegen
△ denselben Grenzwert konvergieren.
△ Angenommen, es gäbe zwei Folgen $\langle f(a_n) \rangle$ und $\langle f(b_n) \rangle$
△ von Funktionswerten, die gegen voneinander verschie-
△ dene Grenzwerte G_1 bzw. G_2 konvergieren. Dann wird
△ eine neue Folge durch Mischen der Folgenglieder gebil-
△ det:
△ $f(a_1)$, $f(b_1)$, $f(a_2)$, $f(b_2)$, $f(a_3)$, $f(b_3)$, …
△
△ Diese Folge hat als Grundfolge
△ a_1, b_1, a_2, b_2, a_3, b_3, …
△ und hat die beiden Häufungspunkte G_1 und G_2; ist also
△ divergent. Das widerspricht Bedingung 3′.

---

12. Gegeben seien die Funktionen f von Übungsaufgabe **11** und die Stelle a. Gib eine gegen 0 konvergierende Folge $\langle h_n \rangle$ an, wobei $h_n = x_n - a$ als Koordinatendifferenz gedeutet werden soll. Die zugehörige Folge der Funktionswerte soll divergent sein.

13. Zeige zu den Beispielen in Übungsaufgabe **11**, daß es auch Grundfolgen gibt, deren zugehörige Folge der Funktionswerte konvergent ist. Zeige aber, daß diese Funktionswertfolgen gegen *verschiedene* Grenzwerte konvergieren können.

14. Bestimme den Grenzwert.

a) $\lim_{x \to 5}(x^2 + 1)$

b) $\lim_{x \to 3}(3x^3 + 2)$

c) $\lim_{x \to 0}(2x - 1) \cdot 3$

d) $\lim_{x \to 6}(3x^3 - 4x + x^2)$

e) $\lim_{x \to 1}\dfrac{x + 2}{x - 4}$

f) $\lim_{x \to 4}\dfrac{x^2 + 2x + 9}{(x - 7) \cdot (x + 2)}$

15. Untersuche, ob der Grenzwert existiert. Wenn ja, gib ihn an.

a) $\lim_{x \to 1}\dfrac{2}{x - 1}$

b) $\lim_{x \to 0}\dfrac{3x}{4 - x}$

c) $\lim_{x \to -1}\dfrac{7x}{x + 1}$

d) $\lim_{x \to 5}\dfrac{x^2 - 1}{2 \cdot (x^2 + 1)}$

e) $\lim_{x \to 1}\dfrac{x^2 - 1}{(x - 1)^2}$

f) $\lim_{x \to 2}\dfrac{x^2 - 2x + 2}{x - 2}$

16. Untersuche, ob man schreiben darf:

▲ $\lim_{x \to a} f(x) = \lim_{n \to \infty} f(x_n)$

17. a) Erläutere die folgende Definition 3*:

△ **Definition 3*:** f sei eine Funktion und a liege
△ nicht isoliert zum Definitionsbereich der
△ Funktion f. Unter dem Grenzwert der Funk-
△ tion f an der Stelle a versteht man eine Zahl,
△ die man folgendermaßen erhält:

△ (1) Man geht aus von einer beliebigen Null-
△   folge $\langle h_n \rangle$ mit $h_n \neq 0$. $a + h_n$ liege im Defi-
△   nitionsbereich von f.

△ (2) Man bildet die zu der Nullfolge gehören-
△   de Folge der Funktionswerte $\langle f(a+h_n) \rangle$.

△ (3) Man prüft, ob jede dieser Folgen von
△   Funktionswerten gegen denselben Grenz-
△   wert G konvergiert. Ist dies der Fall, ist
△   der Grenzwert G also unabhängig von
△   der Auswahl der Nullfolge h_n, so heißt G
△   der Grenzwert der Funktion f an der
△   Stelle a. Man schreibt $G = \lim_{x \to a} f(x)$.

△ b) Beweise, daß diese Definition 3* zu der
△ Definition 3 äquivalent ist. Zeige dazu, daß
△ aus der Definition 3 die Definition 3* folgt
△ und umgekehrt aus der Definition 3* die De-
△ finition 3.

△ *Anleitung:* Setze $x_n = a + h_n$.

△ c) Untersuche, ob man schreiben darf:

△ $\lim_{x \to a} f(x) = \lim_{n \to \infty} f(x + h_n)$

18. Die Bedingung (3) von Definition 3* (Übungs-
▲ aufgabe 17) läßt sich abschwächen:

▲ (3′) Man prüft, ob jede dieser Folgen von
▲   Funktionswerten konvergent ist.

▲ a) Zeige, daß die Bedingung (3) von Defini-
▲ tion 3* aus (3′) folgt.

▲ *Anleitung:* Führe einen indirekten Beweis,
▲ d.h. gehe aus von der Annahme, daß es zwei
▲ Folgen von Funktionswerten $\langle f(a+h_n) \rangle$ und
▲ $\langle f(a+k_n) \rangle$ gibt, die jeweils gegen voneinander
▲ verschiedene Grenzwerte konvergieren und
▲ leite daraus einen Widerspruch her.

▲ b) Wieso folgt Bedingung (3′) unmittelbar aus
▲ Bedingung (3) (Definition 3*)?

Aufgabe 4: *Bestimmen des Grenzwertes einer
Funktion an der Stelle a*

Bestimme den Grenzwert, falls er existiert.
Gib auch an, ob a zum Definitionsbereich der Funktion
gehört.

a) $\lim_{x \to a} x^3$ b) $\lim_{x \to 1} \dfrac{x}{x^2 - 1}$ c) $\lim_{x \to 2} \dfrac{x^2 - 2x + 4}{x - 2}$

Lösung: a) $\langle x_n \rangle$ sei eine beliebige Grundfolge, die gegen a
konvergiert. Dann gilt für die Folge der Funktionswerte
$\langle x_n^3 \rangle$ nach dem Grenzwertsatz für Produktfolgen:

$$\lim_{n \to \infty} x_n^3 = \left(\lim_{n \to \infty} x_n \right)^3 = a^3$$

Also folgt: $\lim_{x \to a} x^3 = a^3$

a gehört zum Definitionsbereich der Funktion $x \mapsto x^3$.

b) Wir wählen die spezielle Grundfolge $\left\langle 1 + \dfrac{1}{n} \right\rangle$, die
gegen 1 konvergiert. Dann gilt für die Folge der Funk-
tionswerte:

$$\frac{1 + \dfrac{1}{n}}{\left(1 + \dfrac{1}{n}\right)^2 - 1} = \frac{n+1}{n \cdot \left(1 + \dfrac{2}{n} + \dfrac{1}{n^2} - 1\right)} = \frac{n+1}{n \cdot \left(\dfrac{2}{n} + \dfrac{1}{n^2}\right)} = \frac{n+1}{2 + \dfrac{1}{n}}$$

Diese Folge wächst über alle Schranken. Sie ist divergent.

Der Grenzwert $\lim_{x \to 1} \dfrac{x}{x^2 - 1}$ existiert nicht.

Das kann man auch so einsehen: Wenn $\langle x_n \rangle$ gegen 1
konvergiert, dann konvergiert der Nenner der Folge
$\left\langle \dfrac{x_n}{x_n^2 - 1} \right\rangle$ der Funktionswerte gegen 0 und der Zähler
gegen 1, der Bruch wächst also über alle Schranken.

Die Stelle 1 gehört nicht zum Definitionsbereich der
Funktion $x \mapsto \dfrac{x}{x^2 - 1}$.

c) $\langle x_n \rangle$ sei eine beliebige Grundfolge, die gegen 2 konvergiert. Dann gilt für die Folge der Funktionswerte:

$$\lim_{n \to \infty} \frac{x_n^2 - 2x_n + 4}{x_n - 2} = \lim_{n \to \infty} \frac{(x_n - 2)^2}{x_n - 2} = \lim_{n \to \infty} x_n - 2 = 0$$

Die Stelle 2 gehört nicht zum Definitionsbereich der
Funktion $x \mapsto \dfrac{x^2 - 2x + 4}{x - 2}$. Der Grenzwert $\lim_{x \to 2} \dfrac{x^2 - 2x + 4}{x - 2}$
existiert dennoch und ist gleich 0.

Zur Übung: **14** bis **18**

26

2.2. Grenzwertsätze für Funktionen

Aufgabe 1: *Grenzwertsatz für Summenfunktionen*

a) Gegeben sind die Funktionen u und v mit
$u(x) = x^2$ und $v(x) = \frac{1}{3}x$.
Bestimme $\lim\limits_{x \to a} u(x)$ und $\lim\limits_{x \to a} v(x)$.

b) Bilde die *Summenfunktion* f mit $f(x) = u(x) + v(x)$.
Bestimme den Grenzwert $\lim\limits_{x \to a} f(x)$.
Vergleiche mit den Grenzwerten von Teilaufgabe a).

c) Versuche aus diesem Beispiel einen allgemeinen Satz herzuleiten und beweise ihn.

Lösung: a) Es sei $\langle x_n \rangle$ eine beliebige Grundfolge mit $\lim\limits_{n \to \infty} x_n = a$ und $x_n \neq a$. Dann folgt nach dem Grenzwertsatz für Produktfolgen:

$$\lim\limits_{x \to a} u(x) = \lim\limits_{n \to \infty} x_n^2 = \lim\limits_{n \to \infty} x_n \cdot \lim\limits_{n \to \infty} x_n = a \cdot a = a^2$$
$$\lim\limits_{x \to a} v(x) = \lim\limits_{n \to \infty} \tfrac{1}{3}x_n = \tfrac{1}{3} \cdot \lim\limits_{n \to \infty} x_n = \tfrac{1}{3}a$$

b) Für die Summenfunktion f gilt: $f(x) = x^2 + \frac{1}{3}x$,
und es gilt nach dem Grenzwertsatz für Summenfolgen:

$$\lim\limits_{x \to a} f(x) = \lim\limits_{n \to \infty}(x_n^2 + \tfrac{1}{3}x_n) = \lim\limits_{n \to \infty} x_n^2 + \lim\limits_{n \to \infty} \tfrac{1}{3}x_n = a^2 + \tfrac{1}{3}a$$

Es gilt: $\lim\limits_{x \to a} f(x) = \lim\limits_{x \to a} u(x) + \lim\limits_{x \to a} v(x)$

c) Wir können den folgenden Satz vermuten:

---

1. Grenzwertsatz für Summenfunktionen

Die Funktionen u und v seien in einem gemeinsamen Intervall definiert. Die Grenzwerte $\lim\limits_{x \to a} u(x)$ und $\lim\limits_{x \to a} v(x)$ sollen existieren.

Dann existiert auch $\lim\limits_{x \to a}\big(u(x) + v(x)\big)$, und es gilt:
$$\lim\limits_{x \to a}\big(u(x) + v(x)\big) = \lim\limits_{x \to a} u(x) + \lim\limits_{x \to a} v(x)$$

Beweis: $\langle x_n \rangle$ sei eine beliebige Grundfolge mit $\lim\limits_{n \to \infty} x_n = a$; $x_n \neq a$. Dann gilt nach Voraussetzung:

$$\lim\limits_{x \to a} u(x) = \lim\limits_{n \to \infty} u(x_n); \qquad \lim\limits_{x \to a} v(x) = \lim\limits_{n \to \infty} v(x_n)$$

Nach dem Grenzwertsatz für Summenfolgen existiert dann $\lim\limits_{n \to \infty}\big(u(x_n) + v(x_n)\big)$, und es gilt:
$$\lim\limits_{n \to \infty}\big(u(x_n) + v(x_n)\big) = \lim\limits_{n \to \infty} u(x_n) + \lim\limits_{n \to \infty} v(x_n)$$

Übungen 2.2

1. Bestätige an den folgenden Beispielen die Gültigkeit der Grenzwertsätze für Differenzfunktionen, Produktfunktionen und Quotientenfunktionen

   a) $u(x) = \frac{1}{2}x$; $v(x) = x^2 + 1$

   b) $u(x) = 3(x+1)^2$; $v(x) = x+1$; $(a \neq -1)$

2. Beweise die Grenzwertsätze für Differenzfunktionen, Produktfunktionen und Quotientenfunktionen nach dem Vorbild des Beweises des Grenzwertsatzes für Summenfunktionen.

3. Beweise: Für die konstante Funktion f mit $f(x) = c$ gilt: $\lim\limits_{x \to a} c = c$.
   Gib hierfür Beispiele an.

4. Beweise durch Zurückführen auf die Grenzwertsätze für Funktionen:

a) $\lim\limits_{x \to a}(c \cdot u(x)) = c \cdot \lim\limits_{x \to a} u(x)$

b) $\lim\limits_{x \to a}(u(x) + c) = \lim\limits_{x \to a} u(x) + c$

c) $\lim\limits_{x \to a}(u(x))^2 = (\lim\limits_{x \to a} u(x))^2$

d) $\lim\limits_{x \to a}\dfrac{1}{v(x)} = \dfrac{1}{\lim\limits_{x \to a} v(x)}$

$\quad$ für $v(x) \neq 0$ und $\lim\limits_{x \to a} v(x) \neq 0$

5. Wie lauten die ausführlichen Formulierungen der in Übungsaufgabe **4** in Kurzform angegebenen Grenzwertsätze?

6. Stelle selbst weitere Grenzwertsätze ähnlich wie in Übungsaufgabe **4** auf. Beweise sie durch Zurückführen auf die Grenzwertsätze für Funktionen und gib eine ausführliche Formulierung an.

7. Gib ein Beispiel dafür an, daß $\lim\limits_{x \to a}\dfrac{u(x)}{v(x)}$ (für $v(x) \neq 0$) existiert, obgleich $\lim\limits_{x \to a} u(x) = 0$ und $\lim\limits_{x \to a} v(x) = 0$ ist.
Wieso liegt hier kein Widerspruch zu dem Grenzwertsatz für Quotientenfunktionen vor?

8. Verkürze die Lösung von Aufgabe **2**, durch Verwendung der in Übungsaufgabe **4** angegebenen Grenzwertsätze.

9. Bestimme folgende Grenzwerte.

a) $\lim\limits_{x \to 2}(3x^4 + 2x - 7)$

b) $\lim\limits_{x \to 4}(2x^3 - x + 2)$

c) $\lim\limits_{x \to 3}((2x + 4) \cdot (7x + 3))$

d) $\lim\limits_{x \to -2}((3x^2 - 1) \cdot (4x + 2))$

e) $\lim\limits_{x \to 1}(2x + 1)^2$

f) $\lim\limits_{x \to -2}(3x + 6)^2$

g) $\lim\limits_{x \to 2}(4x^3 - 6x^2 - 3)^2$

h) $\lim\limits_{x \to 0}((4x^2 + 3x - 5)^4 \cdot (3x^2 - \frac{1}{2}x - \frac{1}{5})^3)$

i) $\lim\limits_{x \to 1}\dfrac{3x^2 - x}{2x - 1}$

j) $\lim\limits_{x \to 0}\dfrac{7x + 1}{3x + 2}$

k) $\lim\limits_{x \to 4}\dfrac{2x - \frac{1}{2}}{2x + 1} \cdot \dfrac{3x}{(4x - 1)^2}$

Entsprechend erhalten wir die folgenden Grenzwertsätze:

Grenzwertsätze: Die Funktionen u und v seien in einem gemeinsamen Intervall definiert.
Die Grenzwerte $\lim\limits_{x \to a} u(x)$ und $\lim\limits_{x \to a} v(x)$ sollen existieren.
Dann gilt:

2. Grenzwertsatz für Differenzfunktionen
Der Grenzwert $\lim\limits_{x \to a}(u(x) - v(x))$ existiert, und es gilt:

$$\lim\limits_{x \to a}(u(x) - v(x)) = \lim\limits_{x \to a} u(x) - \lim\limits_{x \to a} v(x)$$

3. Grenzwertsatz für Produktfunktionen
Der Grenzwert $\lim\limits_{x \to a}(u(x) \cdot v(x))$ existiert, und es gilt:

$$\lim\limits_{x \to a}(u(x) \cdot v(x)) = \lim\limits_{x \to a} u(x) \cdot \lim\limits_{x \to a} v(x)$$

4. Grenzwertsatz für Quotientenfunktionen
Der Grenzwert $\lim\limits_{x \to a}\dfrac{u(x)}{v(x)}$ existiert, sofern $v(x) \neq 0$
(für eine geeignete Umgebung $U(a)$) und $\lim\limits_{x \to a} v(x) \neq 0$, und es gilt:

$$\lim\limits_{x \to a}\dfrac{u(x)}{v(x)} = \dfrac{\lim\limits_{x \to a} u(x)}{\lim\limits_{x \to a} v(x)}$$

Zur Übung: **1** bis **7**

Aufgabe 2: *Anwenden der Grenzwertsätze*

Bestimme durch Anwenden der Grenzwertsätze den Grenzwert G der Funktion f an der Stelle a.

$$f(x) = \frac{4x^2 - 1}{2x^2 + 4}; \quad a = 6$$

Lösung:

$$G = \lim\limits_{x \to 6}\frac{4x^2 - 1}{2x^2 + 4} = \frac{\lim\limits_{x \to 6}(4x^2 - 1)}{\lim\limits_{x \to 6}(2x^2 + 4)}$$

$$\lim\limits_{x \to 6}(4x^2 - 1) = \lim\limits_{x \to 6} 4x^2 - \lim\limits_{x \to 6} 1$$
$$= \lim\limits_{x \to 6} 4 \cdot \lim\limits_{x \to 6} x \cdot \lim\limits_{x \to 6} x - 1$$
$$= 4 \cdot 6 \cdot 6 - 1 = 143$$

$$\lim\limits_{x \to 6}(2x^2 + 4) = \lim\limits_{x \to 6} 2x^2 + \lim\limits_{x \to 6} 4$$
$$= \lim\limits_{x \to 6} 2 \cdot \lim\limits_{x \to 6} x \cdot \lim\limits_{x \to 6} x + 4 = 2 \cdot 6 \cdot 6 + 4 = 76$$

$$G = \frac{143}{76}$$

Zur Übung: **8** und **9**

2.3. Stetigkeit

Aufgabe 1: *Stetigkeit und Unstetigkeit an der Stelle a*

Gegeben sei die Funktion f. Die Stelle a gehöre zum Definitionsbereich von f. Bestimme $\lim\limits_{x \to a} f(x)$ und vergleiche den Grenzwert mit dem Funktionswert f(a).

a) $f(x) = 3x^2 + 1;\quad a = 2$

b) $f(x) = |\operatorname{sgn} x|;\quad a = 0$

c) $f(x) = H(x);\quad a = 0$ (H ist die Heavisidefunktion)

Lösung:

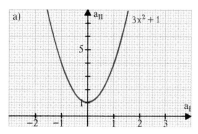

$$\lim_{x \to 2} f(x) = 3(\lim_{x \to 2} x)^2 + 1 = 13;\quad f(2) = 3 \cdot 2^2 + 1 = 13$$

Grenzwert und Funktionswert stimmen überein.

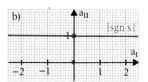

Ist $\langle x_n \rangle$ eine beliebige gegen a konvergierende Grundfolge mit $x_n \neq 0$, dann gilt $|\operatorname{sgn} x_n| = 1$ wegen $x_n \neq 0$.
Das heißt $\lim\limits_{x \to 0} f(x) = \lim\limits_{x \to 0} |\operatorname{sgn} x| = 1$.

Andererseits ist $f(0) = |\operatorname{sgn} 0| = 0$.
Grenzwert und Funktionswert stimmen *nicht* überein.

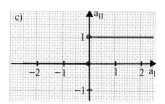

$$H(x) = \begin{cases} 1 & \text{für } x > 0 \\ 0 & \text{für } x \leq 0 \end{cases}$$

Wir wählen einmal die Grundfolge $\langle x_n \rangle = \langle -\frac{1}{n} \rangle$ und einmal $\langle x_n \rangle = \langle \frac{1}{n} \rangle$.
Im ersten Fall ist $H(x_n) = 0$ (weil $x_n = -\frac{1}{n} < 0$).
Im zweiten Fall ist $H(x_n) = 1$ (weil $x_n = \frac{1}{n} > 0$).
Die beiden Folgen konvergieren gegen verschiedene Grenzwerte, nämlich 0 und 1. $\lim\limits_{x \to 0} H(x)$ existiert nicht.

Übungen 2.3

1. Zeige, daß die Funktion f an der Stelle a stetig ist.

a) $f(x) = 3x^2 + 4x + 5;\quad$ a beliebig

b) $f(x) = 7x^4 - 2x^2 + 1;\quad$ a beliebig

c) $f(x) = \frac{1}{4}x^3 - 4x + 1;\quad$ a beliebig

d) $f(x) = \dfrac{x^2 - 2x + 1}{(x-7) \cdot (x+3)};\quad a \neq 7;\ a \neq -3$

e) $f(x) = (7x^2 - 1) \cdot (4x + 2);\quad$ a beliebig

2. Zeige, daß die Funktion f an der Stelle a unstetig ist.

a) $f(x) = 2[x];\quad a = 0$

b) $f(x) = [x]^2;\quad a = 2$

c) $f(x) = [x^2];\quad a = \sqrt{2}$

d) $f(x) = \dfrac{1}{[x]};\quad a = 3$

e) $f(x) = \begin{cases} x+4 & \text{für } x \geq -3 \\ 4-x & \text{für } x < -3 \end{cases};\quad a = -3$

f) $f(x) = x - H(x);\quad a = 0$

▲ g) $f(x) = \begin{cases} \sin \dfrac{1}{x} & \text{für } x \neq 0 \\ 0 & \text{für } x = 0 \end{cases}$

3. Untersuche, ob die Funktion f an der Stelle a stetig ist.

a) $f(x) = x \cdot H(x);\quad a = 0$

b) $f(x) = x^2 \cdot \operatorname{sgn} x;\quad a = 0$

c) $f(x) = x + \operatorname{sgn} x;\quad a = 0$

d) $f(x) = x + H(x);\quad a = 0$

e) $f(x) = x - \operatorname{sgn} x;\quad a = 0$

f) $f(x) = \begin{cases} \sqrt{x} & \text{für } x \geq 4 \\ \dfrac{x}{4} + 1 & \text{für } x < 4 \end{cases};\quad a = 4$

g) $f(x) = \begin{cases} \sqrt{x-1} & \text{für } x > 1 \\ \sqrt{1-x^2} & \text{für } -1 \leq x \leq +1;\ a = 1 \\ \sqrt{-1-x} & \text{für } x < -1 \end{cases}$

▲ h) $f(x) = \begin{cases} \sin \dfrac{1}{x} & \text{für } x \neq 0 \\ 1 & \text{für } x = 0 \end{cases}$

4. Gib an, wo die Funktion f stetig und wo sie unstetig ist.

a) $f(x) = 5x^2 + 1$ d) $f(x) = \operatorname{sgn} x$

b) $f(x) = [x]$ e) $f(x) = |x|$

c) $f(x) = H(x)$

5. Warum ist die Funktion f an der Stelle a weder stetig noch unstetig?

a) $f(x) = \dfrac{1}{x};$ $a = 0$

b) $f(x) = \sqrt{x};$ $a = -1$

c) $f(x) = \dfrac{1}{x-4};$ $a = 4$

6. △ △ Gib weitere Funktionen an, die an einer vorgegebenen Stelle a weder stetig noch unstetig sind.

7. △ Wo ist die Funktion f weder stetig noch unstetig?

△ a) $f(x) = \dfrac{1}{H(x)}$ d) $f(x) = \dfrac{x+1}{x^2-1}$

△ b) $f(x) = \dfrac{1}{\operatorname{sgn} x}$ e) $f(x) = \dfrac{4}{1+|x|}$

△ c) $f(x) = \dfrac{1}{|x|}$

8. △ Wo ist die Funktion f stetig, wo unstetig, wo weder stetig noch unstetig?

△ a) $f(x) = \dfrac{H(x-2)}{H(x)}$

△ b) $f(x) = \dfrac{\sqrt{|x|}}{\operatorname{sgn} x}$

△ c) $f(x) = \sqrt{[x]}$

9. △ a) Zeige, daß die Funktion f mit

△ $f(x) = \begin{cases} 1 & \text{für } x \text{ rational} \\ 2 & \text{für } x \text{ irrational} \end{cases}$

△ an allen Stellen unstetig ist.

△ b) Gib weitere Funktionen an, die an allen △ Stellen ihres Definitionsbereichs unstetig sind.

10. Zeige:

a) Jede ganzrationale Funktion

$x \mapsto a_n x^n + a_{n-1} x^{n-1} + \ldots + a_2 x^2 + a_1 x + a_0$

ist an jeder Stelle ihres Definitionsbereichs stetig.

b) Jede gebrochen rationale Funktion (Quotient zweier ganz rationaler Funktionen) ist an jeder Stelle ihres Definitionsbereichs stetig.

11. Beweise die Teile (2), (3) und (4) von Satz **1** über stetige Funktionen mit Hilfe der Grenzwertsätze für Funktionen.

Information: *Stetigkeit an der Stelle a*

Betrachte die Ergebnisse von Aufgabe **1.**

Im Falle des Beispiels a) stimmen Grenzwert der Funktion an der Stelle a und Funktionswert an derselben Stelle überein. Die Funktion heißt dann an der Stelle a stetig.
In den anderen Fällen, wie im Beispiel b), wo Grenzwert und Funktionswert voneinander verschieden sind oder wie im Beispiel c), bei dem der Grenzwert nicht einmal existiert, heißt die Funktion an der Stelle a unstetig.

> **Definition 4:** Die Funktion f sei an der Stelle a definiert. Sie heißt dann **an der Stelle a stetig,** falls $\lim\limits_{x \to a} f(x)$ existiert und $\lim\limits_{x \to a} f(x) = f(a)$ ist. Andernfalls heißt die Funktion an der Stelle a unstetig.

Die obige Definition der Stetigkeit einer Funktion f an der Stelle a ist nur für eine Stelle a ausgesprochen, die nicht isoliert zum Definitionsbereich f liegt, denn sonst ist $\lim\limits_{x \to a} f(x)$ nicht definiert.
Liegt die Stelle a isoliert zum Definitionsbereich, so bezeichnet man die Funktion f üblicherweise auch an dieser Stelle als stetig.

Aufgabe 2: *Untersuchung auf Stetigkeit*

Untersuche, ob die Funktion f an der Stelle a stetig ist.

a) $f(x) = x^2$;   a beliebig   b) $f(x) = [x]$; $a = 1$

Lösung: a) Nach dem Grenzwertsatz für Produktfolgen gilt: $\lim\limits_{x \to a} f(x) = \lim\limits_{x \to a} x^2 = a^2 = f(a)$

Die Funktion f mit $f(x) = x^2$ ist an jeder Stelle stetig.

b)

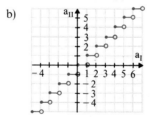

Der Graph der Funktion f mit $f(x) = [x]$ macht an der Stelle 1 einen Sprung. Wir vermuten, daß die Funktion dort unstetig ist.
Zum Beweis betrachten wir die Folgen $\langle x_n \rangle = \langle 1 - \frac{1}{n} \rangle$ und $\langle \bar{x}_n \rangle = \langle 1 + \frac{1}{n} \rangle$. Dann ist:

$\lim\limits_{n \to \infty} f(x_n) = \lim\limits_{n \to \infty} [x_n] = 0;$ $\lim\limits_{n \to \infty} f(\bar{x}_n) = \lim\limits_{n \to \infty} [\bar{x}_n] = 1$

$\lim\limits_{x \to a} f(x)$ existiert nicht. f ist an der Stelle 1 unstetig.

Zur Übung: **1** bis **9**

Aufgabe 3: *Sätze über stetige Funktionen*

Der Grenzwert einer Funktion f an der Stelle a und die Stetigkeit von f an der Stelle a hängen eng zusammen. Daher folgen aus den Grenzwertsätzen für Funktionen sofort Sätze über stetige Funktionen. Formuliere diese Sätze und beweise sie mit Hilfe der Grenzwertsätze für Funktionen.

Lösung: Wir erhalten:

Satz 1: Die Funktionen u und v seien in einem gemeinsamen Intervall definiert, zu dem die Stelle a gehört. Die Funktionen u und v seien an der Stelle a stetig. Dann sind auch die Funktionen

(1) f mit $f(x) = u(x) + v(x)$,

(2) g mit $g(x) = u(x) - v(x)$,

(3) h mit $h(x) = u(x) \cdot v(x)$,

(4) k mit $k(x) = \dfrac{u(x)}{v(x)}$ (sofern $v(x) \neq 0$)

an der Stelle a stetig.

Beweis von (1): Da die Funktionen u und v stetig sind, existiert $\lim\limits_{x \to a} u(x)$ und $\lim\limits_{x \to a} v(x)$, und es gilt:

$$\lim_{x \to a} u(x) = u(a) \quad \text{und} \quad \lim_{x \to a} v(x) = v(a).$$

Nach dem Grenzwertsatz für Summenfunktionen (Seite 27) existiert dann auch $\lim\limits_{x \to a} f(x)$, und es gilt:

$$\lim_{x \to a} f(x) = \lim_{x \to a} \big(u(x) + v(x)\big) = \lim_{x \to a} u(x) + \lim_{x \to a} v(x)$$
$$= u(a) + v(a) = f(a)$$

d.h.: Die Summenfunktion f ist an der Stelle a stetig. Die Beweise der anderen Teile von Satz 1 verlaufen entsprechend (siehe Übungsaufgabe **11**).

Folgende Funktionen sind an jeder Stelle ihres Definitionsbereichs stetig:

(1) Ganzrationale Funktionen
 (siehe Übungsaufgabe **10** a))

(2) Gebrochen rationale Funktionen
 (siehe Übungsaufgabe **10** b))

(3) Die Funktion $[x \mapsto \sqrt{x}; \ x \geq 0]$
 (siehe Übungsaufgabe **13** a))

(4) Die Funktionen $[x \mapsto \sin x]$ und $[x \mapsto \cos x]$
 (siehe Übungsaufgabe **15**))

Ist eine Funktion an jeder Stelle ihres Definitionsbereichs (eines Intervalls) stetig, so sagt man auch: sie ist im Definitionsbereich (Intervall) stetig.

Zur Übung: **10** bis **15**

---

12. Beweise folgende Sätze:
Wenn die Funktion u an der Stelle a stetig ist, dann ist auch die Funktion f an der Stelle a stetig.

a) $f(x) = u(x) + c$

b) $f(x) = c \cdot u(x)$

c) $f(x) = \dfrac{1}{u(x)}$ (für $u(x) \neq 0; a \neq 0$)

d) $f(x) = \big(u(x)\big)^2$

e) $f(x) = c_1 \cdot \big(u(x)\big)^2 + c_2$

13. a) Erläutere folgenden Beweis für die *Stetigkeit von $x \mapsto \sqrt{x}$ an der Stelle a*.

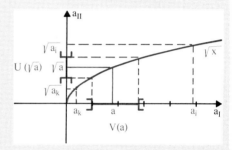

$\langle x_n \rangle$ sei eine beliebige Grundfolge, die gegen a konvergiert. Wir müssen zeigen, daß die Folge der Funktionswerte $\langle \sqrt{x_n} \rangle$ gegen $\sqrt{a}$ konvergiert. Dann ist gezeigt, daß die Funktion an der Stelle a stetig ist.
Dazu müssen wir zeigen, daß in jeder Umgebung von $\sqrt{a}$ unendlich viele Glieder von $\langle \sqrt{x_n} \rangle$ liegen und außerhalb endlich viele. Sei $U(\sqrt{a})$ eine beliebige Umgebung von $\sqrt{a}$. Dann gibt es, wie die Zeichnung zeigt, eine zugehörige Umgebung V(a). Da $\langle x_n \rangle$ gegen a konvergiert, liegen nur endlich viele Glieder von $\langle x_n \rangle$ außerhalb von V(a) (z.B. a_i und a_k), alle anderen liegen innerhalb von V(a). Wie die Zeichnung zeigt, liegen dann nur diejenigen $\sqrt{x_n}$ außerhalb von $U(\sqrt{a})$, für die x_n außerhalb von V(a) liegen. Also liegen nur endlich viele Glieder von $\langle \sqrt{x_n} \rangle$ außerhalb von $U(\sqrt{a})$ und also unendlich viele innerhalb.
Es gilt: $\lim\limits_{n \to \infty} \sqrt{x_n} = \sqrt{a}$

b) Zeige entsprechend, daß folgende Funktion stetig ist:

$$x \mapsto \sqrt[n]{x}; \quad a > 0$$

14. In Übungsaufgabe **13** wurde formuliert: *Wie*
△ *die Zeichnung zeigt, liegen dann nur diejenigen*
△ $\sqrt{x_n},\ldots$
△ Weise dies durch Rechnung nach.
△
△ *Anleitung:* Es sei $U(\sqrt{a})=]\sqrt{a}-\varepsilon_1;\ \sqrt{a}+\varepsilon_2[$
△ vorgegeben. Berechne zunächst V(a). Zeige
△ dann mit Hilfe von Ungleichungen: Wenn
△ $x_n \in V(a)$, dann $\sqrt{x_n} \in U(\sqrt{a})$.

15. Zeige auf ähnliche Weise wie in Übungsaufgabe **13** mit Hilfe der Zeichnungen, daß
$x \mapsto \sin x$ und $x \mapsto \cos x$ an der Stelle a stetig
sind.

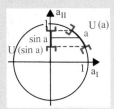

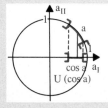

Beachte: x und a sind im Bogenmaß angegeben (vgl. *Vorkurs Analysis*, S. 118).
Das bedeutet: x ist die Länge des Bogens
vom Punkt (1;0) bis zur Stelle x auf dem
Einheitskreis. Ferner ist a die Länge des Bogens von (1;0) bis zur Stelle a auf dem Einheitskreis. Die Umgebung U(a) läßt sich als
Bogenstück um die Stelle a deuten.

16. Gegeben ist die stetige Funktion f mit
$f(a) > 0$. Gib eine Umgebung U(a) an, für die
gilt: $f(x) > 0$ für $x \in U(a)$.
 a) $f(x) = x^2$; $a = 2$;
 b) $f(x) = \frac{1}{3}x^4$; $a = -\frac{1}{2}$;
 c) $f(x) = \frac{1}{2}x^2 - 1$; $a = 1,5$

17. Zu Satz **2** gibt es einen entsprechenden Satz
für den Fall $f(a) < 0$. Formuliere diesen Satz
und beweise ihn.

18. Eine Satz **2** entsprechende Aussage mit der
▲ Bedingung $f(a) \geq 0$ gilt nicht mehr. Deute
▲ durch eine Zeichnung an, wie der Graph ein
▲ es Gegenbeispiels verläuft.

Aufgabe 4: *Verhalten einer stetigen Funktion in einer*
Umgebung der Stelle a

Die Funktion f sei an der Stelle a stetig, und es sei $f(a) > 0$.
Wir wissen, daß dann der Graph von f an der Stelle a
keinen Sprung machen kann. Welches Vorzeichen können die Funktionswerte in einer Umgebung der Stelle a
haben?
Formuliere das Ergebnis in einem Satz und beweise ihn.

Lösung:

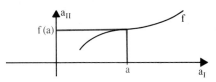

Da kein Sprung an der Stelle a vorliegt, müssen auch die
Funktionswerte in einer Umgebung von a positiv sein.

> **Satz 2:** Die Funktion f sei an der Stelle a stetig, und
> es sei $f(a) > 0$, dann gibt es eine Umgebung U(a), in
> der die Funktionswerte von f ebenfalls positiv sind,

Beweis: Angenommen, es gäbe keine Umgebung U(a), in
der alle Funktionswerte von f positiv sind. Dann wählen
wir eine Folge von Umgebungen $U_n(a)$, die sich auf a
zusammenziehen. Das bedeutet, daß die Folge der Intervall-Längen gegen 0 konvergiert. In jeder der Umgebungen $U_n(a)$ gibt es ein x_n mit $f(x_n) \leq 0$. Die x_n bilden dann
eine Folge, die gegen a konvergiert. Wegen der Stetigkeit von f an der Stelle a folgt dann:
$$\lim_{n \to \infty} f(x_n) = f(a)$$
Weil $f(x_n) \leq 0$, ist auch $\lim_{n \to \infty} f(x_n) \leq 0$, denn eine Folge,
die keine positiven Glieder hat, kann keinen positiven
Grenzwert haben. Um einen positiven Grenzwert
könnte man nämlich eine Umgebung legen, die ganz
im positiven Bereich liegen würde. In ihr müßten dann
unendlich viele Glieder der Folge liegen. Das ist jedoch
nicht möglich, weil die Glieder nicht positiv sind. Es
gilt also $\lim_{n \to \infty} f(x_n) \leq 0$.
Wegen $\lim_{n \to \infty} f(x_n) = f(a)$ ist auch $f(a) \leq 0$.

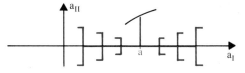

Das widerspricht aber der Voraussetzung $f(a) > 0$. Es muß
also eine Umgebung U(a) mit $f(x) > 0$ für $x \in U(a)$ geben.

Zur Übung: **16** bis **18**

2.4. Stetige Erweiterung einer Funktion f an der Stelle a

In diesem Abschnitt wird der Begriff der *stetigen Erweiterung einer Funktion an der Stelle a* eingeführt. Statt von *stetiger Erweiterung* spricht man auch von *stetiger Ergänzung*. Dieser Begriff wird in der Differentialrechnung (Kapitel 3 und 4) benötigt.

Mit dem Begriff der stetigen Erweiterung an der Stelle a eng verknüpft ist die Vorstellung des Schließens der Lücke im Graphen bzw. des Abschließens durch einen letzten Punkt. Daher wird von dieser Vorstellung auch ausgegangen und dann erst die Definition gewonnen.

Aufgabe 1: *Definitionslücken*

Zeichne den Graphen der Funktion $x \mapsto \dfrac{x^2-1}{x-1}$ insbesondere in einer Umgebung der Stelle 1.
Welche Besonderheit weist er auf?

Lösung: Es gilt:

$$\frac{x^2-1}{x-1} = \frac{(x-1)\cdot(x+1)}{x-1}$$

$$= x+1 \quad \text{für } x \neq 1$$

Die Funktion $\left[x \mapsto \dfrac{x^2-1}{x-1}; \ x \neq 1\right]$ kann man daher auch so beschreiben:

$[x \mapsto x+1; \ x \neq 1]$.

Ihr Graph ist eine Gerade, aus der an der Stelle 1 (wegen $x \neq 1$) ein Punkt herausgenommen ist.
Wir sagen: An der Stelle 1 liegt eine **Definitionslücke** vor. Dies ist eine Besonderheit des Graphen.

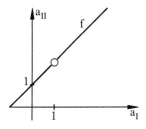

Zur Übung: **1**

Übungen 2.4

1. Zeige, daß die Funktion f an der Stelle a eine Definitionslücke hat.
Zeichne den Graphen in einer Umgebung von a.

a) $f(x) = \dfrac{x^2-1}{x+1}$; $a = -1$

b) $f(x) = \dfrac{x^2+4x+4}{x+4}$; $a = -4$

c) $f(x) = \dfrac{2x^2+3x}{x}$; $a = 0$

2. Gib die stetige Erweiterung der Funktion f an der Stelle a an.

a) $f = [x \mapsto 2x+1; \ x \neq 2]$; $a = 2$

b) $f = [x \mapsto x^2; \ x \neq 1]$; $a = 1$

c) $f = \left[x \mapsto \dfrac{1}{x}; \ x > 1\right]$; $a = 1$

d) $f = [x \mapsto 4x-4; \ x > 2]$; $a = 2$

3. Welche der folgenden Funktionen haben an der Stelle a eine stetige Erweiterung, welche nicht? Gib gegebenenfalls die stetige Erweiterung an.

a) $f(x) = \begin{cases} x & \text{für } x > 1 \\ x-1 & \text{für } x < 1 \end{cases}$; $a = 1$

b) $f(x) = \begin{cases} 3x & \text{für } x > 0 \\ x & \text{für } x < 0 \end{cases}$; $a = 0$

c) $f(x) = \begin{cases} x^2 & \text{für } x > 0 \\ -x^2 & \text{für } x < 0 \end{cases}$; $a = 0$

d) $f(x) = \begin{cases} x^2 & \text{für } x > 1 \\ x & \text{für } x < 1 \end{cases}$; $a = 1$

e) $f(x) = \begin{cases} x^2 & \text{für } x > 0,5 \\ x & \text{für } x < 0,5 \end{cases}$; $a = 0,5$

f) $f(x) = \begin{cases} 2x+1 & \text{für } x < -1 \\ 4x-1 & \text{für } x > -1 \end{cases}$; $a = -1$

4. Welche der folgenden Funktionen haben an der Stelle a eine stetige Erweiterung, welche nicht? Gib gegebenenfalls die stetige Erweiterung an.

a) $f(x) = \sin \dfrac{1}{x}$; $a = 0$

b) $f(x) = \dfrac{1}{x}$; $a = 0$

c) $f(x) = x \cdot \sin \dfrac{1}{x}$; $a = 0$

d) $(x) = x^2 \cdot \sin \dfrac{1}{x}$; $a = 0$

e) $f(x) = \dfrac{x^2 - 1}{x - 1}$; $a = 1$

5. Gib die stetige Erweiterung der Funktion f an. Berechne dazu auch den angegebenen Grenzwert.

a) $f(x) = \dfrac{(x-1) \cdot x}{x-1}$; $\lim\limits_{x \to 1} f(x)$

b) $f(x) = \dfrac{x \cdot (x+4)}{x}$; $\lim\limits_{x \to 0} f(x)$

c) $f(x) = \dfrac{(x-1)^2}{1-x^2}$; $\lim\limits_{x \to 1} f(x)$

d) $f(x) = \dfrac{x^2 + 4x + 4}{x+2}$; $\lim\limits_{x \to -2} f(x)$

6. Untersuche, ob die Funktion f eine stetige Erweiterung an der Stelle bzw. an den Stellen hat, an denen sie nicht definiert ist. Berechne auch den zugehörigen Grenzwert.

a) $f(x) = \dfrac{(x-1) \cdot (x+2)}{x+2}$; $\lim\limits_{x \to -2} f(x)$

b) $f(x) = \dfrac{x^3 + x^2 + x - 3}{x-1}$; $\lim\limits_{x \to 1} f(x)$

c) $f(x) = \dfrac{x^3 - 1}{x-1}$; $\lim\limits_{x \to 1} f(x)$

d) $f(x) = \dfrac{x^2 + x}{(x+1)^3}$; $\lim\limits_{x \to -1} f(x)$

e) $f(x) = \dfrac{x}{x^2 - 1}$; $\lim\limits_{x \to 1} f(x)$

Aufgabe 2: *Stetige Erweiterung einer Funktion an der Stelle a*

Die Funktion f mit $f(x) = x + 1$ $(x \neq 1)$ hat an der Stelle 1 eine Definitionslücke. Es liegt nahe, die Lücke auszufüllen, so daß ein zusammenhängender Graph entsteht. Dadurch entsteht eine neue Funktion $\tilde{f}$, deren Graph eine Obermenge des Graphen der ursprünglichen Funktion f ist. Die neue Funktion $\tilde{f}$ ist daher eine Erweiterung der ursprünglichen Funktion f an der Stelle 1 (vgl. **Vorkurs Analysis** Seite 75).
Gib noch andere Erweiterungen der Funktion f an der Stelle 1 an. Worin unterscheiden sich diese von der Erweiterung $\tilde{f}$?

Lösung: Die Bilder zeigen neben $\tilde{f}$ weitere Beispiele für eine Erweiterung von f.

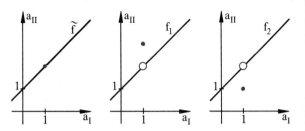

Die Erweiterung $\tilde{f}$ ist an der Stelle 1 stetig. Die Erweiterungen f_1 und f_2 sind dort unstetig. Das ist der Unterschied zwischen $\tilde{f}$ und f_1 bzw. f_2. Deswegen heißt $\tilde{f}$ stetige Erweiterung von f an der Stelle a.

Information: *Definition der stetigen Erweiterung der Funktion f an der Stelle a*

Man spricht nur dann von der stetigen Erweiterung der Funktion f an der Stelle a, falls a nicht isoliert zum Definitionsbereich der Funktion ist. Statt stetige Erweiterung sagt man auch *stetige Ergänzung*.

Definition 5: Die Stelle a sei nicht isoliert zum Definitionsbereich der Funktion f. Dann heißt die Funktion $\tilde{f}$ **stetige Erweiterung** der Funktion f an der Stelle a, falls gilt:

(1) $\tilde{f}$ ist Erweiterung von f (d.h. $\tilde{f}$ ist im ganzen Definitionsbereich von f definiert, stimmt dort mit f überein und ist in a definiert).

(2) $\tilde{f}$ ist an der Stelle a stetig.

Beispiel:

Die Funktion $[x \mapsto x + 1; x \in \mathbb{R}]$ ist eine stetige Erweiterung der Funktion $[x \mapsto x + 1; x \in \mathbb{R} \setminus \{1\}]$ an der Stelle 1.

Anmerkung zur Definition:

Die Vorstellung, die man zweckmäßig mit der stetigen Erweiterung einer Funktion an der Stelle a verbindet, ist die des Ausfüllens einer Lücke oder die des Abschließens am Ende eines Graphen (siehe dazu Übungsaufgabe **2**). Diese Grundvorstellung ist ein sehr wichtiges, anschauliches Hilfsmittel, das wir auch später immer wieder verwenden, das allerdings bei pathologischen Funktionen (vgl. Übungsaufgaben **7** und **8**) versagt. Im letzteren Fall muß ebenso wie bei Beweisen auf die präzisierte Definition zurückgegriffen werden.

Zur Übung: **2**

Aufgabe 3: *Nichtexistenz einer stetigen Erweiterung an der Stelle a*

Gegeben sei die Funktion f mit:

$$f(x) = \begin{cases} x + 1 & \text{für } x < 1 \\ x + 2 & \text{für } x > 1 \end{cases}$$

Sie ist an der Stelle a = 1 nicht definiert. Versuche, eine stetige Erweiterung von f an der Stelle a anzugeben.

Lösung:

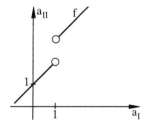

Die Funktion f hat keine stetige Erweiterung an der Stelle 1. Man sieht anschaulich: Welchen Erweiterungspunkt man auch immer an der Stelle 1 einfügt, ein Sprung bleibt immer bestehen. Jede Erweiterung von f an der Stelle 1 ist dort unstetig.
Es gibt Funktionen, die zwar an der Stelle a nicht definiert sind, dort aber keine stetige Erweiterung haben.

Zur Übung: **3** und **4**

7. a) Beweise:

Die Funktionen f und g seien in einem gemeinsamen Intervall definiert, nicht aber an der Stelle a dieses Intervalls. Sie mögen an der Stelle a eine stetige Erweiterung haben. Dann gilt: Auch folgende Funktionen haben an der Stelle a eine stetige Erweiterung:

(1) $x \mapsto f(x) + g(x)$

(2) $x \mapsto f(x) - g(x)$

(3) $x \mapsto f(x) \cdot g(x)$

(4) $x \mapsto \dfrac{f(x)}{g(x)}$ (sofern $g(x) \neq 0$ und $\lim\limits_{x \to a} g(x) \neq 0$)

b) Man kann folgende Abkürzungen einführen:

$f + g = [x \mapsto f(x) + g(x)]$

$f - g = [x \mapsto f(x) - g(x)]$

$f \cdot g = [x \mapsto f(x) \cdot g(x)]$

$\dfrac{f}{g} = \left[x \mapsto \dfrac{f(x)}{g(x)} \right]$

Diese Funktionen sind jeweils auf der Schnittmenge der Definitionsbereiche der beiden Funktionen definiert. $\dfrac{f}{g}$ ist darüber hinaus nur dort definiert, wo gilt: $g(x) \neq 0$. Untersuche auch, ob man schreiben darf:

(1) $\tilde{f} + \tilde{g} = \widetilde{f + g}$

(2) $\tilde{f} - \tilde{g} = \widetilde{f - g}$

(3) $\tilde{f} \; \tilde{g} = \widetilde{f \cdot g}$

(4) $\dfrac{\tilde{f}}{\tilde{g}} = \widetilde{\left(\dfrac{f}{g} \right)}$

8. Gegeben sei die Funktion f mit $f(x) = 1$ für $x \in \mathbb{Q}$.

Sie ist für irrationale x nicht definiert. Zeige, daß f an jeder irrationalen Stelle eine stetige Erweiterung hat.

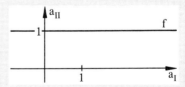

Anmerkung zur Funktion f: Geht man von einer rationalen Zahl auf der 1. Achse senkrecht nach oben, so stößt man beim Graphen der Funktion f auf einen Punkt. Geht man von einer irrationalen Zahl der 1. Achse senkrecht nach oben, stößt man beim Graphen von f auf eine Lücke.

9. Untersuche, ob die Funktion f an der Stelle a eine stetige Erweiterung hat. Wenn ja, gib diese an.

a) $f(x) = \cos\dfrac{1}{x};$ $\qquad a = 0$

b) $f(x) = x \cdot \cos\dfrac{1}{x};$ $\qquad a = 0$

c) $f(x) = x^2 \cdot \cos\dfrac{1}{x};$ $\qquad a = 0$

d) $f(x) = 3 \cdot \cos\dfrac{1}{x};$ $\qquad a = 0$

e) $f(x) = (x+1) \cdot \cos\dfrac{1}{x};$ $\qquad a = 0$

f) $f(x) = H(x) \cdot \cos\dfrac{1}{x};$ $\qquad a = 0$

$\Big($Dabei ist H die Heavysidefunktion mit

$H(x) = \begin{cases} 0 & \text{für } x \leq 0 \\ 1 & \text{für } x > 0 \end{cases}\Big)$

10. Gegeben sei die Funktion f mit

$f(x) = u(x) \cdot \cos\dfrac{1}{x}.$

Gib Voraussetzungen über die Funktion u an, unter denen die Funktion f an der Stelle 0 eine stetige Erweiterung hat. Wie lautet diese dann? (siehe Übungsaufgabe **8**)

11 a) Siehe die Übungsaufgaben **8** und **9**. Was ändert sich an den Ergebnissen der beiden Übungsaufgaben, falls an Stelle von $\cos\dfrac{1}{x}$ gesetzt wird:

(1) $\sin\dfrac{1}{x}$ (2) $\sin\dfrac{1}{\pi x}$ (3) $\cos\dfrac{1}{\pi x}$

b) Was ändert sich an den Ergebnissen der Übungsaufgaben **8** und **9**, falls man $\cos\dfrac{1}{x}$ ersetzt durch:

(1) $\cos^2\dfrac{1}{x}$ $\qquad$ (2) $\left|\cos\dfrac{1}{x}\right|$

(3) $\cos\dfrac{1}{x^2}$ $\qquad$ (4) $\cos\dfrac{1}{|x|}$

c) Erfinde selbst weitere Veränderungen.

Aufgabe 4: *Eindeutigkeit der stetigen Erweiterung*

Es gibt an der Stelle a nicht definierte Funktionen, die dort eine stetige Erweiterung haben und solche, die dort keine stetige Erweiterung haben.
Gibt es vielleicht auch Funktionen, die dort mehr als eine stetige Erweiterung haben?

Lösung: Zur anschaulichen Orientierung greifen wir auf die Vorstellung des Schließens einer Lücke zurück.

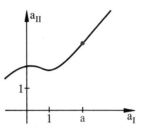

Da man nur einen Punkt einsetzen kann, der die Lücke schließt, kann eine an der Stelle a nicht definierte Funktion höchstens eine stetige Erweiterung an der Stelle a haben.

> **Satz 3:** *Eindeutigkeit einer stetigen Erweiterung*
>
> Die Funktion f kann an der Stelle a höchstens eine stetige Erweiterung haben.

Beweis: Da die stetige Erweiterung $\tilde{f}$ der Funktion f an der Stelle a nach Definition stetig ist, muß gelten:
$\lim\limits_{x \to a} \tilde{f}(x) = \tilde{f}(a)$
Nun ist aber wegen $f(x) = \tilde{f}(x)$ für $x \neq a$:

$\lim\limits_{x \to a} \tilde{f}(x) = \lim\limits_{x \to a} f(x).$
Also folgt: $\tilde{f}(a) = \lim\limits_{x \to a} f(x).$
Das bedeutet: Der Funktionswert $\tilde{f}(a)$ ist durch den Grenzwert $\lim\limits_{x \to a} f(x)$ eindeutig festgelegt.
Der Beweis liefert gleichzeitig folgenden Satz:

> **Satz 4:** Die Funktion f hat an der Stelle a genau dann eine stetige Erweiterung, falls $\lim\limits_{x \to a} f(x)$ existiert.
> Der Funktionswert der stetigen Erweiterung von f an der Stelle a ist gleich dem Grenzwert $\lim\limits_{x \to a} f(x)$.

Zur Übung: **5** und **6**

Aufgabe 5: *Stetige Erweiterung der Funktion* $x \mapsto \dfrac{\sin x}{x}$

Geben sei die Funktion $f = \left[x \mapsto \dfrac{\sin x}{x} ; \ x \neq 0 \right]$

Sie ist an der Stelle a nicht definiert. Untersuche, ob f eine stetige Erweiterung an der Stelle 0 hat.

Lösung:

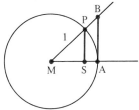

Der Bogen $\overset{\frown}{AP}$ habe die Länge x. Der Flächeninhalt des Kreisausschnitts MAP liegt zwischen den Flächeninhalten der Dreiecke MSP und MAB.

Es gilt also für $0 < x < \dfrac{\pi}{2}$: $\quad \dfrac{1}{2} \cdot \sin x \cdot \cos x \leq \dfrac{1}{2} x \leq \dfrac{1}{2} \cdot \tan x$

Daraus folgt: $\cos x \leq \dfrac{x}{\sin x} \leq \dfrac{1}{\cos x} ; \ \dfrac{1}{\cos x} \geq \dfrac{\sin x}{x} \geq \cos x$

Da $\dfrac{\sin(-x)}{-x} = \dfrac{\sin x}{x}$ (für $x \neq 0$) und $\cos(-x) = \cos x$,

sind die Graphen von $\left[x \mapsto \dfrac{\sin x}{x}, \ x \neq 0 \right]$, $\left[x \mapsto \dfrac{1}{\cos x} \right]$

und $[x \mapsto \cos x]$ symmetrisch zur 2. Achse.

Der Graph der Funktion $\left[x \mapsto \dfrac{\sin x}{x} ; \ x \neq 0 \right]$ liegt also für $-\dfrac{\pi}{2} < x < \dfrac{\pi}{2}$ zwischen den Graphen der Funktionen $x \mapsto \dfrac{1}{\cos x}$ und $x \mapsto \cos x$. Beide haben an der Stelle 0 den Funktionswert 1.

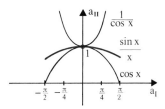

Damit ist anschaulich klar, daß $x \mapsto \dfrac{\sin x}{x}$ eine stetige Erweiterung an der Stelle 0 hat. Wir bezeichnen sie mit $\tilde{f}$. Es gilt:

$$\tilde{f}(x) = \begin{cases} \dfrac{\sin x}{x} & \text{für } x \neq 0 \\ 1 & \text{für } x = 0 \end{cases}$$

Zur Übung: **7** bis **15**

---

12. a) Zeige, daß die Funktion f mit $f(x) = \dfrac{\cos x}{\frac{\pi}{2} - x}$ an der Stelle $\frac{\pi}{2}$ eine stetige Erweiterung hat.

Zeichne auch den Graphen von f.

Anleitung: Gehe ähnlich vor wie bei der Lösung der Aufgabe **5**. Berechne $|AB|$ nach dem Strahlensatz.

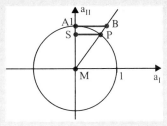

b) Führe den begrifflichen Nachweis, daß die Funktion f an der Stelle $\frac{\pi}{2}$ eine stetige Erweiterung hat.

Anleitung: Gehe ähnlich wie bei der Ergänzung auf Seite 38 vor.

13. Berechne angenähert mit einem Taschenrechner mit Wurzeltaste.

a) $\lim\limits_{x \to 0} \dfrac{2^x - 1}{x}$ $\qquad$ b) $\lim\limits_{x \to 0} \dfrac{3^x - 1}{x}$

Anleitung: Wähle eine gegen 0 konvergierende Grundfolge und berechne die Folge der Funktionswerte.

Beispiel: $\frac{1}{2}, \frac{1}{4}, \frac{1}{8}, \frac{1}{16}, \ldots$

Beachte: $2^{\frac{1}{2}} = \sqrt{2}, \quad 2^{\frac{1}{4}} = \sqrt{\sqrt{2}}, \ldots$

14. Berechne näherungsweise mit einem Taschenrechner und bestätige das Ergebnis von Aufgabe **5** bzw. Übungsaufgabe **12**

a) $\lim\limits_{x \to 0} \dfrac{\sin x}{x}$

b) $\lim\limits_{x \to \frac{\pi}{2}} \dfrac{\cos x}{\frac{\pi}{2} - x}$

Anmerkung: Der Taschenrechner muß Tasten für sin und cos haben. Wähle eine Grundfolge, die gegen 0 konvergiert.

15. a) Beweise den folgenden Satz für Folgen (siehe die Anmerkung S. 38)

Die Folgen $\langle a_n \rangle$ und $\langle b_n \rangle$ seien konvergent. Ferner sei $a_n \leq b_n$ für alle $n \in \mathbb{N}$. Dann gilt:

$$\lim_{n \to \infty} a_n \leq \lim_{n \to \infty} b_n$$

Anleitung zum Beweis: Führe den Beweis indirekt: Nimm an, es wäre $\lim\limits_{n \to \infty} a_n > \lim\limits_{n \to \infty} b_n$. Dann kann man um die Grenzwerte $\lim\limits_{n \to \infty} a_n$ und $\lim\limits_{n \to \infty} b_n$ jeweils so kleine Umgebungen U_1 bzw. U_2 legen, daß $U_1 \cap U_2 = \{\ \}$ ist.

Leite daraus einen Widerspruch zu $a_n \leq b_n$ her.

b) Untersuche, ob auch der folgende Satz gilt:
Die Folgen $\langle a_n \rangle$ und $\langle b_n \rangle$ seien konvergent. Ferner gelte $a_n < b_n$ für alle $n \in \mathbb{N}$. Dann folgt:

$$\lim_{n \to \infty} a_n < \lim_{n \to \infty} b_n$$

Falls dieser Satz gilt, beweise ihn. Falls er nicht gilt, gib ein Gegenbeispiel an. Korrigiere in diesem Fall die Aussage des Satzes und beweise die korrigierte Aussage.

△ **Ergänzung:** *Begrifflicher Nachweis der Stetigkeit der Erweiterung $\tilde{f}$ an der Stelle 0*

△ Die Stetigkeit der Erweiterung $\tilde{f}$ an der Stelle 0 ist anschaulich klar. Sie läßt sich aber auch begrifflich nachweisen:

△ Ist nämlich $\langle x_n \rangle$ eine beliebige gegen 0 konvergierende Grundfolge mit $x_n \neq 0$ und $-\dfrac{\pi}{2} < x_n < \dfrac{\pi}{2}$, so gilt für die zugehörige Folge der Funktionswerte $\langle \tilde{f}(x_n) \rangle$:

△ $$\frac{1}{\cos x_n} \geq \tilde{f}(x_n) = \frac{\sin x_n}{x_n} \geq \cos x_n$$

△ Nun gilt: $\lim\limits_{n \to \infty} \cos x_n = 1$ und

△ $$\lim_{n \to \infty} \frac{1}{\cos x_n} = \frac{1}{\lim\limits_{n \to \infty} \cos x_n} = \frac{1}{1} = 1$$

△ Daher folgt auch

△ $$\lim_{n \to \infty} \tilde{f}(x_n) = \lim_{n \to \infty} \frac{\sin x_n}{x_n} = 1 = \tilde{f}(0),$$

△ d.h. $\tilde{f}$ ist an der Stelle 0 stetig.

△ *Anmerkung:* Bei diesem begrifflichen Nachweis wurden folgende Sätze verwendet:

△ (1) Die Folgen $\langle a_n \rangle$ und $\langle b_n \rangle$ seien konvergent. Ferner gelte $a_n \leq b_n$ für alle $n \in \mathbb{N}$.
△   Dann gilt:

△ $$\lim_{n \to \infty} a_n \leq \lim_{n \to \infty} b_n \quad \text{(siehe Übungsaufgabe 15)}$$

△ (2) Die Kosinusfunktion ist stetig an der Stelle a, d.h. es gilt:

△ $$\lim_{x \to \infty} \cos x_n = \cos a$$

△   (siehe Übungsaufgabe **15**, Seite 32)

3. Zeichnerisches Differenzieren

3.1. Zeichnerische Bestimmung der Steigung eines Funktionsgraphen in einem Punkt

Aufgabe 1: *Steigung eines Funktionsgraphen in einem Punkt*

Das Bild zeigt die Profilkurve der Bergetappe einer Radrundfahrt. Es ist der Graph der Funktion:
Länge des zurückgelegten Weges ↦ Höhe über NN

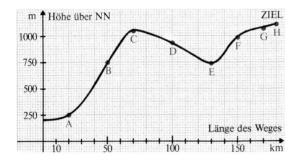

a) Vergleiche die Steigung des Graphen im Punkt A mit der Steigung des Graphen im Punkt B.
Vergleiche entsprechend die Steigungen des Graphen in den Punkten F und G.

b) Erkläre, warum man von der Steigung des Graphen *in einem Punkt* sprechen muß.

c) Versuche ein Maß für die Steigung des Graphen in einem Punkt zu definieren.

d) Welches Vorzeichen hat die Steigung des Graphen im Punkt D [B]?

e) Wie groß ist die Steigung des Graphen jeweils in den Punkten C und E?

f) Welches Vorzeichen hat die Steigung eines Graphen dort, wo er bergauf [bergab] geht?

Lösung: a) Die Steigung des Graphen im Punkt B ist größer als die Steigung des Graphen im Punkt A. Entsprechend ist die Steigung des Graphen im Punkt F größer als die Steigung des Graphen im Punkt G.

b) Die Steigung eines Graphen ist nicht überall gleich. Deshalb muß der Punkt angegeben werden, in dem die Steigung betrachtet wird.
Bei einer Geraden ist die Steigung überall gleich. Man kann daher von *der* Steigung der Geraden (ohne Angabe eines Punktes) sprechen.

1.

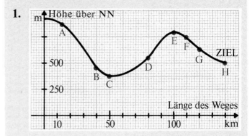

a) Vergleiche die Steigungen des Graphen in den Punkten A und B [C und D; E und F; G und H].

b) Gib die Punkte an, in welchen die Steigung des Graphen Null ist.

c) Gib an, in welchem Bereich die Steigung des Graphen positiv [negativ] ist.

d) In welchen der markierten Punkte ist die Steigung des Graphen am größten [am kleinsten]?

2. Zeichne einen Funktionsgraphen, für den beim Durchlaufen von links nach rechts gilt:

a) Vom Punkt A bis zum Punkt B ist die Steigung positiv. Im Punkt B ist die Steigung Null. Vom Punkt B bis zum Punkt C ist die Steigung negativ.

b) Vom Punkt A bis zum Punkt B ist die Steigung negativ. Im Punkt B ist die Steigung Null. Von B bis C ist die Steigung positiv. Von C bis D ist sie überall gleich, und zwar positiv.

c) Die Steigung ist immer negativ, wird aber immer größer.

3. Im Barogramm eines Segelfluges wird zu jedem Zeitpunkt des Fluges die Höhe des Segelflugzeuges automatisch registriert.

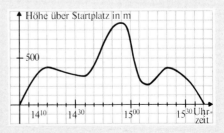

Gib an, zu welchen Zeiten die Steigung des Flugzeuges am größten [Null, negativ] war.

4. Lies die Steigung des Graphen in P ab.

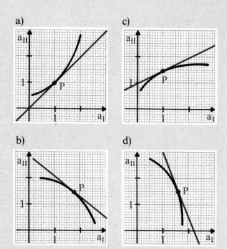

a)   c)

b)   d)

5. Zeichne den Graphen; bestimme durch zeichnerisches Differenzieren die Steigung in dem angegebenen Punkt.

a) $x \mapsto x^2$; $p(1;1)$ $[p(2;4); p(-1;1)]$

b) $x \mapsto x^3$; $p(1;1)$ $[p(0;0); p(0,5; 0,125)]$

c) $x \mapsto \sin x$; $p(0;0)$ $[p(\pi;0); p(-\pi;0)]$

6. Zeichne einen Funktionsgraphen, der im Punkt $P = p(1;2)$ die Steigung m hat.

a) $m = 1$ d) $m = 2$

b) $m = -1$ e) $m = -2$

c) $m = \frac{1}{2}$ f) $m = -\frac{1}{2}$

7. Berechne die Steigung des Halbkreises in dem angegebenen Punkt P.
Beachte: Die Tangente steht senkrecht auf dem zugehörigen Berührradius.

a) $P = p(0;y)$ d) $P = p(\frac{1}{2}\sqrt{2}; y)$

b) $P = p(\frac{1}{2}; y)$ e) $P = p(-\frac{1}{2}\sqrt{3}; y)$

c) $P = p(-\frac{1}{2}; y)$ f) $P = p(x;y)$

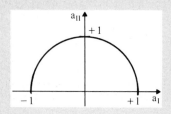

c) Folgende Definition scheint vernünftig zu sein:

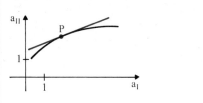

Definition 1: Die Steigung eines Funktionsgraphen in einem Punkt P ist gleich der Steigung der Tangente an den Graphen in diesem Punkt P.

Damit ist *die Steigung einer Kurve in einem Punkt P* zurückgeführt auf *die Steigung einer Geraden.*

d) Die Steigung des Graphen im Punkt D [B] ist negativ [positiv], weil die Tangente an den Graphen in diesem Punkt negative [positive] Steigung hat.

e) In den Punkten C und E verläuft die Tangente jeweils parallel zur Achse a_I. Ihre Steigung ist jeweils 0. Die Steigung des Graphen in den Punkten C und E ist also jeweils 0.

f) Geht ein Graph im Punkt P bergauf [bergab], so ist seine Steigung dort positiv [negativ].

Zur Übung: **1** bis **3**

Aufgabe 2: *Zeichnerisches Differenzieren*

Bestimme die Steigung des Graphen im Punkt P.

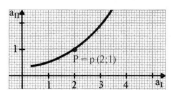

Lösung: Die Tangente wird (nach Augenmaß) möglichst genau an den Graphen im Punkt P gezeichnet. Aus dem Steigungsdreieck PAB liest man die Steigung m der Tangente und damit des Graphen ab.

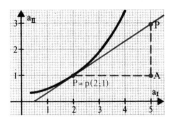

$$m = \frac{2}{3} \approx 0{,}67$$

Bei diesem **zeichnerischen Differenzieren** wird die Steigung eines Funktionsgraphen in einem Punkt P folgendermaßen bestimmt:

(1) Man zeichnet die Tangente an den Graphen im Punkt P, d.h. eine Gerade, die sich in P an den Graphen möglichst gut anschmiegt.

(2) Man bestimmt die Steigung der Tangente, z.B. aus einem eingezeichneten Steigungsdreieck.

Zur Übung: **4** bis **6**

Ergänzungen:

(1) In Einzelfällen kann die Steigung eines Funktionsgraphen in einem Punkt sogar *berechnet* werden. Siehe dazu Übungsaufgaben **7** bis **9**.

(2) Die Tangente an einen Funktionsgraphen kann

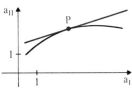

a) mit dem Graphen nur einen Punkt gemeinsam haben;

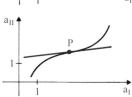

b) den Graphen durchsetzen;

c) den Graphen noch in einem zweiten Punkt schneiden oder berühren.

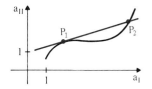

(3) Die Tangente an den Funktionsgraphen im Punkt P ist orthogonal zur Achse a_I. Die Tangentensteigung ist daher nicht definiert. Folgerichtig ist auch für den Graphen im Punkt P keine Steigung definiert.

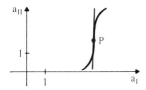

Zur Übung: **10** bis **12**

8. Berechne die Steigung des Halbkreises im Punkt P. Die Vorgabe des Punktes P erfolge jeweils wie in Übungsaufgabe **7** a) bis f). Wie kann man die Aufgabe mit Hilfe der Ergebnisse von Übungsaufgabe **7** lösen?

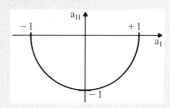

9. Berechne die Steigung des Graphen der Funktion im angegebenen Punkt. Nutze die Symmetrie des Graphen bezüglich der Winkelhalbierenden des 1. und 3. Quadranten bzw. des 2. und 4. Quadranten aus.

a) $x \mapsto \dfrac{1}{x}$; $P = p(1;1)$ $[P = p(-1; -1)]$

b) $x \mapsto -\dfrac{1}{x}$; $P = p(-1;1)$ $[P = p(+1; -1)]$

10. Skizziere einen Funktionsgraphen, für den folgendes gilt:

a) Die Steigung im Punkt P ist gleich 1. Der Graph verläuft oberhalb der Tangente.

b) Die Steigung im Punkt P ist gleich -1 [0]. Die Tangente durchsetzt den Graphen.

c) Die Steigung im Punkt P ist gleich $-\frac{1}{3}$. Die Tangente schneidet [berührt] den Graphen noch in einem weiteren Punkt.

11. In welchen Punkten ist für den Halbkreis in Übungsaufgabe **7** [**8**] keine Steigung definiert?

12. Zeichne den Graphen einer Funktion, bei der an einer Stelle [an zwei Stellen] keine Steigung definiert ist.

41

3.2. Ableitungskurve – Kritische Betrachtung des zeichnerischen Differenzierens

Aufgabe: *Markante Punkte eines Graphen – Ableitungskurve*

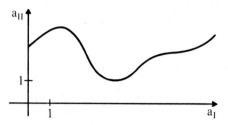

Bestimme durch zeichnerisches Differenzieren die Steigung des Graphen in mehreren Punkten und trage in ein darunter gezeichnetes Koordinatensystem die gefundenen Werte für die Steigung als Ordinaten an den entsprechenden Stellen ein.

Verbinde dann die gewonnenen Punkte durch eine Kurve. Sie heißt die **Ableitungskurve.**

Anleitung: Verwende markante Punkte des Graphen als Orientierungshilfe und beachte das Vorzeichen der Steigung.

Lösung: Markante Punkte des Graphen sind *Hochpunkt, Tiefpunkt, Wendepunkt* und *Sattelpunkt.*

In einem Hochpunkt [Tiefpunkt] wechselt die Steigung des Graphen das Vorzeichen, sie ist hier 0 (die Tangente verläuft parallel zur Achse a_I; kurz: *horizontale Tangente*). Die Ableitungskurve schneidet die Achse a_I. In einem Wendepunkt ist die Steigung bezüglich einer Umgebung am größten oder am kleinsten. Die Kurve ist dort jeweils am steilsten oder am wenigsten steil. In einem Wendepunkt ändert sich außerdem das Krümmungsverhalten des Graphen.

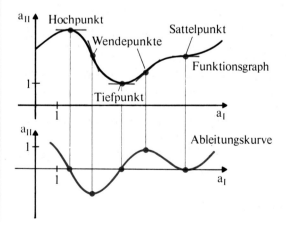

Übungen 3.2

1. Bestimme die Steigung eines Funktionsgraphen in einem Punkt P nach dem folgenden Verfahren: Setze ein leicht spiegelndes Lineal (oder einen Mikroskopobjektträger oder ein durchsichtiges Lineal) so im Punkt P auf den Graphen, daß kein „Knick" zwischen der sichtbaren Kurve und ihrem Spiegelbild zu erkennen ist. Das Lineal steht dann senkrecht auf der Tangente im Punkt P. Verwende dieses Verfahren auch bei den folgenden Übungsaufgaben.

2. Gib in dem angegebenen Graphen Hochpunkte, Tiefpunkte, Wendepunkte und Sattelpunkte an. Bestimme durch zeichnerisches Differenzieren in diesen und weiteren Punkten die Steigung und zeichne in ein Koordinatensystem darunter die zugehörige Ableitungskurve.

a)

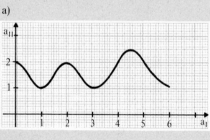

b)

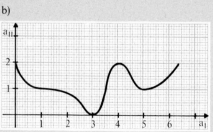

Stellt man sich vor, daß ein Radfahrer die Kurve von links nach rechts befährt, so muß er sich bis zum 1. Wendepunkt nach rechts neigen (Rechtskrümmung), vom 1. bis zum 2. Wendepunkt nach links (Linkskrümmung) und vom 2. Wendepunkt bis zum Sattelpunkt nach rechts (Rechtskrümmung), danach wieder nach links (Linkskrümmung).
Sattelpunkte sind spezielle Wendepunkte mit horizontaler Tangente.

In Hochpunkten, Tiefpunkten und Sattelpunkten hat ein Graph die Steigung 0.

In Wendepunkten ist die Steigung am größten oder am kleinsten.

Der Graph geht von der Links- in die Rechtskrümmung oder von der Rechts- in die Linkskrümmung über.

Der Graph wird von der Tangente (Wendetangente) durchsetzt.

Sattelpunkte sind spezielle Wendepunkte, in denen die Steigung 0 ist.

Zur Übung: **1** bis **7**

Kritische Betrachtung des zeichnerischen Differenzierens und Ausblick

Der Wert des zeichnerischen Differenzierens besteht darin, daß es *qualitative Betrachtungen* über die Steigung eines Graphen in seinen Punkten erlaubt.
Andererseits ist das zeichnerische Differenzieren in mancher Hinsicht unbefriedigend. Es ist zunächst ungenau, weil die Zeichnung der Tangente nach Augenmaß erfolgt.
Aber auch prinzipiell ist dieses Verfahren unbefriedigend, weil die Tangente nur vage als eine Gerade definiert ist, die sich dem Graphen möglichst gut „anschmiegt", was nicht definiert ist.
Wir werden daher in den folgenden Kapiteln:

(1) eine genaue Definition der Begriffe *Tangente* und *Steigung eines Funktionsgraphen in einem Punkt* angeben;

(2) Verfahren entwickeln, mit deren Hilfe die Steigung eines Graphen in einem Punkt *berechnet* werden kann;

(3) eine Definition der Begriffe *Hochpunkt, Tiefpunkt, Wendepunkt, Sattelpunkt* angeben;

(4) Verfahren entwickeln, mit denen man die Lage dieser Punkte rechnerisch bestimmen kann.

Zur Übung: **8**

3. Die Ableitungskurve ist gegeben. Zeichne in ein Koordinatensystem darüber (qualitativ) einen zugehörigen Funktionsgraphen.

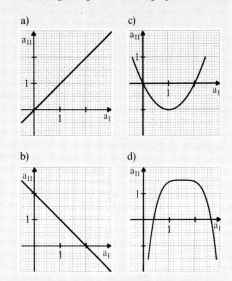

4. Entscheide, welche der folgenden Aussagen wahr sind.

a) Es gibt Wendepunkte, die Hochpunkte sind.

b) Jeder Sattelpunkt ist ein Wendepunkt.

c) Jeder Wendepunkt ist ein Sattelpunkt.

d) Es gibt Tiefpunkte, die Sattelpunkte sind.

5. Zeichne einen Funktionsgraphen mit einem Sattelpunkt, bei dem die Ableitungskurve einen Hochpunkt [Tiefpunkt] hat.

6. Zeichne die Ableitungskurve zum Einheitshalbkreis (Radius: 1 Einheit) in Mittelpunktslage, der im 1. und 2. Quadranten [3. und 4. Quadranten] verläuft.

7. Überprüfe durch zeichnerisches Differenzieren, ob (α) Ableitungskurve von (β) ist.
a) (α) $x \mapsto \cos x$;   (β) $x \mapsto \sin x$;
b) (α) $x \mapsto x$;   (β) $x \mapsto x^2$;
c) (α) $x \mapsto 2x$;   (β) $x \mapsto x^2$;

8. Überlege am Beispiel des Graphen von $x \mapsto |x|$ für den Punkt $p(0;0)$ die Problematik des bisherigen Tangentenbegriffs.

4. Berechnung der Sekanten- und Tangentensteigungen bei speziellen Funktionen

4.1. Berechnung der Sekanten- und Tangentensteigung bei der Funktion $x \mapsto x^2$

Aufgabe 1: *Tangentensteigung im Punkt $P = p(1;1)$*

Bestimme die Steigung der Tangente an den Graphen der Funktion $x \mapsto x^2$ im Punkt $P = p(1;1)$.

Lösung: Wir denken uns alle möglichen Sekanten durch den vorgegebenen Punkt P gezeichnet. Aus diesem Sekantenbüschel greifen wir die Sekante durch den Punkt $S = p(x;x^2)$ heraus.

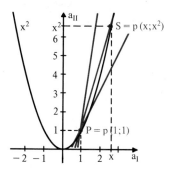

Sie hat die Steigung:

$$sk(x) = \frac{x^2 - 1}{x - 1}$$

Hierbei bedeutet $sk(x)$ die Sekantensteigung für die Sekante zu der Stelle x.

Für $x = 1$ liefert die Formel keine Steigung, weil Zähler und Nenner 0 werden. Für $x = 1$ fallen aber auch P und S zusammen. Es gibt dann keine Sekante.
Für $x \neq 1$ gilt:

$$sk(x) = \frac{x^2 - 1}{x - 1} = \frac{(x-1)(x+1)}{x - 1} = x + 1$$

Die Formel gilt auch, falls der Punkt S links von P liegt. In diesem Fall ist $x < 1$.
Liegt der Punkt S rechts [links] von P, so ist die Sekantensteigung größer [kleiner] als 2.

Wir stellen uns jetzt vor, daß sich der Punkt S auf dem Graphen auf den Punkt P zu bewegt. Der Wert von x unterscheidet sich dann immer weniger von der Zahl 1.

Übungen 4.1

1. Zeichne den Graphen der Funktion $x \mapsto x^2$ und die Sekante durch die Punkte P und S. Berechne die Sekantensteigung.

   a) $P = p(1;1)$; $S = p(2;y)$

   b) $P = p(1,5;y)$; $S = p(0,5;y)$

   c) $P = p(0;y)$; $S = p(2;y)$

   d) $P = p(-1;y)$; $S = p(-2;y)$

   e) $P = p(-0,5;y)$; $S = p(-1,5;y)$

   f) $P = p(1;y)$; $S = p(-2;y)$

2. Gegeben sind die Punkte P und S auf dem
△ Graphen der Funktion $x \mapsto x^2$. Bestimme die
△ Gleichung der Sekante durch P und S.
△
△ a) $P = p(1;y)$; $S = (2;y)$
△
△ b) $P = p(-1,5;y)$; $S = p(0,5;y)$
△
△ c) $P = p(1,5;y)$; $S = p(-0,5;y)$
△
△ d) $P = p(a;y)$; $S = p(b;y)$

An der Formel $sk(x) = x + 1$ (für $x \neq 1$) erkennt man, daß sich die Sekantensteigung dann immer weniger von der Zahl $1 + 1$, also 2 unterscheidet. Bei dieser Bewegung des Punktes S auf P zu, nähert sich die Sekante immer mehr der Tangente. Es ist daher naheliegend, die Zahl 2 als die Steigung der gesuchten Tangente im Punkt P aufzufassen. Die Zahl 2 ist der **Grenzwert** von $sk(x)$ für x gegen 1.

Nach den Grenzwertsätzen für Funktionen (s. Seite 28) gilt:

$$\lim_{x \to 1} sk(x) = \lim_{x \to 1} (x + 1) = 1 + 1 = 2$$

> Die Tangente im Punkt P hat die Steigung 2.

Aufgabe 2: *Sekantensteigungsfunktion*

a) Lege eine Wertetabelle für $sk(x)$ mit x-Werten an, die sich wenig von 1 unterscheiden.

b) Die Wertetabelle in a) gehört (wie jede Wertetabelle) zu einer Funktion.
Sie heißt Sekantensteigungsfunktion.
Wie ist diese definiert? Wie lautet sie in unserem Fall? Welche beiden Funktionen muß man streng auseinanderhalten?

c) Zeichne den Graphen der Sekantensteigungsfunktion.

d) Welche Beziehung besteht zwischen der Tangentensteigung und dem Graphen der Sekantensteigungsfunktion?

Lösung: a)

x	2	1,5	1,1	1,01	1,001	0,9	0,99
$sk(x)$	3	2,5	2,1	2,01	2,001	1,9	1,99

Wenn sich x wenig von 1 unterscheidet, so unterscheidet sich $sk(x)$ wenig von 2. Dies bestätigt unser bisheriges Ergebnis, daß 2 die Steigung der Tangente ist.

b) Die Wertetabelle gehört zu einer Funktion. Diese Funktion ordnet jeder Stelle x die Sekantensteigung $sk(x)$ zu. Sie heißt daher *Sekantensteigungsfunktion.*
Wir schreiben:

$$sk = [x \mapsto sk(x)]$$

3. Durch den Punkt P auf dem Graphen von $x \mapsto x^2$ verläuft die Sekante mit der Steigung m. Bestimme den zweiten Schnittpunkt S der Sekante mit dem Graphen.

△ a) $P = p(1; 1)$; $m = 3$ $[m = -2]$
△ b) $P = p(0,5; y)$; $m = 2,5$ $[m = -0,5]$
△ c) $P = p(-1; y)$; $m = 1$ $[m = -0,5]$

4. Durch die Punkte P und S mit $S = p(x; x^2)$ auf dem Graphen der Funktion $x \mapsto x^2$ verläuft die Sekante. $sk(x)$ sei ihre Steigung. Fülle die folgende Wertetabelle aus:

a) $P = p(1; y)$

x	−2	−1	0	0,5	1,5	2	3	4
$sk(x)$								

b) $P = p(-1; y)$

x	−4	−3	−2	−1,5	−0,5	0	1	2
$sk(x)$								

c) $P = p(0; y)$

x	−4	−3	−2	−1	+1	+2	+3	+4
$sk(x)$								

△ d) $P = p(1,5; y)$

x	−0,5	0	0,5	1	2	2,5	3	3,5
$sk(x)$								

5. Gegeben ist der Punkt P auf dem Graphen der Funktion $x \mapsto x^2$. Zur Stelle x gehört der Punkt $S = p(x; x^2)$. Gib die Steigung der Sekante durch P und S an, sowie die Sekantensteigungsfunktion.

a) $P = p(2; y)$ △ d) $P = p(-2; y)$
△ b) $P = p(0,5; y)$ △ e) $P = p(0; y)$
c) $P = p(-1; y)$ △ f) $P = p(-1,5; y)$

6. Bestimme die Steigung der Tangente an den Graphen der Funktion $x \mapsto x^2$ im angegebenen Punkt P. Wie heißt die Sekantensteigungsfunktion? Zeichne ihren Graphen. Liegt eine Lücke vor? Durch welche Zahl wird die Lücke ausgefüllt?

a) $P = p(2; 4)$ c) $P = p(0; 0)$
b) $P = p(-1; 1)$ d) $P = p(-0,5; y)$

45

7. Lege zu der jeweiligen Sekantensteigungsfunktion von Übungsaufgabe **5** eine Wertetabelle an mit acht x-Werten, die sich nur wenig von der Abszisse des Punktes P unterscheiden. Vier der x-Werte sollen größer als die Abszisse von P und vier kleiner sein.

8. Zeichne das Pfeildiagramm zur jeweiligen Se-
△ kantensteigungsfunktion in Übungsaufgabe **6.**

9. Um weniger als welche Zahl darf sich in
△ Übungsaufgabe **6** die Abszisse x des Punktes
△ S höchstens von der Abszisse des Punktes P
△ unterscheiden, damit die Sekantensteigung
△ um weniger als $\frac{1}{2}$ $[\frac{1}{100}; 10^{-6}; 10^{-23}; \varepsilon \ (\varepsilon > 0)]$
△ von der Tangentensteigung abweicht?

10. Bestimme die Steigung der Tangente an den Graphen der Funktion in dem angegebenen Punkt P.

a) $x \mapsto x^2 + 3$; $P(a; y)$

b) $x \mapsto x^2 - 8$; $P(a; y)$

c) $x \mapsto (x+2)^2$; $P(1; y)$

d) $x \mapsto x^2 + 2x$; $P(3; y)$

△ e) $x \mapsto x^2 + 3x - 5$; $P(2; y)$

△ f) $x \mapsto (x-2)^2 - 6$; $P(-1; y)$

11. Gegeben sei jeweils die Funktion und der
△ Punkt von Übungsaufgabe **10.** Gib die Sekan-
△ tensteigungsfunktion an und zeichne ihren
△ Graphen in einer Umgebung der Lücke. Ver-
△ gleiche den Wert, der die Lücke schließt, mit
△ dem Ergebnis von Übungsaufgabe **10.**

12. Gegeben sei jeweils die Funktion und der
△ Punkt der Übungsaufgabe **10** c) bis f). Lege
△ eine Wertetabelle an für die Sekantenstei-
△ gungsfunktion mit acht x-Werten, die sich
△ wenig von der Abszisse des Punktes P unter-
△ scheiden. Vier der x-Werte sollen größer als
△ die Abszisse des Punktes P sein und vier
△ kleiner.

13. Um weniger als welche Zahl darf in Übungs-
△ aufgabe **10** die Abszisse x des Punktes S
△ höchstens von der Abszisse des Punktes P
△ abweichen, damit sich die Sekantensteigung
△ um weniger als $\frac{1}{2}$ $[\frac{1}{100}; 10^{-6}; \varepsilon \ (\varepsilon > 0)]$ von der
△ Tangentensteigung unterscheidet?

In unserem speziellen Fall gilt für $x \neq 1$:

$sk(x) = x + 1$.

Die Sekantensteigungsfunktion lautet also:

$sk = [x \mapsto x + 1; x \neq 1]$

Man muß die Sekantensteigungsfunktion sk von der Ausgangsfunktion (hier $x \mapsto x^2$) unterscheiden.

c) Der *Graph der Sekantensteigungsfunktion* liegt auf einer Geraden mit der Steigung 1, er hat wegen $x \neq 1$ an der Stelle 1 eine *Lücke.*

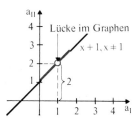

Es genügt, den Graphen in einer Umgebung der Stelle 1 zu zeichnen (in der Zeichnung rot).

d) Die Sekantensteigungsfunktion ist an der Stelle 1 nicht definiert. Ihr Graph weist an dieser Stelle eine Lücke auf.

Es liegt daher nahe, diese Lücke zu schließen, d.h. zur stetigen Erweiterung der Sekantensteigungsfunktion an der Stelle 1 überzugehen.

Der Funktionswert der stetigen Erweiterung der Sekantensteigungsfunktion an der Stelle 1 ist gleich dem Grenzwert $\lim\limits_{x \to 1} sk(x) = 2$ und offenbar gleich der gesuchten Tangentensteigung.

Das ist auch an dem folgenden Bild ersichtlich, welches die Tangente als „Lückengerade" im Sekantenbüschel durch den Punkt P zeigt.

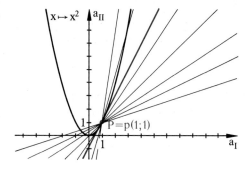

Zur Übung: **1** bis **9**

Aufgabe 3: *Tangentensteigung im Punkt $P = p(a; a^2)$*

a) Bestimme die Steigung der Tangente an den Graphen der Funktion $x \mapsto x^2$ an der Stelle a.

b) Zeichne den Graphen der zugehörigen Sekantensteigungsfunktion in einer Umgebung der Stelle a.

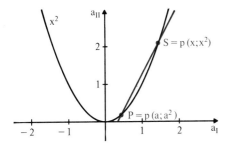

c) Bestätige das gewonnene Ergebnis für die Tangentensteigung durch Schließen der Lücke im Graphen der Sekantensteigungsfunktion, d.h. durch Übergang zur stetigen Erweiterung der Sekantensteigungsfunktion an der Stelle a.

Lösung:

a)

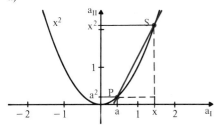

Die Steigung $sk(x)$ der Sekante durch die Punkte $P = p(a; a^2)$ und $S = p(x; x^2)$ lautet:

$$sk(x) = \frac{x^2 - a^2}{x - a} = \frac{(x-a)(x+a)}{x - a} = x + a \quad \text{(für } x \neq a\text{)}$$

Falls sich der Punkt S auf der Kurve auf den Punkt P zu bewegt, unterscheidet sich der Wert von x immer weniger von der Zahl a und folglich unterscheidet sich die Sekantensteigung $sk(x)$ immer weniger von der Zahl $a + a$, also von $2a$.

$2a$ ist der Grenzwert von $sk(x)$ für x gegen a.

Nach den Grenzwertsätzen für Funktionen (s. Seite 28) gilt:

$$\lim_{x \to a} sk(x) = \lim_{x \to a} (x + a) = 2a$$

Die Steigung der Tangente beträgt $2a$.

---

14. Die Funktion sk ist die Sekantensteigungsfunktion von $x \mapsto x^2$ in einem Punkt P. Wie lauten die Koordinaten von P?

a) $sk(x) = x + 5$ c) $sk(x) = x + \sqrt{2}$

b) $sk(x) = x - 8$ d) $sk(x) = x$

15. Die Sekantensteigungsfunktion sk und der
△ Punkt P, zu dem die Sekantensteigungsfunk-
△ tion gehört, sind gegeben. Wie lautet die Aus-
△ gangsfunktion f?
△
△ a) $sk(x) = x$; $P = p(2; 6)$
△
△ b) $sk(x) = x$; $P = p(-1; 4)$
△
△ c) $sk(x) = x + 3$; $P = p(1; 3)$
△
△ d) $sk(x) = g(x)$; $P = p(a; f(a))$

16. Bestimme die Steigung der Tangente an den Graphen der Funktion f im Punkt P; verwende dazu die Koordinatendifferenz h.

a) $f(x) = x^2 + 5$; $P = p(2; y)$

b) $f(x) = x^2 - 6$; $P = p(0; y)$

c) $f(x) = 3x^2$; $P = p(2; y)$

△ d) $f(x) = 2x^2 + x$; $P = p(1; y)$

△ e) $f(x) = x^2 + 2x$; $P = p(2; y)$

△ f) $f(x) = (x - 1)^2$; $P = p(3; y)$

17. Gegeben ist die Funktion f und der Punkt P. Fülle die folgende Wertetabelle aus. Vergleiche dazu die Übungsaufgabe **16** a) bis d).

a) $f(x) = x^2 + 5$; $P = p(2; y)$

h	-2	-1	0,5	1	3	4	5	6
m(h)								

b) $f(x) = x^2 - 6$; $P = p(0; y)$

h	$-1,5$	-1	$-0,5$	$-0,25$	$+0,25$	$+0,5$	$+1$	$+1,5$
m(h)								

△ c) $f(x) = 3x^2$; $P = p(2; y)$
△
△ | h | 1 | 1,5 | 1,9 | 1,99 | 2,01 | 2,1 | 2,5 | 3 |
△ |---|---|---|---|---|---|---|---|---|
△ | m(h) | | | | | | | | |
△

△ d) $f(x) = 2x^2 + x$; $P = p(1; y)$
△
△ | h | 0,9 | 0,99 | 0,999 | 0,9999 | 1,0001 | 1,001 | 1,01 | 1,1 |
△ |---|---|---|---|---|---|---|---|---|
△ | m(h) | | | | | | | | |
△

18. Gegeben sei jeweils die Funktion f und der
△ Punkt P von Übungsaufgabe 16e) und f).
△ Lege eine Wertetabelle für m(h, für acht
△ h-Werte an, die sich nur wenig von 0 unter-
△ scheiden. Vier der h-Werte sollen kleiner
△ als 0 und vier größer als 0 sein.

19. Gegeben sei jeweils die Funktion f und der
△ Punkt P von Übungsaufgabe **16**. Zeichne den
△ Graphen der Funktion h↦m(h). An welcher
△ Stelle liegt eine Lücke vor? Welcher Wert
△ schließt die Lücke?

20. Um weniger als welche Zahl darf bei den
△ Beispielen zu Übungsaufgabe **16** die Koordi-
△ natendifferenz h höchstens von 0 abweichen,
△ damit sich die zugehörige Sekantensteigung
△ um weniger als $\frac{1}{2}\left[\frac{1}{100};10^{-6};\varepsilon\,(\varepsilon>0)\right]$ von der
△ Tangentensteigung unterscheidet?

Weiterführende Aufgaben über Tangenten

21. In welchem Punkt hat die Tangente an den
Graphen $x\mapsto x^2$ die Steigung 6 [−8]?

22. Im Punkt $P(4;y)$ ist an den Graphen der
Funktion $x\mapsto x^2$ die Tangente gezeichnet.

a) Gib die Gleichung der Tangente in der
Normalform an.

b) Berechne die gemeinsamen Punkte der
Tangente mit den Koordinatenachsen.

23. Gegeben ist die Gerade mit der Gleichung
$y=2x-4$ und der Graph der Funktion $x\mapsto x^2$.
Zu der Geraden ist eine parallele [orthogona-
le] Tangente an den Graphen der Funktion
gezeichnet.

a) Wie lauten die Koordinaten des Berührpunktes?

b) Wie heißt die Gleichung der Tangente in
Normalform?

24. Durch die Punkte P_1 und P_2 auf dem Graphen der Funktion $x\mapsto x^2$ verläuft eine Sekante. Zu dieser ist eine parallele Tangente gezeichnet. Bestimme den Berührpunkt der Tangente.

a) $P_1=p(1;y_1);$ $\qquad P_2=p(2;y_2)$

b) $P_1=p(-1;y_1);$ $\qquad P_2=p(-5;y_2)$

c) $P_1=p(-2;y_1);$ $\qquad P_2=p(3;y_2)$

d) $P_1=p(x_1;8);$ $\qquad P_2=p(x_2;y_2)$

b) Die Sekantensteigungsfunktion lautet:
$$sk=[x\mapsto x+a;\ x\neq a]$$

Ihr Graph liegt auf der Geraden mit der Steigung 1
und dem Achsenabschnitt a. Die Gerade weist allerdings wegen $x\neq a$ an der Stelle a eine Lücke auf, die
durch den *Lückenwert* 2a ausgefüllt werden kann. Es
genügt wieder, den Graphen in einer Umgebung der
Stelle a zu zeichnen.

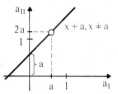

c) Die Lücke im Graphen der Sekantensteigungsfunktion wird durch den Wert 2a geschlossen. Der Funktionswert der stetigen Erweiterung der Sekantensteigungsfunktion an der Stelle a ist gleich 2a und gleich
der gesuchten Tangentensteigung.

Zur Übung: **10** bis **15**

Aufgabe 4: *Beschreibung der Sekantensteigung mit
Hilfe der Koordinatendifferenz h*

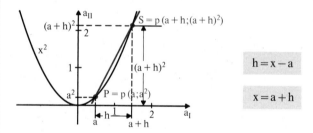

$$h=x-a$$

$$x=a+h$$

a) Welches Vorzeichen hat h, falls der Punkt S rechts
[links] von dem Punkt P liegt?

b) Drücke die Steigung der Sekante durch die Punkte P
und S mit Hilfe von h aus.

c) Bestimme die Steigung der Tangente im Punkt P.

Lösung: a) h ist positiv [negativ], falls der Punkt S
rechts [links] vom Punkt P liegt.

b) Steigung m(h) der Sekante durch P und S:

$$m(h)=\frac{(a+h)^2-a^2}{h}$$

$$=\frac{a^2+2ah+h^2-a^2}{h}$$

$$=2a+h\quad(\text{für }h\neq 0)$$

c) Stellt man sich vor, daß S auf P zu wandert, so unterscheidet sich h immer weniger von 0 und m(h) immer weniger von 2a. Der Grenzwert von m(h) für h gegen 0 ist gleich 2a.

Daher gilt:

$$\lim_{h \to 0} m(h) = \lim_{h \to 0} (2a + h) = 2a$$

Die Verwendung der Koordinatendifferenz h hat manchmal Vorteile (siehe z.B. Seite 61).

Zur Übung: **16** bis **20**
Weiterführende Aufgaben über Tangenten: **21** bis **29**

Verfahren zur Bestimmung der Tangentensteigung

Die Steigung der Tangente an den Graphen einer Funktion im Punkt P mit $P = p(a; f(a))$ wird nach folgendem Verfahren gewonnen:

(1) Man bestimmt die Steigung der Sekante durch die Kurvenpunkte P und S.

(2) Man läßt den Punkt S auf den Punkt P zu wandern.

(3) Die Steigung der Tangente im Punkt P ist dann gleich dem Grenzwert der Sekantensteigungsfunktion an der Stelle a.

(4) Die Tangentensteigung schließt die Lücke im Graphen der Sekantensteigungsfunktion, d.h. die Tangentensteigung ist der Funktionswert der stetigen Erweiterung der Sekantensteigungsfunktion an der Stelle a.

(5) Bei diesem Verfahren kann man mit der Abszisse x des Punktes S oder mit der Koordinatendifferenz h rechnen.

Zur genauen Tangentendefinition siehe Seite 59.

Wir bestimmen nach diesem Verfahren noch weitere Tangentensteigungen, ehe wir es im **5.** Kapitel zusammenfassend betrachten.

Anmerkung:

Wenn man die Steigung der Tangente an den Graphen einer Funktion bestimmen will, muß man stets den Punkt oder die Stelle angeben, in dem (bzw. an der) das geschehen soll.

Auch bei der Sekantensteigungsfunktion muß die Stelle (meist a) angegeben werden, zu der sie gehört. *Man verwechsle nicht die Sekantensteigungsfunktion mit der Ausgangsfunktion.*

25. a) Durch die Punkte P_1 und P_2 auf dem Graphen der Funktion $x \mapsto x^2$ ist die Sekante gezeichnet und zu ihr eine parallele Tangente. Durch den Berührpunkt der Tangente ist die Parallele zur Achse a_{II} gezeichnet. Beweise oder widerlege, daß diese Parallele die Sekante im Mittelpunkt der Strecke $\overline{P_1 P_2}$ schneidet.

b) Zeige durch ein Gegenbeispiel, daß dies nicht unbedingt mehr gilt, falls ein anderer Funktionsgraph gegeben ist.
Anleitung: Verwende einen Halbkreis.

26. In den Punkten P_1 mit $P_1 = p(1; y)$ und P_2 mit $P_2 = p(-2; y)$ sind die Tangenten an den Graphen von $x \mapsto x^2$ gezeichnet.

a) In welchem Punkt schneiden sich die Tangenten?

b) Wie groß ist der Schnittwinkel, den die Tangenten miteinander bilden?

27. Der Punkt P liegt auf dem Graphen der Funktion $x \mapsto x^2$. Der Punkt Q sei das Bild des Punktes P bei der Spiegelung an der Achse a_{II}. In den Punkten P und Q sind die Tangenten an den Graphen der Funktion $x \mapsto x^2$ gezeichnet. Die Tangenten schließen einen Winkel von 45° [30°; 60°] ein.
Bestimme die Koordinaten der beiden Punkte P und Q.

28. Vom Punkt $P = p(-1; -1)$ sind die Tangenten an den Graphen der Funktion $x \mapsto x^2$ gezeichnet. Bestimme:

a) die Koordinaten der Berührpunkte;

b) die Gleichungen der beiden Tangenten in Normalform;

29. An den Graphen der Funktion $x \mapsto x^2$ sind zwei Tangenten gezeichnet, die senkrecht aufeinander stehen.

a) Wie viele solcher Tangentenpaare gibt es?

b) Kann jeder Punkt des Graphen Berührpunkt einer der beiden Tangenten eines solchen Tangentenpaares sein?

c) Gib die beiden Gleichungen (in Normalform) eines solchen Tangentenpaares an.

d) Gegeben sei die Abszisse a des Berührpunktes der einen Tangente. Bestimme die Abszisse b des Berührpunktes der anderen Tangente eines solchen Tangentenpaares.

4.2. Berechnung der Tangentensteigung bei verschiedenen Funktionen

Aufgabe 1: *Funktion $x \mapsto x^3$; Stelle a*

a) Bestimme die Steigung der Tangente an den Graphen der Funktion $x \mapsto x^3$ an der Stelle a.

b) Bestätige das Ergebnis durch Ausfüllen der Lücke im Graphen der Sekantensteigungsfunktion.

Lösung: a) *(1) Steigung $sk(x)$ der Sekante durch $P = p(a; a^3)$ und $S = p(x; x^3)$*

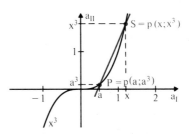

$$sk(x) = \frac{x^3 - a^3}{x - a} = x^2 + xa + a^2 \quad \text{(für } x \neq a\text{)}$$

(2) Steigung der Tangente im Punkt P
Wir lassen S auf P zuwandern.
Es gilt:

$$\lim_{x \to a} sk(x) = \lim_{x \to a} (x^2 + xa + a^2) = a^2 + a \cdot a + a^2 = 3a^2$$

> Die Steigung der Tangente im Punkt P beträgt $3a^2$.

b) *(3) Bestätigung des Ergebnisses durch Ausfüllen der Lücke im Graphen der Sekantensteigungsfunktion $[x \mapsto sk(x); x \neq a]$, d.h. Übergang zur stetigen Erweiterung der Sekantensteigungsfunktion an der Stelle a.*

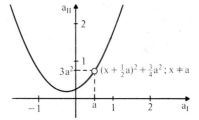

Beachte für die Zeichnung des Graphen:
$sk(x) = x^2 + ax + a^2 = (x + \frac{1}{2}a)^2 + \frac{3}{4}a^2$.
Der Scheitelpunkt der Parabel ist: $p(-\frac{1}{2}a; \frac{3}{4}a^2)$.
$3a^2$ füllt die Lücke aus.

Zur Übung: **1** bis **9**

Übungen 4.2

1. Bestimme die Steigung der Tangente an den Graphen der Funktion $x \mapsto x^3$ an der Stelle a. Verwende dabei die Koordinatendifferenz h.

2. Um weniger als welche Zahl darf die Abszisse x des Punktes S auf dem Graphen der Funktion $x \mapsto x^3$ höchstens von der Stelle a abweichen, damit die Sekantensteigung um weniger als $\frac{1}{4}$ $[\frac{1}{100}; 10^{-5}; \varepsilon \ (\varepsilon > 0)]$ von der Steigung der Tangente im Punkt $P = p(a; a^3)$ abweicht?

a) $a = 0$ b) $a = 2$ c) a beliebig

3. Gegeben sei die Funktion $x \mapsto x^3$ und die Stelle a. Fülle die Wertetabelle der Sekantensteigungsfunktion aus. Bestätige näherungsweise den Wert für die Steigung der Tangente an der Stelle a.

a) $a = 1$

x	0	0,5	0,9	0,99	1,001	1,01	1,1	1,5
sk(x)								

b) $a = 0$

x	−0,1	−0,001	−0,0001	+0,0001	+0,001	+0,1
sk(x)						

c) $a = 2$

x	1,5	1,9	1,99	1,999	2,001	2,01	2,1	2,5
sk(x)								

4. Bestimme die Steigung der Tangente an den Graphen der Funktion f in dem angegebenen Punkt. Gib auch die Gleichung der Tangente in Normalform an.

a) $f(x) = 2x^3$; $p(2; y)$ $[p(-1; y)]$

b) $f(x) = x^3 + 5$; $p(1; y)$ $[p(-2; y)]$

c) $f(x) = x^3 + x$; $p(-1; y)$ $[p(2; y)]$

d) $f(x) = (x - 2)^3$; $p(3; y)$ $[p(1; y)]$

Aufgabe 2: *Funktion* $\left[x \mapsto \dfrac{1}{x}; x \neq 0\right]$; *Stelle a* $(a \neq 0)$

a) Bestimme die Steigung der Tangente an den Graphen der Funktion $x \mapsto \dfrac{1}{x}$ an der Stelle a $(a \neq 0)$.

b) Bestätige das Ergebnis durch Übergang zur stetigen Erweiterung der Sekantensteigungsfunktion.

Lösung: a) *(1) Steigung* $sk(x)$ *der Sekante durch P und S*

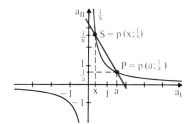

$$sk(x) = \frac{\dfrac{1}{x} - \dfrac{1}{a}}{x - a} = \frac{\dfrac{a - x}{x \cdot a}}{x - a} = \frac{a - x}{x \cdot a (x - a)} = -\frac{1}{x \cdot a}$$

(für $x \neq 0$, $a \neq 0$, $x \neq a$)

(2) Steigung der Tangente im Punkt P

Wandert S auf P zu, so weicht x immer weniger von a und $sk(x)$ immer weniger von $-\dfrac{1}{a \cdot a} = -\dfrac{1}{a^2}$ ab.

Es gilt: $\lim\limits_{x \to a} sk(x) = -\dfrac{1}{a^2}$.

Die Steigung der Tangente in P beträgt $-\dfrac{1}{a^2}$.

b) *(3) Stetige Erweiterung der Sekantensteigungsfunktion*

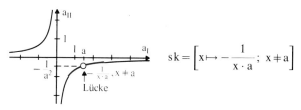

$$sk = \left[x \mapsto -\frac{1}{x \cdot a}; \ x \neq a\right]$$

Der Graph entsteht aus dem von $x \mapsto \dfrac{1}{x}$ durch Achsenstreckung mit dem Faktor $-\dfrac{1}{a}$.

An der Stelle a liegt eine Lücke vor.

Durch $-\dfrac{1}{a \cdot a} = -\dfrac{1}{a^2}$ wird die Lücke geschlossen.

Zur Übung: **10** bis **16**

---

5. Bestätige die Ergebnisse von Übungsaufgabe **3** durch Schließen der Lücke im Graphen der Sekantensteigungsfunktion.

6. Lege zu der Übungsaufgabe **4**a) und b) eine
△ Wertetabelle für die Sekantensteigungsfunk-
△ tion mit acht x-Werten an, die sich nur we-
△ nig von der Abszisse des angegebenen Punk-
△ tes unterscheiden sollen. Vier dieser x-Werte
△ sollen kleiner als die Abszisse und vier größer
△ sein. Bestätige so näherungsweise den Wert
△ der Tangentensteigung.

7. Bestimme die Steigung der Tangente der Bei-
△ spiele von Übungsaufgabe **4** unter Verwendung
△ der Koordinatendifferenz h.

8. In welchem Punkt hat die Steigung der Tangente an den Graphen der Funktion $x \mapsto x^3$ die Steigung 12 [108]?

9. Zur Sekante durch die Punkte $A = p(1; 1)$ und $B = p(4; 64)$ ist eine parallele Tangente an den Graphen der Funktion $x \mapsto x^3$ gezeichnet. Bestimme den Berührpunkt der Tangente.

10. Bestimme die Steigung der Tangente an den Graphen der Funktion $x \mapsto \dfrac{1}{x}$ an der Stelle a unter Verwenden der Koordinatendifferenz h.

11. Gegeben sei die Funktion $x \mapsto \dfrac{1}{x}$.
△ Fülle die Wertetabelle für die Sekantenstei-
△ gungsfunktion an der Stelle a aus. Bestätige
△ näherungsweise den Wert für die Steigung der
△ Tangente an der Stelle a.
△
△ a) a = 1
△

x	0,9	0,99	0,999	1,001	1,01	1,1
sk(x)						

△ b) a = 2
△

x	1,9	1,99	1,999	2,001	2,01	2,1
sk(x)						

△ c) a = −1
△

x	−1,1	−1,01	−1,001	−0,999	−0,99	−0,9
sk(x)						

12. Bestimme die Steigung der Tangente an den Graphen der Funktion f an der Stelle a.

a) $f(x) = \dfrac{1}{x} + 2$
$a = 0,5$

b) $f(x) = \dfrac{2}{x}$
$a = 1$

c) $f(x) = \dfrac{1}{x} + x$
$a = 2$

d) $f(x) = \dfrac{1}{x} + x^2$
$a \neq 0$

e) $f(x) = \dfrac{1}{x} + x^3$
$a \neq 0$

f) $f(x) = \dfrac{1}{x^2}$
$a \neq 0$

13. Bestätige jeweils das Ergebnis von Übungs-
△ aufgabe **12** durch Ausfüllen der Lücke im
△ Graphen der Sekantensteigungsfunktion.

14. Gib jeweils die Gleichung der Tangente in Normalform für Übungsaufgabe **12**a) bis c) an.

15. In welchem Punkt hat die Tangente an den Graphen von $x \mapsto \dfrac{1}{x}$ die angegebene Steigung?

a) $-\tfrac{1}{4}$ b) $-\tfrac{1}{25}$ c) -16 d) $+9(!)$

16. Gegeben ist der Graph der Funktion $x \mapsto \dfrac{1}{x}$.

a) Im Punkt $P = p(2; \tfrac{1}{2})$ ist die Orthogonale zur Tangente in diesem Punkt P errichtet. Gib die Gleichung dieser Orthogonalen an.

b) Wo schneidet die Orthogonale den Graphen der Funktion $x \mapsto \dfrac{1}{x}$?

17. Bestimme die Steigung der Tangente an den Graphen der Funktion $[x \mapsto \sqrt{x}; x > 0]$ an der Stelle a (a > 0) unter Verwendung der Koordinatendifferenz h.

18. Bestimme die Steigung der Tangente an den Graphen von f $(x \in \mathbb{R}^+)$ in $P = p(a; y)$ (a > 0).

a) $f(x) = \sqrt{x} + 3$

b) $f(x) = \sqrt{2x}$

c) $f(x) = \sqrt{x} + \dfrac{1}{x}$

d) $f(x) = 3\sqrt{x}$

e) $f(x) = \sqrt{x} + x$

f) $f(x) = \dfrac{1}{\sqrt{x}}$

Aufgabe 3: *Funktion* $[x \mapsto \sqrt{x}; x \geq 0]$; *Stelle a* $(a > 0)$

Bestimme die Steigung der Tangente an den Graphen der Funktion $[x \mapsto \sqrt{x}; x \geq 0]$ an der Stelle a (a > 0).

Lösung: *(1) Steigung der Sekante durch P und S*

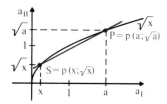

$$sk(x) = \frac{\sqrt{x} - \sqrt{a}}{x - a} = \frac{(\sqrt{x} - \sqrt{a})(\sqrt{x} + \sqrt{a})}{(x - a)(\sqrt{x} + \sqrt{a})}$$

$$= \frac{x - a}{(x - a)(\sqrt{x} + \sqrt{a})} = \frac{1}{\sqrt{x} + \sqrt{a}}$$

(für $x \neq a$, $x > 0$, $a > 0$)

Hierbei wurde so umgeformt, daß $x - a$ im Nenner nicht mehr auftritt.

(2) Steigung der Tangente im Punkt P

Wandert S auf P zu, so unterscheidet sich x immer weniger von a und $sk(x)$ immer weniger von

$$\frac{1}{\sqrt{a} + \sqrt{a}} = \frac{1}{2 \cdot \sqrt{a}}.$$ Es gilt: $\lim_{x \to a} sk(x) = \frac{1}{2\sqrt{a}}.$

Beachte: $\lim_{x \to a} \sqrt{x} = \sqrt{a}$ (vgl. Übungsaufgabe **5**g, Seite 21)

> Die Steigung der Tangente in P beträgt $\dfrac{1}{2 \cdot \sqrt{a}}$.

(3) Bestätigung des Ergebnisses durch Übergang zur stetigen Erweiterung der Sekantensteigungsfunktion sk

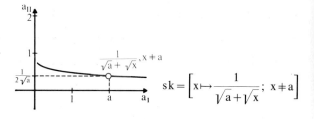

$$sk = \left[x \mapsto \frac{1}{\sqrt{a} + \sqrt{x}}; \ x \neq a \right]$$

An der Stelle a ist eine Lücke.

$\dfrac{1}{\sqrt{a} + \sqrt{a}} = \dfrac{1}{2 \cdot \sqrt{a}}$ schließt die Lücke.

Zur Übung: **17** bis **19**

Aufgabe 4: *Funktion $x \mapsto \sin x$, Stelle a*

Bestimme die Steigung der Tangente an den Graphen der Funktion $x \mapsto \sin x$ an der Stelle a.

Lösung:

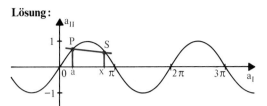

(1) *Steigung der Sekante durch P und S*

$$sk(x) = \frac{\sin x - \sin a}{x - a} \quad \text{(für } x \neq a)$$

Nun gilt: $\sin x - \sin a = 2 \cdot \sin \dfrac{x-a}{2} \cdot \cos \dfrac{x+a}{2}$

(siehe dazu eine Formelsammlung bzw. Übungsaufgabe **21**). Daraus folgt:

$$sk(x) = \frac{2 \cdot \sin \dfrac{x-a}{2} \cdot \cos \dfrac{x+a}{2}}{x-a}$$

$$sk(x) = \frac{\sin \dfrac{x-a}{2}}{\dfrac{x-a}{2}} \cdot \cos \frac{x+a}{2} \quad \text{(für } x \neq a)$$

(2) *Steigung der Tangente im Punkt P*

Wandert S auf P zu, so unterscheidet sich x immer weniger von a. Es gilt dann:

$$\lim_{x \to a} \cos \frac{x+a}{2} = \cos \frac{a+a}{2} = \cos a$$

Um $\lim\limits_{x \to a} \dfrac{\sin \dfrac{x-a}{2}}{\dfrac{x-a}{2}}$ zu berechnen, setzen wir $\dfrac{x-a}{2} = k$.

Wir bemerken: Falls die Grundfolge $\langle x_n \rangle$ gegen a konvergiert, konvergiert die Folge $\langle k_n \rangle$ mit $k_n = \dfrac{x_n - a}{2}$ gegen 0. Wir müssen also $\lim\limits_{k \to 0} \dfrac{\sin k}{k}$ berechnen. Dieser Grenzwert ist jedoch gleich 1 (siehe Seite 37). Daher gilt:

> Die Steigung der Tangente im Punkt P beträgt cos a.

Entsprechend gilt: Die Steigung der Tangente an den Graphen der Kosinusfunktion bei a ist gleich $-\sin a$.

Zur Übung: **20** bis **25**

---

19. Gib die Gleichung (Normalform) der Tangente an den Graphen der Funktion f in dem angegebenen Punkt an.

    a) $f(x) = \sqrt{x};$ $\qquad$ $P = p(4; y)$

    b) $f(x) = \sqrt{x} + x;$ $\qquad$ $P = p(9; y)$

    c) $f(x) = 3 \cdot \sqrt{x};$ $\qquad$ $P = p(2; y)$

20. Führe die Berechnung der Tangentensteigung bei der Funktion $x \mapsto \sin x$ an der Stelle a mit Hilfe der Koordinatendifferenz h durch.

21. Leite die Formel
    $$\sin x - \sin a = 2 \cdot \sin \frac{x-a}{2} \cdot \cos \frac{x+a}{2}$$
    aus den *Additionstheoremen* des Sinus her.

    Anleitung: Für den Sinus gelten die *Additionstheoreme* (siehe Formelsammlung):
    $$\sin(\alpha + \beta) = \sin \alpha \cdot \cos \beta + \cos \alpha \cdot \sin \beta$$
    $$\sin(\alpha - \beta) = \sin \alpha \cdot \cos \beta - \cos \alpha \cdot \sin \beta$$
    Setze $\alpha + \beta = x$ und $\alpha - \beta = a$.
    Berechne daraus α und β und subtrahiere die beiden Gleichungen.

22. Leite die Formel
    $$\cos x - \cos a = -2 \cdot \sin \frac{x-a}{2} \cdot \sin \frac{x+a}{2}$$
    aus den *Additionstheorem* des Kosinus her.

    Anleitung: Für den Kosinus gelten die *Additionstheoreme* (siehe Formelsammlung):
    $$\cos(\alpha + \beta) = \cos \alpha \cdot \cos \beta - \sin \alpha \cdot \sin \beta$$
    $$\cos(\alpha - \beta) = \cos \alpha \cdot \cos \beta + \sin \alpha \cdot \sin \beta$$
    Setze $\alpha + \beta = x$ und $\alpha - \beta = a$.
    Berechne daraus α und β und subtrahiere die beiden Gleichungen.

23. Zeige, daß die Steigung der Tangente an den Graphen der Funktion $x \mapsto \cos x$ an der Stelle a gleich $-\sin a$ ist. Gehe ähnlich vor wie bei der Lösung der Aufgabe **4** und verwende die Formel von Übungsaufgabe **22**.

24. Führe die Berechnung der Tangentensteigung bei der Funktion $x \mapsto \cos x$ an der Stelle a mit Hilfe der Koordinatendifferenz h durch.

25. a) Gib die Steigung der Tangente an den Graphen der Sinusfunktion [Kosinusfunktion] in den Schnittpunkten mit der Achse a_I an.

    b) Wie groß ist der Winkel, den diese Tangente mit der positiven Richtung der Achse a_I bildet?

5. Differenzierbarkeit, Ableitung, Anwendungen

5.1. Sonderfälle und Probleme bei der Berechnung der Tangentensteigung

Aufgabe 1: *Tangente an eine Gerade*

a) Bestimme die Steigung der Tangente an den Graphen der Funktion $x \mapsto mx + n$ an der Stelle a.

b) Bestätige das Ergebnis durch Übergang zur stetigen Erweiterung der Sekantensteigungsfunktion.

Lösung: a) Der Graph der Funktion ist eine Gerade.

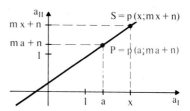

Die Tangente ist von uns aufgefaßt als eine Gerade, die sich dem Graphen möglichst genau anschmiegt. Nach diesem Tangentenverständnis muß die gesuchte Tangente mit der Geraden zusammenfallen.

Wir wollen untersuchen, ob die im vorhergehenden Kapitel verwendete Methode zur Tangentenbestimmung zu demselben Ergebnis führt.

(1) Steigung der Sekante durch die Punkte
$$P = p(a; ma + n) \text{ und } S = p(x; mx + n)$$

$$sk(x) = \frac{(mx+n)-(ma+n)}{x-a} = \frac{m(x-a)}{x-a} = m$$

(für $x \neq a$)

(2) Steigung der Tangente im Punkt P
Wandert S auf P zu, so weicht x immer weniger von a ab. Die Sekantensteigung ist stets gleich m. Die Tangentensteigung kann auch nur m sein.

Es gilt: $\lim\limits_{x \to a} sk(x) = m$.

m ist der Grenzwert von $sk(x)$ für x gegen a.

> Die Steigung der Tangente an den Graphen der Funktion $x \mapsto mx + n$ an der Stelle a ist gleich m. Die Tangente fällt mit dem Funktionsgraphen zusammen.

Übungen 5.1

1. Bestimme die Steigung der Tangente an den Graphen der Funktion $x \mapsto mx + n$ an der Stelle a. Verwende bei der Rechnung die Koordinatendifferenz h.

2. Gegeben sei die Funktion $x \mapsto 3x + 2$. Lege für
△ die zur Stelle 4 gehörende Sekantensteigungs-
△ funktion eine Wertetabelle mit acht x-Werten
△ an, die sich nur wenig von 4 unterscheiden.
△ Bestätige damit das Ergebnis von Übungsauf-
△ gabe **1**.

3. Bestimme die Steigung der Tangente an den Graphen von f an der angegebenen Stelle.

a) $f(x) = (-4) \cdot x$;   Stelle a

b) $f(x) = 0$;   Stelle a

c) $f(x) = |x|$;   Stelle a (mit $a > 0$)

d) $f(x) = |x|$;   Stelle a (mit $a < 0$)

e) $f(x) = H(x)$;   Stelle a (mit $a > 0$)

f) $f(x) = H(x)$;   Stelle a (mit $a < 0$)

g) $f(x) = x \cdot H(x)$;   Stelle a (mit $a > 0$)

h) $f(x) = x \cdot H(x)$;   Stelle a (mit $a < 0$)

b) *(3) Übergang zur stetigen Erweiterung der Sekanten-steigungsfunktion*

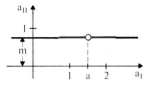

$$sk = [x \mapsto m; x \neq a]$$

Man erkennt, daß die Zahl m die Lücke ausfüllt.

Sonderfall der konstanten Funktion $x \mapsto c$
Die Funktion $x \mapsto c$ ist ein Sonderfall der Funktion $x \mapsto mx + c$ (mit $m = 0$). Die Steigung der Tangente an den Graphen der Funktion $x \mapsto c$ in einem beliebigen Punkt ist also 0.

Zur Übung: **1** bis **5**

Aufgabe 2: *Keine Tangente bei bestimmten Graphen*

Gegeben seien die Funktionen:

a) $x \mapsto |x^2 - 1|$ b) $x \mapsto H(x)$

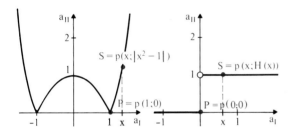

Nach unserem anschaulichen Verständnis von der Tangente als einer sich anschmiegenden Geraden gibt es im Punkt P bei beiden Graphen keine Tangente.
Weise dies mit Hilfe des Verfahrens zur Tangentensteigungsbestimmung nach.

Lösung: a) *Zur Funktion* $x \mapsto |x^2 - 1|$

(1) Steigung der Sekante durch $P = p(1; 0)$ *und*
$S = p(x; |x^2 - 1|)$

$$sk(x) = \frac{|x^2 - 1| - 0}{x - 1}$$

$$= \begin{cases} \dfrac{x^2 - 1}{x - 1} = \dfrac{(x-1)(x+1)}{x-1} = x + 1 & \text{für } |x| > 1 \\[2ex] \dfrac{-(x^2-1)}{x-1} = \dfrac{-(x-1)(x+1)}{x-1} = -x - 1 & \end{cases}$$

$$\text{für } -1 < x < 1$$

4. Verfahre wie in Übungsaufgabe **3**.

  a) $f(x) = [x]$;   Stelle a (mit $a \notin \mathbb{Z}$)

  b) $f(x) = \text{sgn } x$;   Stelle a (mit $a \neq 0$)

  c) $f(x) = -x \cdot H(x)$;   Stelle a (mit $a > 0$)

  d) $f(x) = -x \cdot H(x)$;   Stelle a (mit $a < 0$)

  e) $f(x) = x \cdot H(-x)$;   Stelle a (mit $a > 0$)

  f) $f(x) = x \cdot H(-x)$;   Stelle a (mit $a < 0$)

  g) $f(x) = x \cdot [x]$;   Stelle a (mit $a \notin \mathbb{Z}$)

  h) $f(x) = |x - 1|$;   Stelle a (mit $a < 1$)

  i) $f(x) = |x - 1|$;   Stelle a (mit $a > 1$)

  j) $f(x) = x^2 \cdot H(x)$;   Stelle a (mit $a < 0$)

  k) $f(x) = x^2 \cdot H(x)$;   Stelle a (mit $a > 0$)

5. Bestätige jeweils das Ergebnis von Übungsaufgaben **3** und **4** durch Ausfüllen der Lücke im Graphen der Sekantensteigungsfunktion.

6. Gegeben sei die Funktion $x \mapsto |x^2 - 1|$ und die Stelle 1. Fülle die angegebene Wertetabelle für die Sekantensteigungsfunktion aus. Bestätige dadurch, daß $\lim\limits_{x \to 1} sk(x)$ nicht existiert.

x	0,99	0,999	0,9999	1,0001	1,001	1,01
sk(x)						

7. Gegeben sei die Funktion $x \mapsto H(x)$ und die Stelle 0. Fülle die angegebene Wertetabelle für die Sekantensteigungsfunktion aus. Bestätige dadurch, daß $\lim\limits_{x \to 1} sk(x)$ nicht existiert.

x	$-0,01$	$-0,001$	$-0,0001$	$+0,0001$	$+0,001$	$+0,01$
sk(x)						

8. Gegeben sei die Funktion $x \mapsto H(x)$ und die Stelle 0. Für die zugehörige Sekantensteigungsfunktion gilt: $sk(x) = \dfrac{H(x)}{x}$.
Vorgegeben sei die Zahl K. Gib eine x-Stelle an, so daß der Funktionswert der Sekantensteigungsfunktion an dieser Stelle größer ist als K.

  a) $K = 100$ c) $K = 10^6$

  b) $K = 10000$ d) K beliebig größer als 0

9. Versuche die Steigung der Tangente an den Graphen der Funktion f an der angegebenen Stelle zu bestimmen. Liegt eine Tangente vor?

a) $f(x) = |x^2 - 1|$;   Stelle -1

b) $f(x) = |x^2 - 4|$;   Stelle 2 [Stelle -2]

c) $f(x) = |x^3 - 1|$;   Stelle 1

d) $f(x) = |x^3 + 1|$;   Stelle -1

e) $f(x) = |x|$;   Stelle 0

f) $f(x) = x \cdot H(x)$;   Stelle 0

g) $f(x) = x^2 \cdot H(x)$;   Stelle 0

h) $f(x) = x^2 \cdot \mathrm{sgn}\, x$;   Stelle 0

i) $f(x) = x^3 \cdot \mathrm{sgn}\, x$;   Stelle 0

j) $f(x) = \sqrt{|x|}$;   Stelle 0

k) $f(x) = \mathrm{sgn}\, x$;   Stelle 0

l) $f(x) = [x]$;   Stelle 1

m) $f(x) = [x]$;   Stelle a (mit $a \in \mathbb{Z}$)

n) $f(x) = x \cdot [x]$;   Stelle 1

o) $f(x) = \begin{cases} x+1 & \text{für } x \leq 2; \\ -x+5 & \text{für } x > 2; \end{cases}$ Stelle 2

p) $f(x) = \begin{cases} x+1 & \text{für } x \leq 1; \\ x-1 & \text{für } x > 1; \end{cases}$ Stelle 1

10. Bestätige jeweils das Ergebnis von Übungsaufgabe 9 durch eine Wertetabelle für die Sekantensteigungsfunktion. Wähle dazu acht x-Werte, die sich von der Stelle a nur wenig unterscheiden. Vier x-Werte sollen größer als a und vier kleiner als a sein.

11. Überprüfe an den bisherigen Beispielen, ob die folgende Behauptung zutrifft:

a) Wenn die Ausgangsfunktion an der Stelle a einen „Sprung" macht, dann hat die zugehörige Sekantensteigungsfunktion an der Stelle a keine (schließbare) Lücke.

b) Wenn der Graph der Ausgangsfunktion an der Stelle a einen „Knick" hat, dann hat die Sekantensteigungsfunktion an der Stelle a keine (schließbare) Lücke.

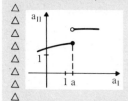

Beispiel für „Sprung"

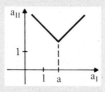

Beispiel für „Knick"

(2) Keine Tangente im Punkt P

Wir zeichnen zunächst den Graphen der Sekantensteigungsfunktion in einer Umgebung der Stelle 1.

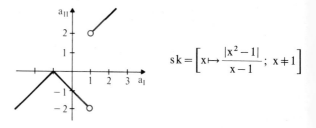

$$s\,k = \left[x \mapsto \frac{|x^2 - 1|}{x - 1}\, ; \ x \neq 1\right]$$

Der Graph kann an der Stelle 1 durch keine Zahl geschlossen werden. Daher kann auch keine Tangente im Punkt P vorliegen.

Zusätzlich sehen wir:
Wandert S von rechts auf P zu, so weicht x mit $x > 1$ immer weniger von 1 ab und $s\,k(x)$ unterscheidet sich immer weniger von $1+1$, also 2.
Wandert S von links auf P zu, so weicht x immer weniger von 1 ab, aber es ist $x < 1$ und $s\,k(x)$ unterscheidet sich immer weniger von $-1-1$, also -2. Falls es eine Tangente gäbe, müßte sich nur *ein* Wert ergeben.

Der Grenzwert $\lim\limits_{x \to 1} s\,k(x) = \lim\limits_{x \to 1} \dfrac{|x^2 - 1|}{x - 1}$ existiert nicht.

b) *Zur Funktion $x \mapsto H(x)$*

(1) Steigung der Sekante durch $P = p(0; 0)$ und $S = p(x; H(x))$

$$s\,k(x) = \frac{H(x) - H(0)}{x - 0} = \frac{H(x)}{x} = \begin{cases} \dfrac{1}{x} & \text{für } x > 0 \\ 0 & \text{für } x < 0 \end{cases}$$

(2) Keine Tangente im Punkt O

Wir zeichnen den Graphen der Sekantensteigungsfunktion.

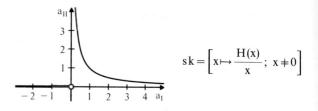

$$s\,k = \left[x \mapsto \frac{H(x)}{x}\, ; \ x \neq 0\right]$$

Die Funktion hat keine stetige Erweiterung an der Stelle 0; folglich kann daher auch keine Tangente vorliegen.

Zusätzlich sehen wir:

Liegt S rechts von P und wandert dann S auf P zu, so unterscheidet sich x mit $x > 0$ immer weniger von 0. Dann aber wächst $sk(x) = \frac{1}{x}$ über alle Grenzen, d.h. zu jeder noch so großen Zahl K kann man stets Funktionswerte der Sekantensteigungsfunktion angeben, die größer als K sind. (Siehe hierzu Übungsaufgabe **8**.)

Liegt S links von P und wandert dann S auf P zu, so unterscheidet sich x mit $x < 0$ immer weniger von 0 und $sk(x)$ bleibt immer 0. Falls eine Tangente vorhanden wäre, müßte sich bei beiden Annäherungen derselbe Wert ergeben.

Der Grenzwert $\lim\limits_{x \to 0} sk(x) = \lim\limits_{x \to 0} \dfrac{H(x)}{x}$ existiert nicht.

Zur Übung: **6** bis **13**

5.2. Definition der Differenzierbarkeit

Aufgabe: *Differenzierbarkeit an der Stelle a*

Beschreibe allgemein den in den vorhergehenden Abschnitten beschrittenen Weg zur Berechnung der Tangentensteigung.

Lösung: *Gegeben:* Die Funktion f.
Gesucht: Die Steigung der Tangente an den Graphen der Funktion im Punkt $P = p(a; f(a))$.

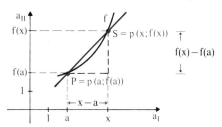

(1) Steigung der Sekante durch P und S

$$sk(x) = \frac{f(x) - f(a)}{x - a} \qquad \text{(für } x \neq a\text{)}$$

Der Term $\dfrac{f(x) - f(a)}{x - a}$ heißt auch **Differenzenquotient,** weil er der Quotient zweier Differenzen ist. Er gibt die Sekantensteigung an.

Gelegentlich notieren wir in $sk(x)$ noch die Funktion f als Index: $sk_f(x)$, um anzudeuten, zu welcher Funktion die Sekantensteigung gehört. Streng genommen müßte zusätzlich noch die Stelle a notiert werden. Wenn keine Mißverständnisse zu befürchten sind, wird der Index fortgelassen.

12. Konstruiere selbst Beispiele von Funktions-
△ graphen, bei denen an einer bestimmten Stelle
△ nach unserem anschaulichen Tangentenver-
△ ständnis keine Tangente vorliegt. Versuche
△ einen Funktionsterm anzugeben. Gib die zu-
△ gehörige Sekantensteigungsfunktion an und
△ zeige, daß diese an der betreffenden Stelle
△ keinen Grenzwert hat.

13. Vergleiche mit den Formulierungen von
△ Übungsaufgabe **11**:
△ Wenn die Sekantensteigungsfunktion der
△ Funktion f an der Stelle a eine (schließbare)
△ Lücke hat, dann hat die Ausgangsfunktion f
△ keinen „Sprung" und keinen „Knick".

Übungen 5.2

1. Beschreibe allgemein den in den vorhergehenden Abschnitten beschrittenen Weg zur Berechnung der Tangentensteigung unter Verwendung der Koordinatendifferenz h.

2. Gib an, ob die Funktion f an der angegebenen Stelle differenzierbar ist. Wenn ja, gib die Ableitung von f an dieser Stelle an.

a) $f(x) = x^2 + x$;   Stelle a

b) $f(x) = \sqrt{x}$;   Stelle a (mit $a > 0$)

c) $f(x) = \sqrt{x}$;   Stelle 0

d) $f(x) = H(x) + 4$;   Stelle 0

e) $f(x) = H(x) + x$;   Stelle 0

f) $f(x) = H(x) + x$;   Stelle a (mit $a \neq 0$)

g) $f(x) = x \cdot H(x)$;   Stelle 0

h) $f(x) = x^4$;   Stelle a

3. Verfahre wie in Übungsaufgabe **2.**

a) $f(x) = x^2 \cdot H(x)$;   Stelle 0

b) $f(x) = x^3 \cdot H(x)$;   Stelle 0

c) $f(x) = (x - 1) \cdot H(x - 1)$;   Stelle 1

d) $f(x) = (x^2 - 1) \cdot H(x - 1)$;   Stelle 1

e) $f(x) = (x - 1)^2 \cdot H(x - 1)$;   Stelle 1

4. Bestimme die Stellen des Definitionsbereiches der Funktion f, an denen f differenzierbar ist.

a) $f(x) = \operatorname{sgn} x$

b) $f(x) = |x|$

c) $f(x) = |x^2 - 1|$

d) $f(x) = |x - 1|$

e) $f(x) = H(x + 1)$

f) $f(x) = (x - 1) \cdot H(x)$

g) $f(x) = 3x^2 + 2x$

h) $f(x) = \dfrac{1}{x}$

i) $f(x) = [x]$

j) $f(x) = [x] \cdot x$

k) $f(x) = x^2 \cdot \operatorname{sgn} x$

l) $f(x) = x - [x]$

m) $f(x) = [x^2]$

n) $f(x) = [3x]$

o) $f(x) = \sqrt{|x|}$

p) $f(x) = H(x^2)$

r) $f(x) = |x^2 - 4| + 5$

5. Gegeben sei die Sekantensteigungsfunktion sk_f, die Stelle a sowie der Funktionswert f(a) der Ausgangsfunktion f an der Stelle a. Bestimme die Funktion f.

a) $sk_f(x) = x^2$; $\qquad a = 4$; $\quad f(4) = 3$

b) $sk_f(x) = x^2$; $\qquad a = 1$; $\quad f(1) = 2$

c) $sk_f(x) = x^2 + x$; $\quad a = -4$; $f(-4) = -2$

d) $sk_f(x) = H(x)$; $\qquad a = 0$; $\quad f(0) = 0$

e) $sk_f(x) = x^2 \cdot H(x)$; $\quad a = 0$; $\quad f(0) = 0$

f) $sk_f(x) = \dfrac{1}{x}$; $\qquad a = 0$; $\quad f(0) = 0$

g) $sk_f(x) = \dfrac{x}{x - 1}$; $\qquad a = 1$; $\quad f(1) = 2$

h) $sk_f(x) = \dfrac{x^2 - 1}{x - 1}$; $\qquad a = 1$; $\quad f(1) = 2$

6. Welche Funktionen f von Übungsaufgabe **5** sind an der Stelle a differenzierbar?

7. Gegeben sei für $x \neq a$ der Term $sk(x)$ der Sekantensteigungsfunktion der Funktion f an der Stelle a sowie der Funktionswert f(a). Berechne daraus f(x).

(2) Steigung der Tangente im Punkt P

Falls die Sekantensteigungen einen Grenzwert haben, d.h. falls $\lim\limits_{x \to a} sk(x)$ existiert, so ist dieser Grenzwert die Steigung der Tangente an den Graphen der Funktion f im Punkt P.

Ein Grenzwert der Sekantensteigungen existiert genau dann, wenn der Graph der Sekantensteigungsfunktion sk an der Stelle a eine (schließbare) Lücke aufweist. Der Grenzwert schließt gerade die Lücke.

Die Sekantensteigungsfunktion hat an der Stelle a eine stetige Erweiterung.

Mit Hilfe einer Wertetabelle mit x-Werten in der Nähe der Stelle a läßt sich der Grenzwert näherungsweise berechnen.

Zur Übung: **1**

Zusammenfassend führen wir den Begriff der Differenzierbarkeit ein.

Definition 1: Die Funktion f sei in einem Intervall definiert, das die Stelle a enthält. Sie heißt dann **an der Stelle a differenzierbar,** falls die Sekantensteigungsfunktion einen Grenzwert an der Stelle a hat. Dieser Grenzwert heißt die **Ableitung der Funktion f an der Stelle a.** Er wird mit f'(a) bezeichnet.

$$f'(a) = \lim_{x \to a} \frac{f(x) - f(a)}{x - a} \quad \text{bzw.}$$

$$f'(a) = \lim_{h \to 0} \frac{f(a + h) - f(a)}{h}$$

Die Ableitung der Funktion f an der Stelle a gibt die Steigung der Tangente an den Graphen im Punkt p(a; f(a)) an. Sie gibt damit gleichzeitig die Steigung des Graphen im Punkt p(a; f(a)) an.
Die Ableitung f'(a) ist gleich dem Funktionswert der stetigen Erweiterung der Sekantensteigungsfunktion an der Stelle a.

Differenzierbar sind z.B. die Funktionen

$$x \mapsto x^2, \quad x \mapsto x^3, \quad x \mapsto \frac{1}{x}, \quad x \mapsto 2x^3, \quad x \mapsto x^2 + x, \quad x \mapsto mx + n$$

$$x \mapsto \sin x, \quad x \mapsto \cos x$$

an jeder Stelle ihres Definitionsbereiches.

Nicht differenzierbar sind die Funktionen $x \mapsto |x^2 - 1|$ an der Stelle 1 und $x \mapsto H(x)$ an der Stelle 0.
Die Funktion $x \mapsto H(x)$ ist an jeder anderen Stelle ihres Definitionsbereiches differenzierbar.

Es ist daher sehr wichtig, die Stelle genau anzugeben, an welcher die Funktion auf Differenzierbarkeit hin betrachtet werden soll.

> Ist f an der Stelle a differenzierbar, so ist die Gerade durch den Punkt $p(a; f(a))$ mit der Steigung $f'(a)$ die Tangente an den Graphen von f an der Stelle a. Ist f an der Stelle a nicht differenzierbar, so existiert an der Stelle a keine Tangente. Die Funktion f hat dort auch keine bestimmte Steigung.

Zur Übung: **2** bis **12**

Information: *Ableitung und Ableitungsfunktion als zentrale Begriffe der Differentialrechnung*

Der in diesem Abschnitt eingeführte Begriff der Ableitung einer Funktion f an der Stelle a ist der für die Differentialrechnung zentrale Begriff. Ebenso wichtig ist der Begriff der Ableitungsfunktion, der im nächsten Abschnitt eingeführt wird. Beide Begriffe spielen auch in den Anwendungen eine große Rolle. Davon soll im Abschnitt **5.5** (Seite 64 bis 68) ein Eindruck vermittelt werden.

Da es sehr mühsam ist, die Ableitung einer Funktion f an der Stelle a als Grenzwert der Sekantensteigungen zu bestimmen, werden im Kapitel **6** Regeln hergeleitet, mit deren Hilfe die Ableitung leicht bestimmt werden kann.

Ergänzung: *Ältere Sprech- und Bezeichnungsweisen*

Die Ableitung der an der Stelle a differenzierbaren Funktion f an der Stelle a wird auch **Differentialquotient** genannt. Diese Bezeichnung hat historische Gründe. Ältere Schreibweisen sind auch Δx für die Koordinatendifferenz h sowie Δy für die Differenz $f(x+h) - f(x)$. Für die Sekantensteigung schrieb man daher auch

$m(\Delta x) = \dfrac{\Delta y}{\Delta x}$ und für die Ableitung $f'(x) = \lim\limits_{\Delta x \to 0} \dfrac{\Delta y}{\Delta x}$.

Statt $f'(x)$ schrieb man auch y' oder $\dfrac{dy}{dx}$ (gelesen: *dy nach dx*).

Wir gebrauchen diese Bezeichnungen und Schreibweisen nicht.

Beispiel: Die Funktion f sei gegeben durch die Funktionsgleichung $y = x^2$.

Dann ist $\dfrac{dy}{dx} = 2x$ (gelesen: *dy nach dx gleich 2x*).

Beachte, daß $\dfrac{dy}{dx}$ kein Quotient ist. Daher wird auch dy nach dx gelesen und *nicht* dy *durch* dx.

Auf einer höheren Stufe kann man auch sogenannte Differentiale definieren. Dann ist allerdings die Ableitung auch als Quotient von Differentialen auffaßbar. Wir verzichten darauf, dies darzustellen.

---

8. Die Funktion f sei an der Stelle a differenzierbar. Wir führen eine neue Funktion ein:

$$\Delta_f(x) = \begin{cases} sk_f(x) & \text{für } x \neq a \\ f'(x) & \text{für } x = a \end{cases}$$

Die Funktion Δ_f entsteht also aus der Sekantensteigungsfunktion sk_f durch Schließen der Lücke an der Stelle a.
Gib die Funktion Δ_f an und zeichne ihren Graphen in einer Umgebung der Stelle a.

a) $f(x) = x^2$; $\quad\quad a = 3$

b) $f(x) = \dfrac{1}{x}$; $\quad\quad a = 0,5$

c) $f(x) = x^2 \cdot H(x)$; $\quad a = 0$

d) $f(x) = 4$; $\quad\quad a = 2$

e) $f(x) = 2x + 5$; $\quad a = 3$

9. Gegeben sei die zur Stelle a gehörende Funktion Δ_f (siehe Übungsaufgabe **8**) und der Funktionswert $f(a)$. Leite eine Formel her, mit deren Hilfe $f(x)$ berechnet werden kann.

10. $m(h)$ sei die Steigung der Sekante durch die Punkte $P = p(a; f(a))$ und $S = p(a+h; f(a+h))$. Gegeben sei ferner $f(a)$. Bestimme die Funktion f.

a) $m(h) = h$; $\quad\quad a = 1$; $\quad f(a) = 2$

b) $m(h) = h^2$; $\quad\quad a = -1$; $\quad f(a) = 3$

c) $m(h) = 2h^2 + h$; $\quad a = 0$; $\quad f(a) = 1$

d) $m(h) = H(h)$; $\quad\quad a = 0$; $\quad f(a) = 0$

11. Zeige, daß die Funktion f an der Stelle 0 differenzierbar ist.
Gib ihre Ableitung an der Stelle 0 an.

a) $f(x) = \begin{cases} x^2 \cdot \sin\dfrac{1}{x} & \text{für } x \neq 0 \\ 0 & \text{für } x = 0 \end{cases}$

b) $f(x) = \begin{cases} x^3 \cdot \cos\dfrac{1}{x} & \text{für } x \neq 0 \\ 0 & \text{für } x = 0 \end{cases}$

12. Zeige, daß die Funktion f an der Stelle 0 nicht differenzierbar ist.
Ist f an der Stelle 0 stetig?

a) $f(x) = \begin{cases} \sin\dfrac{1}{x} & \text{für } x \neq 0 \\ c & \text{für } x = 0 \ (c \in \mathbb{R}) \end{cases}$

b) $f(x) = \begin{cases} x \cdot \cos\dfrac{1}{x} & \text{für } x \neq 0 \\ 0 & \text{für } x = 0 \end{cases}$

5.3. Ableitungsfunktion

Aufgabe 1: *Definition der Ableitungsfunktion von f*

Die Funktion f mit $f(x) = x^2$, $x \in \mathbb{R}$ ist an jeder Stelle a differenzierbar.

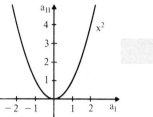

$$f = [x \mapsto x^2; \ x \in \mathbb{R}]$$

a) Lege eine Tabelle an, in der für jede der folgenden Stellen die Ableitung von f an der betreffenden Stelle notiert ist:

$-5; \ -4; \ -3; \ -2; \ -1; \ 0; \ 1; \ 2; \ 3; \ 4; \ 5; \ 6.$

b) Die Tabelle kann als Wertetabelle einer neuen Funktion aufgefaßt werden. Diese Funktion heißt **Ableitungsfunktion von f** (kurz: *Ableitung von f*).
Sie wird mit f′ bezeichnet.
Gib Zuordnungsvorschrift, Funktionsterm und Definitionsbereich dieser Funktion an.

c) Zeichne den Graphen der Ableitungsfunktion von f.

Lösung: a) Es gilt für die Ableitung der Funktion f an der Stelle a: $f'(a) = 2a$ (siehe Seite 47).
Mit Hilfe dieser Formel läßt sich die folgende Tabelle ausfüllen:

a	-5	-4	-3	-2	-1	0	1	2	3	4	5	6
$f'(a)$	-10	-8	-6	-4	-2	0	2	4	6	8	10	12

b) Die Zuordnungsvorschrift lautet $x \mapsto 2x$.
Für den Funktionsterm der Ableitungsfunktion gilt $f'(x) = 2x$.
Der Definitionsbereich ist gleich $\mathbb{R}$.

c)

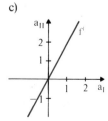

$$f' = [x \mapsto 2x; \ x \in \mathbb{R}]$$

Zur Übung: **1** und **2**

Übungen 5.3

1. Gegeben ist die Funktion f. Lege eine Tabelle an, in der für jede der folgenden Stellen die Ableitung von f an der betreffenden Stelle notiert ist:

$-3; \ -2; \ -1; \ 0; \ +1; \ +2; \ +3$

Die Tabelle kann als Wertetabelle der Ableitungsfunktion f′ aufgefaßt werden. Gib f′(x) an und zeichne den Graphen von f′ im Intervall $]-3,5; \ +3,5[$.

a) $f(x) = x^3$ d) $f(x) = \dfrac{1}{2}x^2 + x$

b) $f(x) = \dfrac{1}{x}$ e) $f(x) = x^2 \cdot H(x)$

c) $f(x) = \dfrac{1}{2}x^2$ f) $f(x) = x^2 + 4$

2. Gib die Ableitungsfunktion f′ an.

a) $f(x) = x^3 + x^2$ e) $f(x) = 4x^2 + 2x$

b) $f(x) = x^4$ f) $f(x) = x^3 + x^2$

c) $f(x) = c$ g) $f(x) = x^3 \cdot H(x)$

d) $f(x) = 2x^3$ h) $f(x) = x^2 + 4$

3. Gib die Ableitungsfunktion der Funktion f an. Zeige, daß der Definitionsbereich der Ableitungsfunktion f′ eine Untermenge des Definitionsbereichs von f ist. Untersuche, ob es sich um eine echte oder unechte Untermenge handelt.

a) $f(x) = H(x)$ e) $f(x) = \sqrt{|x|}$

b) $f(x) = \operatorname{sgn} x$ f) $f(x) = x^2 \cdot H(x)$

c) $f(x) = |x|$ g) $f(x) = |x^2 - 1|$

d) $f(x) = x \cdot H(x)$ h) $f(x) = |x^2 - 4|$

Aufgabe 2: *Definitionsbereich der Ableitung*

Gib die Ableitung von $f = [x \mapsto \sqrt{x}\,; \; x \geq 0]$ an.

Lösung: Die Funktion $x \mapsto \sqrt{x}$ ist an jeder positiven Stelle a des Definitionsbereichs, aber nicht an der Stelle 0, differenzierbar.

Die Ableitung an der Stelle a (a > 0) ist: $\dfrac{1}{2\sqrt{a}}$ (siehe Seite 52).

Die Ableitungsfunktion lautet: $f' = \left[x \mapsto \dfrac{1}{2\sqrt{x}}\,; \; x > 0\right]$.

Der Definitionsbereich von f' ist eine *echte* Untermenge des Definitionsbereichs von f.

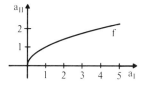 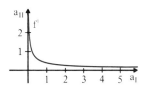

Zur Übung: **3**

Definition 2: Unter der **Ableitungsfunktion f'** der Ausgangsfunktion f (meist kurz **Ableitung f'** von f genannt), versteht man diejenige Funktion, die jeder Stelle x, an welcher f differenzierbar ist, die Ableitung von f an dieser Stelle zuordnet.

Das Bestimmen der Ableitungsfunktion f' einer Funktion f heißt **Differenzieren**.

Der Definitionsbereich von f' ist nach dieser Definition eine Untermenge des Definitionsbereichs von f.

Der Graph von f' stimmt mit der beim zeichnerischen Differenzieren erhaltenen Ableitungskurve überein.

Für die Ableitungsfunktion f' gilt:

$$f'(x) = \lim_{h \to 0} \frac{f(x+h) - f(x)}{h}$$

△ **Aufgabe 3:** *Veranschaulichung der Ableitungsfunktion*

△ Gegeben sei die Funktion $[x \mapsto x^2 - 2x; \; -2 \leq x \leq +4]$.

△ a) Zeichne den Graphen der Sekantensteigungsfunktion für die Stellen $-1; \; 0; \; +1; \; +2; \; +3; \; +4$ in dasselbe Koordinatensystem.

△ b) Zeichne anschließend den Graphen von f'.

4. Zeichne für die ganzzahligen Werte des Definitionsbereichs den Graphen der Sekantensteigungsfunktion. Zeichne anschließend den Graphen der Ableitungsfunktion durch Verbinden der Lücken.

△ a) $x \mapsto 2x^2$; $x \in [-3; 2]$
△ b) $x \mapsto x^3$; $x \in [-2; 3]$
△ c) $x \mapsto |x| \cdot x$; $x \in [-4; +4]$
△ d) $x \mapsto 4x + 7$; $x \in [-5; +5]$
△ e) $x \mapsto x^2 \cdot H(x)$; $x \in [-5; 3]$

5. Gib f', f'', f''' an.

a) $f(x) = x^2$ e) $f(x) = H(x)$

b) $f(x) = 2x^2$ f) $f(x) = x \cdot H(x)$

c) $f(x) = x$ g) $f(x) = x^2 \cdot H(x)$

d) $f(x) = x^2 + 2$ h) $f(x) = |x|$

6. Für f' gilt die Formel:

$$f'(x) = \lim_{h \to 0} \frac{f(x+h) - f(x)}{h}$$

Gib entsprechende Formeln für f'', f''' an.

7. Begründe:

△ a) Die Funktion $x \mapsto x$ ist an allen Stellen ihres Definitionsbereichs unendlich oft differenzierbar.

△ b) Die Funktion $x \mapsto H(x)$ ist nicht an allen Stellen ihres Definitionsbereiches einmal differenzierbar.

△ c) Die Funktion $x \mapsto x^2 \cdot H(x)$ ist an allen Stellen ihres Definitionsbereichs einmal differenzierbar. Sie ist aber nicht an allen Stellen ihres Definitionsbereiches zweimal differenzierbar.

△ d) Die Funktion $x \mapsto x^3 \cdot H(x)$ ist an allen Stellen ihres Definitionsbereichs zweimal differenzierbar. Sie ist aber nicht mehr an allen Stellen ihres Definitionsbereichs dreimal differenzierbar.

8. Gib weitere Funktionen an, die an allen Stellen ihres Definitionsbereichs unendlich oft differenzierbar sind.

9. Gib eine Funktion an, die an einer Stelle ihres Definitionsbereichs keinmal, an einer anderen Stelle einmal und sonst unendlich oft differenzierbar ist.

10. Gib eine Funktion an, die an einer Stelle ihres Definitionsbereichs einmal, an einer anderen Stelle zweimal und sonst unendlich oft differenzierbar ist.

11. Gegeben ist die Ableitungsfunktion f'. Versuche eine Ausgangsfunktion f anzugeben.

a) $f'(x) = 2x$ c) $f'(x) = 2x + 3x^2$

b) $f'(x) = 3x^2$ d) $f'(x) = \dfrac{1}{2\sqrt{x}}$

12. Zeichne ein Pfeildiagramm für die Relation *ist Ableitung von* auf der Menge $\{f_1, f_2, f_3, f_4, f_5\}$ von Funktionen mit

$f_1(x) = 2$; $f_2(x) = 4x + 5$; $f_3(x) = 0$;

$f_4(x) = 4$; $f_5(x) = 4x + 2$.

13. Es seien $f_1(x) = 2x + 3$, $f_2(x) = 2x + 5$,

$f_3(x) = x^2$, $f_4(x) = x^2 + 4$, $f_5(x) = \dfrac{1}{x}$.

Auf der Menge $F = \{f_1, f_2, f_3, f_4, f_5\}$ ist dann die Funktion D mit $D(f) = f'$ erklärt. D wird meist *Differentialoperator* genannt.

a) Gib einen möglichen Bildbereich für den Differentialoperator D an.

b) Gib den Wertebereich des Differentialoperators D an.

c) Zeichne ein Pfeildiagramm für D.

d) Gib den Differentialoperator D vollständig mit Zuordnungsvorschrift und Definitionsbereich an.

e) D wird zweimal [dreimal; viermal; ...] mit sich selbst verkettet. Wie lautet für diese Verkettung die Zuordnungsvorschrift?

14. Beweise folgende Sätze:

a) Wenn f' die Ableitungsfunktion von f ist, so ist f' auch Ableitungsfunktion der Funktion g mit $g(x) = f(x) + c$.

b) Es gibt unendlich viele Ausgangsfunktionen, welche dieselbe Ableitungsfunktion f' haben.

△ Lösung: Für die Stelle a gilt:

$$sk(x) = \frac{(x^2 - 2x) - (a^2 - 2a)}{x - a} = \frac{(x^2 - a^2) - 2(x - a)}{x - a}$$

$$= \frac{x^2 - a^2}{x - a} - \frac{2(x - a)}{x - a} = x + a - 2 \quad (\text{für } x \neq a)$$

a) Es entstehen also parallele Geradenstücke mit der Steigung 1 und Lücken an den jeweiligen Stellen.

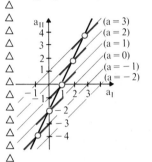

b) Den Graphen der Ableitungsfunktion erhält man, indem man die Lücken verbindet.
Der Grenzwert an der Stelle a lautet $a + a - 2$, also $2a - 2$. Für die Ableitungsfunktion f' gilt: $f'(x) = 2x - 2$.

Zur Übung: **4**

Aufgabe 4: *Zweite, dritte Ableitung einer Funktion*

Bilde von der Funktion f mit $f(x) = x^2$ die Ableitungsfunktion, von dieser wieder die Ableitungsfunktion und von dieser erneut die Ableitungsfunktion.

Lösung: $f'(x) = 2x$

Die Ableitungsfunktion von f' bezeichnet man mit f'' (kurz: *zweite Ableitung von f*).

In unserem Fall gilt:
$f''(x) = 2$ (siehe Übungsaufgabe **5**, Seite 61).

Die Ableitungsfunktion von f'' bezeichnet man mit f''' (kurz: dritte Ableitung von f). Es gilt:
$f'''(x) = 0$ (siehe Übungsaufgabe **5**, Seite 61).

> f'' (zweite Ableitung von f) ist die Ableitungsfunktion von f'.
> f''' (dritte Ableitung von f) ist die Ableitungsfunktion von f'' usw.

Zur Übung: **5** bis **10**
Weitere Übungen zu diesem Abschnitt: **11** bis **14**

62

5.4. Differenzierbarkeit und Stetigkeit

Aufgabe 1: *Zusammenhang zwischen Differenzierbarkeit und Stetigkeit*

Betrachte die folgenden Beispiele von Funktionen.
(1) $f(x) = H(x)$, $\quad a = 0$ (S. 55, Aufg. **2**b)
(2) $f(x) = [x]$, $\quad a = 1$ (S. 56, Übungsaufg. **9**l)
(3) $f(x) = [x]$, $\quad a \in \mathbb{Z}$ (S. 56, Übungsaufg. **9**m)
(4) $f(x) = H(x^2)$, $a = 0$ (S. 58, Übungsaufg. **4**p)

a) Stelle jeweils fest, ob die Funktion f an der Stelle a stetig ist und ob sie dort differenzierbar ist.
b) Formuliere als Vermutung einen Satz.

Lösung: a) Alle betrachteten Funktionen sind an der Stelle a unstetig. Sie sind dort nicht differenzierbar.
b) Wir können vermuten:

> Wenn die Funktion f an der Stelle a unstetig ist, dann ist sie dort auch nicht differenzierbar.

Diese Vermutung wird noch durch folgende Überlegung erhärtet: Wenn der Graph einer Funktion f an der Stelle a einen Sprung macht, d.h. wenn sie dort unstetig ist, dann kann nach unserem anschaulichen Tangentenverständnis dort auch keine Tangente vorhanden sein, d.h. die Funktion kann dort auch nicht differenzierbar sein.
Logisch gleichbedeutend mit der obigen Formulierung ist der folgende Satz. Er wird auch die *Kontraposition* der obigen Formulierung genannt.

> **Satz 1:** Wenn die Funktion f an der Stelle a differenzierbar ist, dann ist sie dort auch stetig.

Beweis: Wir müssen zeigen, daß $\lim_{x \to a} f(x) = f(a)$ gilt.

Zu dem Zweck berechnen wir zunächst f(x).

Es gilt: $sk(x) = \dfrac{f(x) - f(a)}{x - a}$ $\quad$ (für $x \neq a$)

Daraus folgt: $f(x) = f(a) + (x - a) \cdot sk(x)$ $\quad$ (für $x \neq a$)

Nach den Grenzwertsätzen für Funktionen folgt:

$\lim_{x \to a} f(x) = \lim_{x \to a} f(a) + \lim_{x \to a} (x - a) \cdot \lim_{x \to a} sk(x)$

Weil f differenzierbar ist, gilt: $\lim_{x \to a} sk(x) = f'(a)$

Ferner ist: $\lim_{x \to a} f(a) = f(a)$

$\lim_{x \to a} (x - a) = \lim_{x \to a} x - \lim_{x \to a} a = a - a = 0$

Also folgt: $\lim_{x \to a} f(x) = f(a) + 0 \cdot f'(a) = f(a)$

Übungen 5.4

1. Gib weitere Beispiele von Funktionen an, die an der Stelle a unstetig und folglich dort auch nicht differenzierbar sind.

2. a) Formuliere zu Satz **1** die Umkehrung.

   Beachte: Die Umkehrung erhält man, indem man Voraussetzung und Behauptung vertauscht.

   b) Zeige, daß diese Umkehrung von Satz **1** falsch ist. Verwende dazu als Gegenbeispiel die Funktion $x \mapsto |x^2 - 1|$ (siehe Seite 55, Aufgabe **2**).

   c) Suche weitere Gegenbeispiele.

3. Entscheide, welcher der folgenden Sätze wahr ist:

   (1) Die Menge der an der Stelle a differenzierbaren Funktionen ist eine echte Untermenge der Menge der an der Stelle a stetigen Funktionen.

   (2) Die Menge der an der Stelle a stetigen Funktionen ist Untermenge der Menge der an der Stelle a differenzierbaren Funktionen.

   (3) Die Menge der an der Stelle a differenzierbaren Funktionen ist Untermenge der Menge der an der Stelle a stetigen Funktionen.

4. Erkläre das folgende Mengendiagramm.

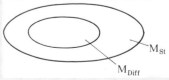

M_{St} = Menge der an der Stelle a stetigen Funktionen
M_{Diff} = Menge der an der Stelle a differenzierbaren Funktionen

5.5. Anwendung des Begriffs Ableitung in Naturwissenschaften und Statistik

Aufgabe 1: *Geschwindigkeit als Ableitung*

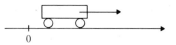

Bewegt sich ein Massenpunkt auf einer Geraden (Zahlengeraden), so gehört zu jedem Zeitpunkt t der Bewegung eine Stelle s(t), an der er sich gerade befindet.

Jedem Zeitpunkt t ist eine Wegstelle s(t) eindeutig zugeordnet. Die Bewegung kann also durch eine Weg-Zeit-Funktion $t \mapsto s(t)$ beschrieben werden.

t_0 sei ein fester Zeitpunkt. Er entspricht der Stelle a in unseren sonstigen Betrachtungen.

Beispiel: Freier Fall

Der Nullpunkt falle mit der Stelle des Bewegungsbeginns zusammen. Die positive Richtung zeige nach unten. Die Weg-Zeit-Funktion lautet dann $t \mapsto \frac{1}{2}gt^2$.
g heißt die Fallbeschleunigung.

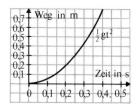

a) Deute $s(t) - s(t_0)$ und $\dfrac{s(t) - s(t_0)}{t - t_0}$.

b) Deute ebenfalls $\lim\limits_{t \to t_0} \dfrac{s(t) - s(t_0)}{t - t_0}$.

c) Wende die Überlegungen auf den freien Fall an.

Lösung: a) $s(t) - s(t_0)$ ist der im Zeitintervall $[t_0; t]$ effektiv zurückgelegte Weg; $\dfrac{s(t) - s(t_0)}{t - t_0}$ ist die *mittlere Geschwindigkeit* in diesem Zeitintervall.

b) Der Grenzwert $\lim\limits_{t \to t_0} \dfrac{s(t) - s(t_0)}{t - t_0}$, also die Ableitung der Weg-Zeit-Funktion an der Stelle t_0, heißt die *Momentangeschwindigkeit* zum Zeitpunkt t_0.

> Der Differenzenquotient $\dfrac{s(t) - s(t_0)}{t - t_0}$ der Weg-Zeit-Funktion gibt die mittlere Geschwindigkeit im Zeitintervall $[t_0; t]$ an.

Übungen 5.5

1. Deute die Begriffe *mittlere Geschwindigkeit im Zeitintervall* $[t_0; t]$ und *Momentangeschwindigkeit zum Zeitpunkt* t_0 am Graphen der Weg-Zeit-Funktion $t \mapsto s(t)$.

2. Gegeben sei die Weg-Zeit-Funktion $t \mapsto \frac{1}{2}gt^2$ des freien Falls.

a) Gib die mittlere Geschwindigkeit in den Zeitintervallen $[0; 1]$, $[1; 2]$, $[2; 3]$, $[3; 4]$ usw. an.

△ b) Zeige, daß diese mittleren Geschwindigkeiten eine arithmetische Folge bilden.

3. Für die Bewegung eines Körpers auf der schiefen Ebene gilt: $s(t) = \frac{1}{2}g \cdot \sin\alpha \cdot t^2$.

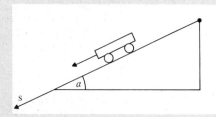

a) Gib die mittlere Geschwindigkeit im Zeitintervall $[t_0; t]$ an.

b) Gib die Momentangeschwindigkeit zum Zeitpunkt t_0 an.

c) Gib die Geschwindigkeits-Zeit-Funktion $\dot{s}$ an.

4. Zwei chemische Substanzen A und B seien gegeben. Es wird weiter vorausgesetzt, daß A und B zur Substanz C reagieren (d.h. A und B gehen in die Verbindung C über, oder anders ausgedrückt: n Moleküle der Substanz A verbinden sich mit jeweils p Molekülen der Substanz B zu einem neuen Molekül der Substanz C). Zum Zeitpunkt t sei von der Substanz A die Masse m(t) vorhanden.

a) Präzisiere die Begriffe *mittlere Reaktionsgeschwindigkeit im Zeitintervall* $[t; t+h]$ sowie *momentane Reaktionsgeschwindigkeit der Substanz A zum Zeitpunkt t*.

b) Deute beide Begriffe am Graphen der Funktion $t \mapsto m(t)$.

Die Ableitung der Weg-Zeit-Funktion (an der Stelle t_0) gibt die Momentangeschwindigkeit (zum Zeitpunkt t_0) an. Ist s die Weg-Zeit-Funktion, so wird die Ableitung häufig mit ṡ bezeichnet.

c) *(1) Mittlere Geschwindigkeit $\bar{v}$ im Intervall $[t_0; t]$:*

$$\bar{v} = \frac{\frac{1}{2}gt^2 - \frac{1}{2}gt_0^2}{t - t_0} = \frac{1}{2}g \cdot \frac{(t-t_0)(t+t_0)}{t-t_0}$$

$$\bar{v} = \frac{1}{2}g \cdot (t + t_0) \quad \text{(für } t \neq t_0)$$

(2) Momentangeschwindigkeit zum Zeitpunkt t_0:

$$\dot{s}(t_0) = v(t_0) = \lim_{t \to t_0}\left(\frac{1}{2}g \cdot (t+t_0)\right) = g \cdot t_0$$

Zur Übung: **1** bis **8**

Aufgabe 2: *Beschleunigung*

Bei einem frei fallenden Körper erhöht sich die Geschwindigkeit ständig. Man kann daher fragen, mit welcher *Geschwindigkeit* sich die Geschwindigkeit ihrerseits verändert. Man spricht von *Beschleunigung*.
Gegeben sei die Weg-Zeit-Funktion $t \mapsto s(t)$ eines sich bewegenden Massenpunktes. Die zugehörige Geschwindigkeits-Zeit-Funktion ist $t \mapsto \dot{s}(t)$. Statt $\dot{s}(t)$ schreiben wir $v(t)$.

a) Präzisiere die Begriffe *mittlere Beschleunigung im Intervall $[t; t+h]$* und *Beschleunigung zur Zeit t*.

b) In welcher Beziehung steht die Beschleunigung zum Zeitpunkt t zur Weg-Zeit-Funktion?

Lösung: a) $v(t+h) - v(t)$ ist die Änderung der Geschwindigkeit im Zeitintervall $[t; t+h]$.
Die mittlere Beschleunigung in diesem Zeitintervall beträgt dann $\dfrac{v(t+h)-v(t)}{h}$ und die Beschleunigung zum Zeitpunkt t ist $\lim\limits_{h \to 0} \dfrac{v(t+h)-v(t)}{h}$, also die Ableitung $v'(t)$. (Dafür schreibt man auch $\dot{v}(t)$.)

b) Die Beschleunigung ist die zweite Ableitung der Weg-Zeit-Funktion.

Die zweite Ableitung der Weg-Zeit-Funktion (an der Stelle t) gibt die Beschleunigung (zum Zeitpunkt t) an. Sie wird meist mit s̈ bezeichnet.

Zur Übung: **9** bis **11**

---

5. Ein Thermograph zeichnet über einen längeren Zeitraum zu jedem Zeitpunkt die Temperatur auf. Zum Zeitpunkt t sei die Temperatur $\vartheta(t)$ vorhanden. Dann zeichnet der Thermograph den Graphen der Funktion $t \mapsto \vartheta(t)$ auf. Deute die Ausdrücke:

$$\vartheta(t+h) - \vartheta(t), \quad \frac{\vartheta(t+h)-\vartheta(t)}{h} \quad \text{und } \vartheta'(t).$$

6. Ein Flüssigkeitsbehälter wird durch ein Ventil entleert. Zum Zeitpunkt t möge im Behälter die Masse $m(t)$ sein.
Präzisiere die Begriffe *mittlere Ausflußgeschwindigkeit in einem Zeitintervall* und *momentane Ausflußgeschwindigkeit zum Zeitpunkt t* und deute diese Begriffe am Graphen der Funktion $t \mapsto m(t)$.

7. Eine Bakterienkultur [ein Kapital; eine Pflanze] wächst mit der Zeit. Führe eine Funktion ein, die den Sachverhalt des Wachstums beschreibt, und präzisiere den Begriff der *Wachstumsgeschwindigkeit zum Zeitpunkt t*.

8. Guthaben bzw. Schulden auf einem Bankkonto können sich verändern. Führe eine Funktion ein, die den Sachverhalt beschreibt und präzisiere die Begriffe *mittlere und punktuelle Änderungsgeschwindigkeit des Kontostandes*.

9. Präzisiere die angegebenen Begriffe.

a) Reaktionsbeschleunigung bei der Substanz A zum Zeitpunkt t (siehe Übungsaufgabe **4**).

b) Beschleunigung der Temperaturänderung zum Zeitpunkt t (siehe Übungsaufgabe **5**).

c) Ausflußbeschleunigung zum Zeitpunkt t (siehe Übungsaufgabe **6**).

d) Wachstumsbeschleunigung zum Zeitpunkt t (siehe Übungsaufgabe **7**).

10. a) Gib die mittlere Beschleunigung im Zeitintervall $[t; t+h]$ der Weg-Zeit-Funktionen von Übungsaufgabe **2** bzw. **3** an.

b) Gib auch die Momentanbeschleunigung zum Zeitpunkt t_0 an.

11. In Verkehrsflugzeugen sind Geräte eingebaut, welche die Höhenbeschleunigung bzw. die richtungskonstante Horizontalbeschleunigung des Flugzeuges registrieren.

a) Präzisiere beide Begriffe.

b) Das Bild zeigt den Graphen der Höhenbeschleunigungsfunktion. Zeichne darunter (qualitativ) den Graphen der Höhengeschwindigkeitszeitfunktion und darunter (ebenfalls qualitativ) den Graphen der Höhe-Zeit-Funktion des Flugzeuges. Wir können dabei davon ausgehen, daß das Flugzeug zum Zeitpunkt 0 startet und zu diesem Zeitpunkt die Geschwindigkeit 0 beträgt.

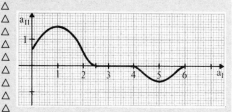

c) Das Bild zeigt den Graphen einer (richtungskonstanten) Horizontalbeschleunigungs-Zeit-Funktion. Zeichne darunter (qualitativ) den Graphen der (richtungskonstanten) Horizontal-Geschwindigkeits-Zeit-Funktion und der (richtungskonstanten) Horizontal-Weg-Zeit-Funktion.

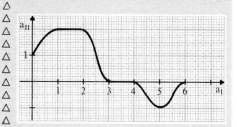

d) Die im Flugzeug eingebauten Geräte haben den Zweck, das Datenmaterial für die Positionsbestimmung des Flugzeuges zu liefern. Überlege, wie viele Geräte man dazu benötigt, und wie das Verfahren im Prinzip abläuft.

Anleitung: Zur Festlegung der Position eines Flugzeuges benötigt man drei Koordinaten. Eine dieser Koordinaten ist die Höhe des Flugzeuges, die beiden anderen werden durch ein Koordinatensystem in der Horizontalebene festgelegt. Für die hier durchgeführten prinzipiellen Überlegungen lassen wir die Kugelgestalt der Erde außer acht. Siehe auch die ergänzende Information auf der folgenden Seite oben.

Aufgabe 3: *Temperaturgefälle*

Bekanntlich nimmt die Temperatur der Luft im großen und ganzen mit der Höhe vom Erdboden ab.

Zu jeder Höhe x über einem bestimmten Ort der Erdoberfläche gehört eine bestimmte Temperatur $\vartheta(x)$, $x \mapsto \vartheta(x)$ ist eine Funktion. Ihr Graph geht bergab, weil die Temperatur mit der Höhe abnimmt, d.h. die Funktion $x \mapsto \vartheta(x)$ ist monoton fallend.

Beispiel des Graphen einer solchen Funktion:

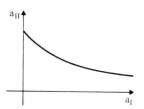

a) Wie groß ist der Temperaturunterschied zwischen den Höhen x und x + h?

b) Wie groß ist das mittlere Temperaturgefälle zwischen den Höhen x und x + h?

c) Wie ist das (punktuelle) Temperaturgefälle in einer bestimmten Höhe x zu definieren?

d) Deute das mittlere Temperaturgefälle im Intervall [x; x + h] und das punktuelle Temperaturgefälle in der Höhe x geometrisch am Graphen der Funktion.

Lösung: a) Der Temperaturunterschied zwischen den Höhen x und x + h beträgt $\vartheta(x + h) - \vartheta(x)$. Diese Differenz ist negativ, weil die Funktion monoton fallend ist.

b) Das mittlere Temperaturgefälle wird durch den Differenzenquotienten $\dfrac{\vartheta(x + h) - \vartheta(x)}{h}$ beschrieben.

Begründung: Wenn sich die Temperaturdifferenz bei gleichem h verdoppelt (verdreifacht, ...), so verdoppelt (verdreifacht, ...) sich offensichtlich auch das mittlere Temperaturgefälle.

Daher steht $\vartheta(x + h) - \vartheta(x)$ im Zähler.

Wenn sich die Höhendifferenz h bei gleichbleibender Temperaturdifferenz verdoppelt (verdreifacht, ...), so wird das mittlere Temperaturgefälle auf die Hälfte (ein Drittel, ...) zurückgehen.
Deshalb steht h im Nenner.

c) Das (punktuelle) Temperaturgefälle in einer bestimmten Höhe x ist dann sinnvoll als der folgende Grenzwert zu definieren:

$$\vartheta'(x) = \lim_{h \to 0} \frac{\vartheta(x + h) - \vartheta(x)}{h}$$

d) Das mittlere Temperaturgefälle ist die Steigung der Sekante durch die Punkte $A = p(x; \vartheta(x))$ und $B = p(x + h; \vartheta(x + h))$, das punktuelle Temperaturgefälle ist die Steigung der Tangente im Punkt A.

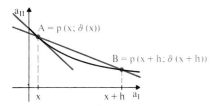

Zur Übung: **12** bis **14**

Aufgabe 4: *Dichte eines Gases*

In einem lotrechten langen Rohr vom Querschnitt q befinde sich ein schweres Gas, das naturgemäß im unteren Teil des Rohres „dichter" als im oberen ist, weil es sich selbst durch sein eigenes Gewicht zusammenpreßt. Präzisiere den Begriff der *Dichte* des Gases in einer bestimmten Tiefe x.

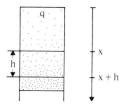

Lösung: Die Dichte eines homogenen Körpers ist definiert als Quotient aus Masse und Volumen des Körpers. Die Aufgabe verfolgt die Erweiterung des Begriffs der Dichte auf einen nicht homogenen Körper. Nun gehört zu jeder Tiefe x eine bestimmte Masse des Gases bis zu dieser Tiefe. Wir bezeichnen diese Funktion mit m.

Dann ist: $m(x) =$ Masse des Gases bis zur Tiefe x

Offensichtlich ist die Funktion m monoton wachsend, weil mit jeder Vergrößerung der Tiefe Masse hinzukommt. Die zwischen der Tiefe x und der Tiefe $x + h$ befindliche Gasmasse beträgt $m(x + h) - m(x)$. Sie nimmt das Volumen $q \cdot h$ ein. Die mittlere Dichte dieser Gasmasse beträgt also $\dfrac{m(x + h) - m(x)}{q \cdot h}$. Offensichtlich ist es sinnvoll, unter der Dichte des Gases in der Tiefe x den Grenzwert $\lim\limits_{h \to 0} \dfrac{m(x + h) - m(x)}{q \cdot h}$ zu verstehen.

Nun ist der Querschnitt q konstant. Deshalb gilt für die Dichte in der Tiefe x:

$$\lim_{h \to 0} \frac{m(x + h) - m(x)}{q \cdot h} = \frac{1}{q} \cdot \lim_{h \to 0} \frac{m(x + h) - m(x)}{h} = \frac{1}{q} \cdot m'(x)$$

△ *Ergänzende Information zu Übungsaufgabe 11:*
△ Der Übergang von der Beschleunigungs-Zeit-
△ Funktion zur Geschwindigkeits-Zeit-Funk-
△ tion und weiter zur Weg-Zeit-Funktion wurde
△ hier nur qualitativ graphisch durchgeführt. Im
△ Flugzeug wird er quantitativ in sogenannten
△ Integratoren vorgenommen. Wir lernen solche
△ quantitativen Methoden in der Integralrech-
△ nung kennen.
△ Die Genauigkeit der Geräte in den neuen
△ Jumbo-Jets ist selbst bei Flügen über Tausen-
△ de von Kilometern erstaunlich hoch. Die Ab-
△ weichung beträgt nur wenige Kilometer.

12. Der Luftdruck nimmt mit der Höhe ab. Zu jeder Höhe h gehört ein bestimmter Luftdruck p(h).

Deute: $p(h) - p(h_0)$, $\dfrac{p(h) - p(h_0)}{h - h_0}$ und $p'(h_0)$.

13. Die Orte A und B sind durch eine gerade Linie verbunden. Zu jeder Stelle s der Verbindungslinie gehört ein bestimmter Luftdruck p(s) [eine bestimmte Temperatur $\vartheta(s)$].

Präzisiere die Begriffe *mittleres Luftdruckgefälle* und *punktuelles Luftdruckgefälle* [*mittleres Temperaturgefälle* und *punktuelles Temperaturgefälle*]. Deute auch die Begriffe am Graphen der betreffenden Funktion.

14. Wenn Licht in ein Medium wie z.B. Wasser eindringt, dann verliert es, je weiter es darin eindringt, an Intensität. I(x) sei die Intensität des Lichtes in der Tiefe x.

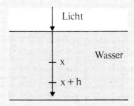

Deute die Ausdrücke

$\dfrac{I(x + h) - I(x)}{h}$ und $I'(x)$.

15. *Verkehrsdichte zum Zeitpunkt t:*

a) An einer bestimmten Stelle der Autobahn wird den ganzen Tag über registriert, wie viele Autos von Tagesbeginn an bis zum Zeitpunkt t die Autobahn passiert haben. Präzisiere die Begriffe *mittlere zeitliche Verkehrsdichte zwischen zwei Zeitpunkten* und *(zeitliche) Verkehrsdichte zum Zeitpunkt t.*

b) Das Bild gibt qualitativ die Registrierung der Autozahlen wieder.

Warum ist die zugehörige Funktion monoton steigend? Warum beginnt der Graph im Punkt P=p(0;0)? Warum kann der Graph keinen Hochpunkt oder Tiefpunkt haben? Könnte ein Sattelpunkt vorhanden sein? Gibt es Wendepunkte? Welche Bedeutung haben diese für die Verkehrsdichte zum Zeitpunkt t? Versuche eine Begründung für den Verlauf des Graphen anzugeben. Zeichne darunter (qualitativ) den Graphen, der die Verkehrsdichte zum Zeitpunkt t beschreibt.

16. *Altersmäßige Dichte der Bewohner einer Stadt:*
Die Tabelle gibt die altersmäßige Zusammensetzung einer Mittelstadt an. Hierbei bedeutet: A(x)= Anzahl der Personen, die höchstens x Jahre alt sind.
Die Tabelle kann als Ausschnitt aus der Wertetabelle einer Funktion A = [x↦A(x)] angesehen werden.

x	20	40	60	80	90	100
A(x)	11148	16015	17984	18954	19024	19027

a) Zeichne den Graphen der Funktion.

b) Es gilt angenähert $A(x) = \dfrac{20000 \cdot x^2}{400 + x^2}$.
Wie groß ist der absolute [prozentuale] Fehler gegenüber den Werten der Tabelle?

c) Gib die Anzahl der Einwohner mit Hilfe des allgemeinen Terms A(x) an, die älter als x Jahre aber höchstens x + h Jahre sind.

d) Gib die mittlere Anzahl der Einwohner, die älter als x Jahre, aber höchstens x + h Jahre alt sind, pro Jahrgang an. Wie ist der Grenzwert für h gegen 0 zu deuten?

e) Zeichne (qualitativ) die Ableitungskurve.

Aufgabe 5: *Punktuelle Verkehrsdichte*

Zur Festlegung des Begriffs *Verkehrsdichte an einer Stelle der Autobahn* denken wir uns zu einem bestimmten Zeitpunkt die Anzahl der Autos bestimmt, die sich vom Beginn der Autobahn bis zur Stelle x auf der Autobahn befinden. Diese Anzahl bezeichnen wir mit V(x). x↦V(x) ist dann eine Funktion. Wir betrachten ein Autobahnstück ohne Abfahrten.

a) Bestimme die Anzahl der Autos, die sich zwischen den Stellen x und x + h befinden.

b) Bestimme die durchschnittliche Verkehrsdichte (Anzahl der Autos pro Längeneinheit) zwischen den Stellen x und x + h.

c) Wie ist die *punktuelle Verkehrsdichte* an der Stelle x zu definieren?

Lösung: a) Zwischen den Stellen x und x + h befinden sich V(x + h) − V(x) Autos.

b) Die durchschnittliche Verkehrsdichte zwischen den Stellen x und x + h beträgt $\dfrac{V(x + h) - V(x)}{h}$.

c) Der Grenzwert der durchschnittlichen Verkehrsdichte zwischen den Punkten x und x + h für h→0 ist die punktuelle Verkehrsdichte an der Stelle x. Die Ableitung von x↦V(x) an der Stelle x lautet:

$$V'(x) = \lim_{h \to 0} \frac{V(x + h) - V(x)}{h}$$

Zur Übung: **15** und **16**

Rückblick auf die Anwendungen

Die bisher besprochenen Beispiele zeigen, daß eine Reihe von Begriffen aus der Physik, der Statistik usw. durch den Begriff der Ableitung ihre Präzisierung erfahren. In allen Beispielen geht die Differenzierbarkeit der Funktion als Voraussetzung mit ein. Dies ist eine Annahme (Hypothese), die man bei fast allen Anwendungen macht.

In einigen Beispielen haben wir dabei stillschweigend eine Idealisierung vorgenommen, z.B. bei den Beispielen über die Verkehrsdichte, indem wir bei der betreffenden Funktion so getan haben, als ob sie nicht nur natürliche Zahlen (Anzahlen) als Funktionswerte annimmt, sondern in stetiger Weise auch Zwischenwerte. Diese Idealisierung ist notwendig, weil sonst die Begriffe der Differentialrechnung nicht eingesetzt werden könnten.

6. Ableitungsregeln

Die Bestimmung der Ableitungsfunktion f' einer gegebenen Funktion f ist nach den bisherigen Verfahren, die wir kennengelernt haben, sehr mühsam.
Unser Ziel ist daher, einfache Regeln herzuleiten, mit deren Hilfe sofort die Ableitungsfunktion angegeben werden kann.

6.1. Die Ableitung der Potenzfunktionen

Aufgabe 1: *Formel für die Ableitung der Potenzfunktionen*

a) Stelle in einer Tabelle die Potenzfunktionen

$x \mapsto x$, $x \mapsto x^2$, $x \mapsto x^3$, $x \mapsto x^4$

und ihre Ableitungen gegenüber.

b) Versuche eine Regel für die Bildung der Ableitung bei Potenzfunktionen zu entdecken.

c) Bilde nach dieser Regel die Ableitungen von

$x \mapsto x^5$, $x \mapsto x^8$, $x \mapsto x^{10}$, $x \mapsto x^{15}$.

d) Für die Ableitung einer Potenzfunktion f gilt $f'(x) = 6x^5$.
Wie heißt die Funktion f?

Lösung: a)

f(x)	x	x^2	x^3	x^4
f'(x)	1	2x	$3x^2$	$4x^4$
vergleiche	S. 54/55	S. 47	S. 50	S. 57

b) Man erkennt:

> **Satz 1:** *Regel über die Ableitung der Potenzfunktionen*
> Die Potenzfunktion $x \mapsto x^n$ $(n \in \mathbb{N})$ hat als Ableitungsfunktion $x \mapsto n \cdot x^{n-1}$,
> *kurz:* Wenn $f(x) = x^n$, dann $f'(x) = n \cdot x^{n-1}$.

c)

f(x)	x^5	$x^8 \cdot$	x^{10}	x^{15}
f'(x)	$5 \cdot x^4$	$8 \cdot x^7$	$10 \cdot x^9$	$15 \cdot x^{14}$

d) Es gilt $f(x) = x^6$.

Zur Übung: **1** und **2**

Übungen 6.1

1. Wende die Regel über die Ableitung der Potenzfunktionen f an. Gib an, wie groß n jeweils ist.

   a) $f(x) = x^7$ e) $f(x) = x^{p+1}$

   b) $f(x) = x^{12}$ f) $f(x) = x^{q-2}$

   c) $f(x) = x^{29}$ g) $f(x) = x^{m+3}$

   d) $f(x) = x^{15}$ h) $f(x) = x^{2n-1}$

2. Die Ableitung f' einer Potenzfunktion f ist angegeben. Bestimme f mit Hilfe der Regel.

   a) $f'(x) = 14x^{13}$ e) $f'(x) = px^{p-1}$

   b) $f'(x) = 7x^6$ f) $f'(x) = (m-1)x^{m-2}$

   c) $f'(x) = 9x^8$ g) $f'(x) = (s-2)x^{s-3}$

   d) $f'(x) = 6x^5$ h) $f'(x) = (2n-4)x^{2n-5}$

3. Beweise die Ableitungsregel für Potenzfunktionen für $n=5$ [$n=6$; $n=7$].

4. Untersuche, ob die Ableitungsregel für Potenzfunktionen auch für die Exponenten $n=0$, $n=-1$ und $n=\frac{1}{2}$ gilt.

5. Führe den Beweis der Ableitungsregel für Potenzfunktionen unter Verwendung der Koordinatendifferenz h durch.

   Anleitung: Begründe, daß sich beim Ausrechnen von $(x+h)^n$ ein Ausdruck folgender Gestalt ergibt: $x^n + h \cdot nx^{n-1} + h^2 \cdot (\ldots)$.

6. Bestimme die Steigung der Tangente im Punkt P an den Graphen der Funktion f.

a) $f(x) = x^2$; $P = p(1; y)$

b) $f(x) = x^3$; $P = p(2; y)$

c) $f(x) = x^4$; $P = p(-1; y)$

d) $f(x) = x^5$; $P = p(-2; y)$

e) $f(x) = x^6$; $P = p(-3; y)$

f) $f(x) = x^7$; $P = p(0; y)$

7. Im Punkt P ist die Tangente an den Graphen der Funktion f gezeichnet. Wie lautet die Gleichung der Tangente in Normalform?

a) $f(x) = x^2$; $P = p(1,5; y)$

b) $f(x) = x^8$; $P = p(1; y)$

c) $f(x) = x^{10}$; $P = p(-1; y)$

d) $f(x) = x^5$; $P = p(-2; y)$

8. In welchem Punkt hat die Tangente an den Graphen von f den Steigungswinkel α?

a) $f(x) = x^4$; $\alpha = 45°$

b) $f(x) = x^5$; $\alpha = 30°$

c) $f(x) = x^7$; $\alpha = 60°$

d) $f(x) = x^6$; $\alpha = 45°$

e) $f(x) = x^2$; $\alpha = 135°$

f) $f(x) = x^8$; $\alpha = 120°$

9. Durch die Punkte P und S ist eine Sekante des Graphen von f gezeichnet. Zu der Sekante ist eine parallele Tangente gezeichnet. Berechne den Berührpunkt.

a) $f(x) = x^2$; $P = p(1; y)$; $S = p(3; y)$

b) $f(x) = x^3$; $P = p(-1; y)$; $S = p(0; y)$

c) $f(x) = x^5$; $P = p(2; y)$; $S = p(4; y)$

d) $f(x) = x^4$; $P = p(-3; y)$; $S = p(+1; y)$

10. In welchem Punkt schneiden sich die Tangenten an den Graphen der Funktion f in den Punkten P_1 und P_2?

a) $f(x) = x^2$; $P_1 = p(1; y)$; $P_2 = p(2; y)$

b) $f(x) = x^5$; $P_1 = p(3; y)$; $P_2 = (-2; y)$

Aufgabe 2: *Beweis der Ableitungsregel für Potenzfunktionen*

Beweise die Ableitungsregel für Potenzfunktionen.

Lösung: *(1) Steigung* $sk(x)$ *der Sekante durch P und S*

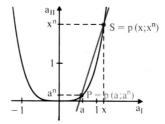

$$sk(x) = \frac{x^n - a^n}{x - a}$$

für $x \neq a$

Wir dividieren den Zähler durch den Nenner:

$$(x^n - a^n) : (x - a) = x^{n-1} + x^{n-2} \cdot a + x^{n-3} \cdot a^2 + \ldots + x \cdot a^{n-2} + a^{n-1}$$

$$
\begin{array}{l}
\underline{-(x^n - x^{n-1} \cdot a)} \\
\quad x^{n-1} \cdot a - a^n \\
\quad \underline{-(x^{n-1} \cdot a - x^{n-2} \cdot a^2)} \\
\qquad x^{n-2} \cdot a^2 - a^n \\
\qquad \underline{-(x^{n-2} \cdot a^2 - x^{n-3} \cdot a^3)} \\
\qquad\quad x^{n-3} \cdot a^3 - a^n \\
\qquad\qquad \vdots \\
\qquad\qquad -(x^2 \cdot a^{n-2} - x \cdot a^{n-1}) \\
\qquad\qquad\quad x \cdot a^{n-1} - a^n \\
\qquad\qquad\quad \underline{-(x \cdot a^{n-1} - a^n)} \\
\qquad\qquad\qquad\qquad 0
\end{array}
$$

Für die einzelnen Produkte in der entstandenen Summe gilt, daß die Summe der Exponenten jeweils $n-1$ ist. Es treten insgesamt n Produkte auf (x^{n-1} und a^{n-1} mitgerechnet).

(2) Steigung der Tangente im Punkt P

$$f'(a) = \lim_{x \to a} sk(x)$$

Wir berechnen den Grenzwert nach den Grenzwertsätzen für Funktionen. Es gilt:

$$f'(a) = \lim_{x \to a} x^{n-1} + a \cdot \lim_{x \to a} x^{n-2} + \ldots + a^{n-2} \cdot \lim_{x \to a} x + a^{n-1}$$

$$= a^{n-1} + a \cdot a^{n-2} + \ldots + a^{n-2} \cdot a + a^{n-1}$$

$$= a^{n-1} + a^{n-1} + \ldots + a^{n-1}$$

$$= n \cdot a^{n-1}$$

Für die Ableitungsfunktion f' gilt also:

$$f'(x) = n x^{n-1}$$

Anmerkung: Zu einem weiteren Beweis mittels vollständiger Induktion siehe Übungsaufgabe **9** (Seite 77).

Zur Übung: **3** bis **5**
Anwendungen: **6** bis **10**

6.2. Faktor-, Summen- und Differenzregel

Aufgabe 1: *Faktorregel*

a) Wir wissen: Die Funktion $x \mapsto x^2$ ist differenzierbar. Ist dann auch $x \mapsto 3x^2$ differenzierbar? Wie heißt die Ableitungsfunktion?

b) Prüfe das in Teilaufgabe a) erhaltene Ergebnis an weiteren Beispielen und formuliere eine Regel.

Lösung: a) Auch die Funktion $x \mapsto 3x^2$ ist differenzierbar, denn es gilt für die Steigung m der Tangente an der Stelle x:

$$m = \lim_{h \to 0} \frac{3(x+h)^2 - 3x^2}{h}$$

$$= \lim_{h \to 0} 3 \cdot \frac{(x+h)^2 - x^2}{h}$$

$$= \lim_{h \to 0} 3 \cdot (2x + h)$$

$$= \lim_{h \to 0} (3 \cdot 2x + 3h) = 3 \cdot 2x$$

Die Ableitungsfunktion heißt $x \mapsto 3 \cdot 2x$.
Der Faktor 3 bleibt beim Übergang zur Ableitung erhalten.

b) Auch weitere Beispiele bestätigen das Resultat, daß ein konstanter Faktor beim Übergang zur Ableitung (beim Differenzieren) erhalten bleibt.
(Siehe Beispiel Seite 50, Übungsaufgabe **4**a); Seite 52, Übungsaufgabe **18**d), usw.)

Wir erhalten die Regel:

Satz 2: *Faktorregel*

Wenn die Funktion u an der Stelle a differenzierbar ist, dann ist auch die Funktion f mit $f(x) = k \cdot u(x)$ an der Stelle a differenzierbar, und es gilt:

$f'(a) = k \cdot u'(a) \quad (k \in \mathbb{R})$

Ein konstanter Faktor bleibt beim Differenzieren erhalten.

Wir schreiben kurz: $(k \cdot u)' = k \cdot u'$

Zur Übung: **1** bis **5**

Aufgabe 2: *Anwenden der Faktorregel*
Differenziere die Funktion f mit $f(x) = 8x^4$ nach der Faktorregel.

Lösung: Es ist $k = 8$, $u(x) = x^4$ und $u'(x) = 4x^3$.
Also folgt: $f'(x) = 8 \cdot u'(x) = 8 \cdot 4x^3 = 32x^3$

Übungen 6.2

1. Bestätige die Gültigkeit der Faktorregel.

a) $x \mapsto 2x^3$

b) $x \mapsto 7x^5$

c) $x \mapsto \frac{1}{2}x^4$

d) $x \mapsto 1{,}5x^2$

e) $x \mapsto 3 \cdot \dfrac{1}{x}$

f) $x \mapsto 2 \cdot \sqrt{x}$

2. Differenziere die Funktion f nach der Faktorregel.

a) $f(x) = 3x^5$

b) $f(x) = 7x^9$

c) $f(x) = \frac{1}{8}x^5$

d) $f(x) = \frac{1}{10}x^6$

e) $f(x) = \sqrt{2} \cdot x^4$

f) $f(x) = \frac{3}{4}x^8$

g) $f(x) = 7 \cdot \dfrac{1}{x}$

h) $f(x) = \frac{1}{3}\sqrt{x}$

i) $f(x) = \frac{1}{6}x$

j) $f(x) = \frac{2}{3}x^3$

3. Gegeben ist die Ableitungsfunktion f′. Suche eine Ausgangsfunktion f. Überprüfe mit der Faktorregel.

a) $f'(x) = 4x^3$

b) $f'(x) = x^4$

c) $f'(x) = x^7$

d) $f'(x) = x^9$

e) $f'(x) = 3x^5$

f) $f'(x) = 7x^8$

g) $f'(x) = 4x^6$

h) $f'(x) = 2x^7$

i) $f'(x) = 3x^2$

j) $f'(x) = x^n$

4. Bestimme die höheren Ableitungen f′, f″, f‴, f^{IV},... Gib so viele an, bis eine überall den Wert 0 hat.

a) $f(x) = x^4$

b) $f(x) = x^6$

c) $f(x) = x^8$

d) $f(x) = 10x^5$

e) $f(x) = \frac{1}{20}x^6$

f) $f(x) = \frac{1}{56}x^8$

g) $f(x) = \frac{1}{3}x^7$

5. Bestimme die höheren Ableitungen f′, f″, f‴, f^{IV},... der Funktion f mit $f(x) = x^n$. Gib die k-te Ableitung $f^{(k)}$ an. Die wievielte Ableitung hat überall einen konstanten Wert? Gib diesen an.

Aufgabe 3: *Beweis der Faktorregel*

Gib einen Beweis der Faktorregel an:

a) durch Betrachtung der Tangenten und ihrer Steigungen bei den Funktionen u und f an der Stelle a;

b) durch Rechnung unter Verwendung der Grenzwertsätze für Funktionen.

Lösung: a) Der Graph der Funktion f mit $f(x) = k \cdot u(x)$ geht aus dem der Funktion u durch Streckung parallel zur Achse a_{II} mit dem Faktor k hervor.

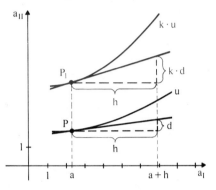

Dabei geht die Tangente im Punkt P über in die Tangente im Punkt P_1.

Da die Längen der Strecken parallel zur Achse a_{II} auch mit dem Faktor k multipliziert werden, ist die senkrechte Kathete im Steigungsdreieck bei P_1 k-mal so lang wie die entsprechende Kathete im Steigungsdreieck bei P. Es gilt daher:

$$f'(a) = \frac{k \cdot d}{h} = k \cdot \frac{d}{h}$$
$$= k \cdot u'(a)$$

b) $f'(a) = \lim\limits_{h \to 0} \dfrac{f(a+h) - f(a)}{h}$

$\qquad = \lim\limits_{h \to 0} \dfrac{k \cdot u(a+h) - k \cdot u(a)}{h}$

$\qquad = \lim\limits_{h \to 0} k \cdot \dfrac{u(a+h) - u(a)}{h}$

$\qquad = k \cdot \lim\limits_{h \to 0} \dfrac{u(a+h) - u(a)}{h}$

$\qquad = k \cdot u'(a)$

Zusammenfassend erhalten wir:

$f'(a) = k \cdot u'(a)$

Zur Übung: **6** und **7**

Aufgabe 4: *Summenregel*

a) Wir wissen: Die Funktionen $x \mapsto x^3$ und $x \mapsto x^2$ sind differenzierbar. Ist dann auch die Summenfunktion $x \mapsto x^3 + x^2$ differenzierbar? Wie heißt die Ableitungsfunktion?

b) Prüfe das in Teilaufgabe a) erhaltene Ergebnis an weiteren Beispielen und formuliere eine Regel.

Lösung: a) Auch die Summenfunktion $x \mapsto x^3 + x^2$ ist differenzierbar, denn es gilt:

$$m = \lim_{h \to 0} \frac{[(x+h)^3 + (x+h)^2] - [x^3 + x^2]}{h}$$

$$= \lim_{h \to 0} \frac{x^3 + 3x^2h + 3xh^2 + h^3 + x^2 + 2xh + h^2 - x^3 - x^2}{h}$$

$$= \lim_{h \to 0} (3x^2 + 2x + 3xh + h^2 + h) = 3x^2 + 2x$$

Die Ableitungsfunktion lautet: $x \mapsto 3x^2 + 2x$.

Beim Übergang zur Ableitung der Summenfunktion bildet man gliedweise die Ableitung (gliedweises Differenzieren).

b) Auch weitere Beispiele bestätigen das Ergebnis, daß eine Summe gliedweise differenziert wird (siehe z.B. Seite 52, Übungsaufgabe **12**c), d), e)).

Satz 3: *Summenregel*

Die Funktionen u und v seien in einem gemeinsamen Intervall definiert, das die Stelle a enthält. An dieser Stelle seien sie differenzierbar. Dann ist auch die Funktion f mit $f(x) = u(x) + v(x)$ an der Stelle a differenzierbar, und es gilt:

$f'(a) = u'(a) + v'(a)$

Eine Summe wird gliedweise differenziert.

Wir schreiben kurz:

$(u + v)' = u' + v'$

Aufgabe 5: *Anwenden der Summenregel*

Differenziere die Funktion f mit $f(x) = x^5 + x^7$ nach der Summenregel.

Lösung: Es ist $u(x) = x^5$, $v(x) = x^7$, also $u'(x) = 5x^4$ und $v'(x) = 7x^6$. Dann folgt:

$f'(x) = u'(x) + v'(x) = 5x^4 + 7x^6$

Zur Übung: **8** bis **12**

---

6. Zeichne den Graphen der beiden Funktionen
△ und die Tangenten in den Punkten P_1 bzw. P_2.
△ Vergleiche die Steigungen der Tangenten.

△ a) $x \mapsto x^2$; $P_1 = p(2; y)$
△ $x \mapsto 1{,}5x^2$; $P_2 = p(2; y)$
△
△ b) $x \mapsto x^3$; $P_1 = p(-1; y)$
△ $x \mapsto 2x^3$; $P_2 = p(-1; y)$

7. Gegeben sei die Stelle a und die beiden Funk-
△ tionen $x \mapsto f(x)$ und $x \mapsto k \cdot f(x)$. Stelle für jede
△ der beiden Funktionen zur Stelle a jeweils die
△ Sekantensteigungsfunktion auf und zeichne
△ ihren Graphen. Vergleiche die Lückenwerte.

△ a) $f(x) = x^2$; $k = 1{,}5$; $a = 1$
△ b) $f(x) = x^4$; $k = 0{,}5$; $a = 1$

8. Bestätige die Gültigkeit der Summenregel an den folgenden Beispielen.

a) $x \mapsto x + 4$

b) $x \mapsto x^3 + x$

c) $x \mapsto x^2 + x^4$

d) $x \mapsto 2x^2 + 3x$

9. Differenziere die Funktion f nach der Summenregel.

a) $f(x) = x^5 + x^8$

b) $f(x) = x^3 + x^4$

c) $f(x) = x^9 + x^5$

d) $f(x) = x^{10} + 2x$

e) $f(x) = 2x^2 + 3x$

f) $f(x) = \frac{1}{8}x^5 + \frac{1}{3}x^3$

g) $f(x) = 2x^4 + 7x^2 + 5x$

h) $f(x) = 4x^5 + 2x^2 + 8x$

i) $f(x) = 3x^2 + 9x + 2$

j) $f(x) = 8x^4 + 12x^3 + 4x^2$

k) $f(x) = 9x^5 + 2x^4 + 10x^2 + 8x$

l) $f(x) = 4x^6 + 2x^3 + 9x^2 + 18x + 2$

m) $f(x) = 9x^4 + \frac{1}{3}x^3 + \frac{1}{2}x^2 + 2x + 8$

n) $f(x) = 9x^6 + \frac{1}{5}x^5 + \frac{1}{8}x^4 + \frac{1}{2}x^2 + 3x$

o) $f(x) = x + \dfrac{1}{x}$

p) $f(x) = x^2 + \sqrt{x}$

q) $f(x) = \dfrac{3}{x} + 2\sqrt{x}$

10. Zeige, daß man mit Hilfe der Faktor- und der Summenregel jede ganzrationale Funktion differenzieren kann.
Gib die Ableitung f' von f an.

$$f(x) = a_n x^n + a_{n-1} x^{n-1} + \ldots + a_2 x^2 + a_1 x + a_0$$

11. Gib die erste, zweite und dritte Ableitung an.

a) $f(x) = 3x^4 + 2x^2$

b) $f(x) = 5x^6 + 7x^3$

c) $f(x) = 2x^7 + 9x^3$

d) $f(x) = 3x^2 + 8x + 5$

e) $f(x) = 4x + 5$

f) $f(x) = 5x^4 + 8x^3 + x$

g) $f(x) = \frac{1}{24}x^4 + \frac{1}{6}x^3 + \frac{1}{2}x + x$

h) $f(x) = \frac{1}{15}x^5 + \frac{1}{12}x^4 + \frac{1}{2}x + 8$

i) $f(x) = \frac{5}{36}x^6 + \frac{11}{18}x^3 + \frac{7}{16}x^2 + \frac{2}{3}$

j) $f(x) = \frac{2}{21}x^7 + \frac{4}{5}x^5 + \frac{9}{20}x^4 + \frac{1}{5}$

k) $f(x) = \frac{4}{39}x^{13} + \frac{5}{22}x^{11} + \frac{8}{27}x^9 + \frac{7}{24}x^8$

12. Gegeben ist die Ableitungsfunktion f'. Gesucht ist eine Ausgangsfunktion f.

a) $f'(x) = 3x^2 + 2x$

b) $f'(x) = 4x^3 + 7x^6$

c) $f'(x) = 9x^8 + 6x^5 + 8$

d) $f'(x) = x^6 + x^2$

e) $f'(x) = x^4 + x^3$

f) $f'(x) = 8x^3 + 6x^2$

g) $f'(x) = 7x^6 + 4x^8$

h) $f'(x) = 2x^4 + 8x^3 + 2x^2$

i) $f'(x) = 9x^5 + 15x^4 + 12x^3 + 6x^2 + 2$

13. Zeichne den Graphen der drei Funktionen und die Tangenten in den Punkten P_1, P_2 bzw. P_3. Vergleiche die Steigungen der Tangenten.

a) $x \mapsto x^2$; $P_1 = p(1; y)$
 $x \mapsto x$; $P_2 = p(1; y)$
 $x \mapsto x^2 + x$; $P_3 = p(1; y)$

△ b) $x \mapsto x^3$; $P_1 = p(-1; y)$
△ $x \mapsto x^2$; $P_2 = p(-1; y)$
△ $x \mapsto x^3 + x^2$; $P_3 = p(-1; y)$

Aufgabe 6: *Beweis der Summenregel*

a) Beweise die Summenregel unter Verwendung von Grenzwertsätzen für Funktionen.

b) Gib auch eine Begründung an, die sich auf die Betrachtung der Sekanten und Tangenten sowie ihrer Steigungen bei den Funktionen u, v, u + v an der Stelle a stützt.

Anmerkung: Die Summenfunktion $x \mapsto u(x) + v(x)$ bezeichnet man auch kurz mit $u + v$.

Lösung: a)

$$f'(a) = \lim_{h \to 0} \frac{f(a+h) - f(a)}{h}$$

$$= \lim_{h \to 0} \frac{[u(a+h) + v(a+h)] - [u(a) + v(a)]}{h}$$

$$= \lim_{h \to 0} \left[\frac{u(a+h) - u(a)}{h} + \frac{v(a+h) - v(a)}{h} \right]$$

$$= \lim_{h \to 0} \frac{u(a+h) - u(a)}{h} + \lim_{h \to 0} \frac{v(a+h) - v(a)}{h}$$

$$= \qquad u'(a) \qquad + \qquad v'(a)$$

b)

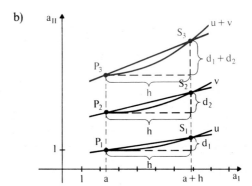

$$m_f(h) = \frac{[u(a+h) + v(a+h)] - [u(a) + v(a)]}{h}$$

$$= \frac{u(a+h) - u(a)}{h} + \frac{v(a+h) - v(a)}{h}$$

$$= m_u(h) + m_v(h)$$

Die Steigung der zur Funktion f gehörenden Sekante ist gleich der Summe der Steigungen der zu u und v gehörenden Sekanten.

Nun unterscheidet sich die Sekantensteigung $m_u(h)$ [$m_v(h)$] immer weniger von der Tangentensteigung $u'(a)$ [$v'(a)$], je weniger sich h von 0 unterscheidet.

Es ist daher einleuchtend, daß dann auch die Steigung der Tangente im Punkt P_3 gleich der Summe der Steigungen der Tangenten bei P_1 und P_2 ist.

Anmerkung:

Die geometrische Begründung der Summenregel ist kein vollständiger Beweis. Bei der geometrischen Überlegung ist der Übergang von der Steigung der Sekanten der Summenfunktion zur Steigung der Tangenten nur plausibel und naheliegend. Daher können wir von einer *Plausibilitätsbetrachtung* sprechen.

Die Begründung in der Teilaufgabe a) dagegen ist ein vollgültiger Beweis im mathematischen Sinne. Verwendet wurde der Grenzwertsatz für Summenfunktionen.

Zur Übung: **13** und **14**

Aufgabe 7: *Differenzregel*

a) Formuliere eine der Summenregel entsprechende Differenzregel.

b) Beweise sie durch Zurückführen auf die Summen- und die Faktorregel.

Lösung: a) Es gilt:

Satz 4: *Differenzregel*

Die Funktionen u und v seien in einem gemeinsamen Intervall definiert, das die Stelle a enthält. An dieser Stelle seien sie differenzierbar. Dann ist auch die Funktion f mit $f(x) = u(x) - v(x)$ an der Stelle a differenzierbar, und es gilt:

$$f'(a) = u'(a) - v'(a)$$

Eine Differenz wird gliedweise differenziert.

---

b) Beweis der Differenzregel:

$$f(x) = u(x) - v(x)$$
$$= u(x) + (-1) \cdot v(x)$$
$$f'(a) = u'(a) + (-1) \cdot v'(a) \quad \text{(nach der Summen-}$$
$$\text{und Faktorregel)}$$
$$= u'(a) - v'(a)$$

Zur Übung: **15** bis **17**

Anmerkung zu den Ableitungsregeln

Potenzregel, Faktorregel, Summenregel und Differenzregel sind in unterschiedlichem Sinne Ableitungsregeln. Während die Potenzregel unmittelbar die Ableitung einer Potenzfunktion angibt, lassen sich die drei anderen Regeln nur anwenden, wenn man die Ableitung der jeweiligen Funktionen u und v schon kennt.

---

14. Gegeben sei die Stelle a und die drei Funktionen $x \mapsto u(x)$, $x \mapsto v(x)$ und $x \mapsto u(x) + v(x)$. Stelle zu jeder der drei Funktionen jeweils die Sekantensteigungsfunktion zur Stelle a auf und zeichne ihren Graphen. Vergleiche die drei Lückenwerte.

a) $u(x) = x^2$; $v(x) = x$; $a = 1$

b) $u(x) = x^3$; $v(x) = x^2$; $a = 2$

15. Bilde die erste Ableitung der Funktion f.

a) $f(x) = x^4 - x^3$

b) $f(x) = x^5 - x^7$

c) $f(x) = 2x^4 - 3x^6$

d) $f(x) = 8x^{12} - 17x^2 + 5x$

e) $f(x) = 9x^4 - 3x^3 + 5x - 7$

f) $f(x) = 8x^3 - 4x^2 + 5x - 9$

g) $f(x) = 12x^4 - 8x^3 - 7x^2 - 8x$

h) $f(x) = 9x^3 - 2x^2 - 8x - 9$

i) $f(x) = x - \dfrac{1}{x}$

j) $f(x) = \dfrac{1}{x} - \sqrt{x}$

k) $f(x) = \dfrac{1}{x} - x^2 - x^4$

l) $f(x) = \dfrac{7}{x} - \dfrac{2}{3}x^2 - 5$

16. Bilde die erste, zweite und dritte Ableitung der Funktion f.

a) $f(x) = x^4 - 2x^3$

b) $f(x) = 3x^6 - 8x^2$

c) $f(x) = 8x^3 - 4x^2 - 9x$

d) $f(x) = \frac{1}{2}x^6 - \frac{1}{5}x^5 - \frac{1}{8}x^4 - \frac{1}{6}x^3$

e) $f(x) = \frac{1}{14}x^7 - \frac{5}{21}x^6 - \frac{2}{3}x^3$

17. Bilde so oft die Ableitung der Funktion f, bis sich die Funktion $x \mapsto 0$ ergibt.

a) $f(x) = 3x^6 - 2x^4$

b) $f(x) = 3x^3 - 9x^4 - x$

c) $f(x) = 2x^5 - 8x - x^4$

d) $f(x) = 9x^4 - x$

6.3. Die Produktregel

Aufgabe 1: *Wird ein Produkt gliedweise differenziert?*
Summen und Differenzen werden gliedweise differenziert. Untersuche an einem Beispiel, ob das auch für ein Produkt gilt.

Lösung: Es sei $f(x) = x^2$ und $g(x) = x$.
Dann gilt: $f'(x) = 2x$ und $g'(x) = 1$
$$f'(x) \cdot g'(x) = 2x$$
Das Produkt $f(x) \cdot g(x) = x^3$ hat jedoch die Ableitung $3x^2$. Ein Produkt wird also im allgemeinen nicht gliedweise differenziert.

Aufgabe 2: *Herleitung der Produktregel*

Wir wollen versuchen, eine Formel für die Differentiation eines Produktes zu finden. Dazu machen wir die folgenden Voraussetzungen: Die Funktionen u und v seien an der Stelle a differenzierbar.
Gesucht ist (falls vorhanden) die Ableitung der Produktfunktion f mit $f(x) = u(x) \cdot v(x)$ an der Stelle a.

Anleitung: Ersetze die Terme $u(x)$ und $v(x)$ im Differenzenquotienten von f durch die Ausdrücke, welche sich durch Auflösen der Differenzenquotienten von u und v nach $u(x)$ bzw. $v(x)$ ergeben.

Lösung: Wir bestimmen zunächst die Sekantensteigungsfunktion zur Stelle a für die Funktion f und gehen dann zum Grenzwert über.

$$sk_f(x) = \frac{f(x) - f(a)}{x - a} = \frac{u(x) \cdot v(x) - u(a) \cdot v(a)}{x - a} \qquad (x \neq a)$$

Nun ist:

$$sk_u(x) = \frac{u(x) - u(a)}{x - a} \qquad (x \neq a)$$

$$sk_v(x) = \frac{v(x) - v(a)}{x - a} \qquad (x \neq a)$$

Daraus folgt:

$$u(x) = u(a) + (x - a) \cdot sk_u(x)$$
$$v(x) = v(a) + (x - a) \cdot sk_v(x)$$

Diese Ausdrücke setzen wir in die Formel für $sk_f(x)$ ein:

$$sk_f(x) = \frac{[u(a) + (x - a)sk_u(x)][v(a) + (x - a)sk_v(x)] - u(a)v(a)}{x - a}$$

Nach dem Ausmultiplizieren der Produkte im Zähler hebt sich $u(a) \cdot v(a)$ heraus. Anschließend kann man den Bruch mit $x - a$ kürzen.

Übungen 6.3

1. Bestätige die Gültigkeit der Produktregel, indem die Ableitung der Produktfunktion einmal mit Hilfe der Produktregel und zum andern direkt nach vorherigem Ausmultiplizieren bestimmt wird.

a) $u(x) = x^2$; $v(x) = x^3$

b) $u(x) = m_1 x + n_1$; $v(x) = m_2 x + n_2$

c) $u(x) = x^2 + 2$; $v(x) = x^3 + 3$

2. Wende die Produktregel an.

a) $f(x) = (3x + 4) \cdot (7x^2 + 5)$

b) $f(x) = (2x + 2) \cdot (4x^5 + 7x + 2)$

c) $f(x) = (8x^2 - 4x + 5) \cdot (7x^5 - 3x^3 + 1)$

d) $f(x) = x^4 \cdot \sqrt{x}$

e) $f(x) = \frac{1}{x} \cdot \sqrt{x}$

f) $f(x) = (7x^2 + 5x + 3) \cdot \sqrt{x}$

g) $f(x) = (4x^3 - 1) \cdot \frac{1}{x}$

h) $f(x) = (6x^7 + 5) \cdot \frac{1}{x}$

3. Bilde die erste und zweite Ableitung von f, ohne vorher die Klammern aufzulösen.

a) $f(x) = (x^2 + 1) \cdot (3x - 7)$

b) $f(x) = (4x - 1) \cdot (7x^3 - 4x^2 + x + 2)$

c) $f(x) = (8x^2 - 5x + 7) \cdot (4x^7 - 3x^4 + 2x)$

4. Beweise durch Zurückführen auf die Produktregel für zwei Faktoren:
Wenn die Funktionen u, v, w an der Stelle a differenzierbar sind, so ist auch die Produktfunktion f mit $f(x) = u(x) \cdot v(x) \cdot w(x)$ an der Stelle a differenzierbar, und es gilt kurz:

$$(u \cdot v \cdot w)' = u' \cdot v \cdot w + u \cdot v' \cdot w + u \cdot v \cdot w'$$

Wir erhalten:

$sk_f(x) = sk_u(x) \cdot v(a) + u(a) \cdot sk_u(x) + (x-a) \cdot sk_u(x) \cdot sk_v(x)$

Bei der Bestimmung des Grenzwertes $\lim\limits_{x \to a} sk_f(x)$ wenden

wir die Grenzwertsätze für Funktionen an.

Außerdem ist $\lim\limits_{x \to a}(x-a) = \lim\limits_{x \to a} x - \lim\limits_{x \to a} a = a - a = 0$

Es folgt:

(1) $sk_f(x) = \underbrace{sk_u(x) \cdot v(a)}_{} + \underbrace{u(a) \cdot sk_v(x)}_{} + \underbrace{(x-a) sk_u(x) \cdot sk_v(x)}_{}$

$$\boxed{\lim\limits_{x \to a}}\quad\boxed{\lim\limits_{x \to a}}\qquad\boxed{\lim\limits_{x \to a}}\qquad\boxed{\lim\limits_{x \to a}}$$

$f'(a) \quad = \quad u'(a) \cdot v(a) \quad + \quad u(a) \cdot v'(a) \quad + \quad \overbrace{0 \cdot u'(a) \cdot v'(a)}$

Satz 5: *Produktregel*

Die Funktionen u und v seien in einem gemeinsamen Intervall definiert, das die Stelle a enthält. An dieser Stelle seien sie differenzierbar. Dann ist auch die Funktion f mit $f(x) = u(x) \cdot v(x)$ an der Stelle a differenzierbar, und es gilt:

$$f'(a) = u'(a) \cdot v(a) + u(a) \cdot v'(a)$$

Wir schreiben kurz:

$$(u \cdot v)' = u' \cdot v + u \cdot v'$$

Aufgabe 3: *Anwenden der Produktregel*

Differenziere nach der Produktregel die Funktion f mit $f(x) = (3x^2 + 4x + 7) \cdot (8x^3 - 4x + 5)$.

Lösung: Es ist: $\quad u(x) = 3x^2 + 4x + 7; \quad u'(x) = 6x + 4$

$\qquad\qquad\qquad\quad v(x) = 8x^3 - 4x + 5; \quad v'(x) = 24x^2 - 4$

Dann folgt:

$f'(x) = \underbrace{u'(x)}\quad \cdot \quad \underbrace{v(x)}\quad + \quad \underbrace{u(x)}\quad \cdot \quad \underbrace{v'(x)}$

$f'(x) = \overbrace{(6x+4)} \cdot \overbrace{(8x^3 - 4x + 5)} + \overbrace{(3x^2 + 4x + 7)} \cdot \overbrace{(24x^2 - 4)}$

Zur Übung: **1** bis **9**

6.4. Die Quotientenregel

Aufgabe 1: *Herleitung der Quotientenregel*

Leite eine Formel her für die Ableitung einer Funktion f

mit $f(x) = \dfrac{u(x)}{v(x)}$ $(v(x) \neq 0)$. Gehe ähnlich wie bei der Herleitung der Produktregel vor; formuliere einen Satz.

---

5. Bilde die erste Ableitung von f.

a) $f(x) = (x-1) \cdot (x^2 + 3) \cdot (x - 7)$

b) $f(x) = (x+5) \cdot (3x^4 + 7) \cdot (x^4 - 7x + 5)$

c) $f(x) = (8x^3 + 4) \cdot (4x^4 - 7) \cdot (5x^8 - 7x + 5)$

d) $f(x) = (x-1) \cdot \sqrt{x} \cdot (x^2 - 1)$

e) $f(x) = \frac{1}{x} \cdot \sqrt{x} \cdot (x^2 - 1)$

6. Die 1. Faktorregel (ein konstanter Faktor bleibt beim Differenzieren erhalten) kann als Spezialfall der Produktregel angesehen werden. Führe das im einzelnen aus.

7. Beweise die Produktregel. Verwende dabei △ die Koordinatendifferenz. Beachte: $x - a = h$.

8. Bilde die Ableitung von f.

a) $f(x) = x \cdot \sin x$

b) $f(x) = x^2 \cdot \sin x$

c) $f(x) = (x^2 + 1) \cdot \sin x$

d) $f(x) = 4x \cdot \cos x$

e) $f(x) = (2x^2 + x) \cdot \cos x$

f) $f(x) = \sin x \cdot \cos x$

g) $f(x) = \sin^2 x$

h) $f(x) = \sin x \cdot \sin x + \cos x \cdot \cos x$

9. Beweise die Potenzregel mit Hilfe der voll-△ ständigen Induktion.

△ *Anleitung:* Für die Durchführung des Induk-△ tionsschlusses wende man die Produktregel △ auf $f(x) = x^{k+1} = x \cdot x^k$ an.

Übungen 6.4

1. Bilde die Ableitung von f.

a) $f(x) = \dfrac{x^2}{x^2+1}$　　　e) $f(x) = \dfrac{x^2+1}{x}$

b) $f(x) = \dfrac{3x}{x^4-1}$　　　f) $f(x) = \dfrac{3x}{7x^5-1}$

c) $f(x) = \dfrac{7x+4}{2x+6}$　　　g) $f(x) = \dfrac{8x^2-1}{x+2}$

d) $f(x) = \dfrac{1}{x^2-1}$　　　h) $f(x) = \dfrac{2x^2+5}{x-1}$

2. Bestätige die Gültigkeit der Quotientenregel, indem die Ableitung der Quotientenfunktion einmal mit Hilfe der Quotientenregel und zum anderen direkt nach vorherigem Ausrechnen des Quotienten bestimmt wird.

a) $f(x) = \dfrac{x^7}{x^3}$　　　c) $f(x) = \dfrac{x^2-1}{x+1}$

b) $f(x) = \dfrac{8x^5}{3x^2}$　　　d) $f(x) = \dfrac{2x^2+2x-4}{2x+4}$

3. Bilde die erste und zweite Ableitung von f.

a) $f(x) = \dfrac{x^4}{3x+5}$　　　e) $f(x) = \dfrac{3x}{x^2+5}$

b) $f(x) = \dfrac{2x^2-1}{x^4-5}$　　　f) $f(x) = \dfrac{8x^2+4x}{x}$

c) $f(x) = \dfrac{1-x^4}{x^2+1}$　　　g) $f(x) = \dfrac{1}{x-1}$

d) $f(x) = \dfrac{4x}{(x-1)^2}$　　　h) $f(x) = \dfrac{7x}{x^2-x}$

4. Bei der Funktion f mit

$$f(x) = \frac{12x^3+7x^2+5x+1}{4x+1}$$

ist der Grad der Zählerfunktion größer als der Grad der Nennerfunktion. Erläutere die beiden Wege zur Bestimmung der Ableitung.

1. Weg: Man dividiert Zähler durch Nenner

$$(12x^3+7x^2+5x+8):(4x+1)=3x^2+x+1+\frac{7}{4x+1}$$
$$\underline{-(12x^3+3x^2)}$$
$$4x^2+5x+8$$
$$\underline{-(4x^2+x)}$$
$$4x+8$$
$$\underline{-(4x+1)}$$
$$7$$

und wendet dann die Summen- und die Quotientenregel an.

2. Weg: Man wendet die Quotientenregel an.

Lösung: Wir bestimmen zunächst die Sekantensteigungsfunktion zur Stelle a für die Funktion f und gehen dann zum Grenzwert über. Für $x \neq a$ gilt:

$$sk_f(x) = \frac{f(x)-f(a)}{x-a} = \frac{\dfrac{u(x)}{v(x)}-\dfrac{u(a)}{v(a)}}{x-a} = \frac{u(x)\cdot v(a)-u(a)\cdot v(x)}{v(x)\cdot v(a)\cdot(x-a)}$$

Nun ist für $x \neq a$:

$$sk_u(x) = \frac{u(x)-u(a)}{x-a}; \qquad sk_v(x) = \frac{v(x)-v(a)}{x-a}$$

Daraus folgt:　$u(x) = u(a)+(x-a)\cdot sk_u(x)$
$$v(x) = v(a)+(x-a)\cdot sk_v(x)$$

Diese Ausdrücke setzen wir in die Formel für $sk_f(x)$ ein:

$$sk_f(x) = \frac{[u(a)+(x-a)sk_u(x)]v(a)-u(a)[v(a)+(x-a)sk_v(x)]}{[v(a)+(x-a)sk_v(x)]v(a)(x-a)}$$

Nach dem Ausmultiplizieren der Produkte im Zähler hebt sich $u(a)\cdot v(a)$ heraus. Anschließend kann man den Bruch mit $x-a$ kürzen. Wir erhalten für $x \neq a$:

(1)　$sk_f(x) = \dfrac{sk_u(x)\cdot v(a)-u(a)\cdot sk_v(x)}{(v(a))^2+(x-a)\cdot sk_v(x)\cdot v(a)}$

Den Übergang zum Grenzwert vollziehen wir getrennt für den Zähler Z und für den Nenner N:

$$Z = sk_u(x)\cdot v(a)-u(a)\cdot sk_v(x)$$

$$\boxed{\lim_{x\to a}} \qquad \boxed{\lim_{x\to a}}$$

$$\lim_{x\to a}Z = \quad u'(a)\cdot v(a)-u(a)\cdot v'(a)$$

$$N = (v(a))^2 + \underbrace{(x-a)\cdot sk_v(x)}\cdot v(a)$$

$$\boxed{\lim_{x\to a}}$$

$$\lim_{x\to a}N = v(a)^2 + \quad \overline{0\cdot v'(a)}\quad\cdot v(a)$$

Zusammenfassend gilt:

$$f'(a) = \lim_{x\to a}sk_f(x) = \frac{u'(a)\cdot v(a)-u(a)\cdot v'(a)}{(v(a))^2}$$

Bei der Bestimmung des Grenzwertes $\lim\limits_{x\to a} sk_f(x)$ sind die Grenzwertsätze für Funktionen verwendet worden.
Daß es gestattet ist, die Grenzwerte der Zähler- und der Nennerfunktion getrennt zu berechnen und die Grenzwerte dann zu dividieren, folgt aus dem Grenzwertsatz für Quotientenfunktionen.

Aufgabe 2: *Anwenden der Quotientenregel*

Differenziere die Funktion f mit $f(x) = \dfrac{3x + 1}{x^2 + 1}$.

Lösung: Es ist: $u(x) = 3x + 1$; $u'(x) = 3$

$\qquad\qquad\quad v(x) = x^2 + 1$; $v'(x) = 2x$

$$f'(x) = \frac{u'(x) \cdot v(x) - u(x) \cdot v'(x)}{(v(x))^2}$$

$$f'(x) = \frac{3 \cdot (x^2 + 1) - (3x + 1) \cdot 2x}{(x^2 + 1)^2} = \frac{3x^2 + 3 - 6x^2 - 2x}{(x^2 + 1)^2}$$

$$= \frac{-3x^2 - 2x + 3}{(x^2 + 1)^2}$$

Zur Übung: **1** bis **8**

Aufgabe 3: *Ableitung der Tangensfunktion*

Es gilt folgende Definition: $\tan x = \dfrac{\sin x}{\cos x}$

Untersuche, ob die Funktion $x \mapsto \tan x$ differenzierbar ist und bestimme gegebenenfalls die Ableitung.

Lösung: Die Zählerfunktion $x \mapsto \sin x$ und die Nennerfunktion $x \mapsto \cos x$ sind an jeder Stelle differenzierbar. Nach der Quotientenregel ist dann die Tangensfunktion an jeder Stelle ihres Definitionsbereiches differenzierbar. Zur Berechnung der Ableitung verwenden wir die Formel der Quotientenregel mit

$u(x) = \sin x$; $u'(x) = \cos x$ und $v(x) = \cos x$; $v'(x) = -\sin x$

Dann gilt:

$$\tan' x = \frac{\cos x \cdot \cos x - \sin x \cdot (-\sin x)}{\cos^2 x} = \frac{\cos^2 x + \sin^2 x}{\cos^2 x}$$

$$\tan' x = \frac{1}{\cos^2 x}$$

Zur Übung: **9** bis **11**

Verfahre im folgenden nach beiden Wegen und vergleiche.

a) $f(x) = \dfrac{2x^3 + 5x + 2}{x + 1}$ d) $f(x) = \dfrac{x^5 - x + 1}{x^2 - 1}$

b) $f(x) = \dfrac{x^4 + 2x^2 - 3}{x + 4}$ e) $f(x) = \dfrac{x^2 - \frac{1}{2}x + \frac{3}{4}}{\frac{1}{4}x - \frac{1}{2}}$

c) $f(x) = \dfrac{x^3 + 2x^2 + 1}{x^2 + 1}$ f) $f(x) = \dfrac{7x^6 - 14x^4 + 4x^2}{x^6 - 2x^4}$

5. a) Bilde mit Hilfe der Quotientenregel die Ableitungen der Funktionen

$x \mapsto x^{-1}$; $x \mapsto x^{-2}$; $x \mapsto x^{-3}$; $x \mapsto x^{-4}$; $x \mapsto x^{-5}$.

b) Leite aus den Ergebnissen eine Formel für die Ableitung von $x \mapsto x^{-n}$ her und beweise sie mit Hilfe der Quotientenregel.

6. Beweise mit Hilfe der Quotientenregel, daß eine Konstante $a \neq 0$ im Nenner bei der Differentiation erhalten bleibt.

7. a) Beweise mit Hilfe der Quotientenregel:

$$\left(\frac{a}{u(x)}\right)' = -\frac{a \cdot u'(x)}{(u(x))^2}$$

b) Stelle eine Formel für die Ableitung der Funktion f mit $f(x) = \dfrac{u(x) \cdot v(x)}{w(x)}$ auf.

c) Stelle eine Formel für die Ableitung der Funktion g mit $g(x) = \dfrac{u(x)}{v(x) \cdot w(x)}$ auf.

8. Warum erniedrigt sich häufig bei der Differentiation einer gebrochen rationalen Funktion der Grad des Zählers nicht, wenn der Grad des Nenners mindestens 1 ist?

9. An welchen Stellen ist die Tangensfunktion nicht definiert? Zeichne den Graphen. Beachte: Die Nennerfunktion kann 0 sein.

10. Zeige, daß für die Ableitung der Tangensfunktion auch gilt: $\tan' x = 1 + \tan^2 x$

11. Bilde die Ableitung von f.

a) $f(x) = \dfrac{\sin x}{x}$ d) $f(x) = \dfrac{1}{\cos x}$

b) $f(x) = \dfrac{\cos x}{x^2}$ e) $f(x) = \dfrac{x^2}{\cos x}$

c) $f(x) = \dfrac{1}{\sin x}$ f) $f(x) = \dfrac{1}{\tan x} = \dfrac{\cos x}{\sin x}$

6.5. Kettenregel

Aufgabe 1: *Beweisversuch zur Kettenregel*

Die Funktion f sei an der Stelle b differenzierbar. Die Funktion g sei an der Stelle a differenzierbar, und es gelte $g(a)=b$ (sowie $g(x)=y$).
Versuche die Ableitung der Funktion h mit $h(x)=f(g(x))$ an der Stelle a zu bestimmen.

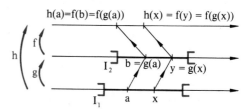

Anleitung: Erweitere den Differenzenquotienten so, daß der Differenzenquotient der Funktion g auftritt.

Lösung:

$$h'(x)=\lim_{x\to a}\frac{h(x)-h(a)}{x-a}$$

$$=\lim_{x\to a}\left(\frac{h(x)-h(a)}{g(x)-g(a)}\cdot\frac{g(x)-g(a)}{x-a}\right)^{1)}$$

$$=\lim_{x\to a}\frac{h(x)-h(a)}{g(x)-g(a)}\cdot\lim_{x\to a}\frac{g(x)-g(a)}{x-a}$$

Da g an der Stelle a differenzierbar ist, folgt:

$$\lim_{x\to a}\frac{g(x)-g(a)}{x-a}=g'(a)$$

Zur Berechnung des ersten Grenzwertes ersetzen wir $g(x)$ durch y und $g(a)$ durch b sowie $h(x)$ durch $f(y)$ und $h(a)$ durch $f(b)$.
Weil g bei a differenzierbar ist, ist g dort auch stetig, und es gilt:

$$\lim_{x\to a}g(x)=g(a)=b.$$

Daher folgt:

$$\lim_{x\to a}\frac{h(x)-h(a)}{g(x)-g(a)}=\lim_{y\to b}\frac{f(y)-f(b)}{y-b}=f'(b)$$

Wir erhalten:

$$h'(a)=f'(b)\cdot g'(a)$$
$$=f'\big(g(a)\big)\cdot g'(a)$$

---

[1] Zu diesem Schritt vergleiche die Anmerkung auf Seite 82 unten.

Übungen 6.5

1. Bestimme die Ableitung mit Hilfe der Kettenregel.

a) $g(x)=(x-2)^2$

b) $g(x)=(x-4)^5$

c) $g(x)=(x+2)^3$

d) $g(x)=\sqrt{x-4}$

e) $g(x)=\sqrt{x+2}$

f) $g(x)=\dfrac{1}{x-5}$

g) $g(x)=2(x-4)^3$

h) $g(x)=\tfrac{1}{2}(x+2)^4$

i) $g(x)=3\sqrt{x-4}$

j) $g(x)=8\sqrt{x+2}$

2. Verfahre wie in Übungsaufgabe **1.**

a) $g(x)=\dfrac{2}{x-7}$

b) $g(x)=(x-4)^3+(x-4)^2$

c) $g(x)=(x+2)^5+(x+2)^9$

d) $g(x)=(x+2)^3+(x-3)^2$

e) $g(x)=\dfrac{1}{x-5}+\sqrt{x-5}$

f) $g(x)=\dfrac{1}{x+6}+(x+6)^2$

g) $g(x)=\sqrt{x+2}+\dfrac{1}{x-4}$

h) $g(x)=2(x-5{,}2)^3+4(x-5{,}2)^2$

i) $g(x)=4\cdot\dfrac{1}{x+0{,}5}-2(x+0{,}5)^3$

Satz 7: *Kettenregel*

Die Funktion g sei in einem Intervall I_1 definiert und an der Stelle a des Intervalls I_1 differenzierbar. Es gelte $g(a) = b$.

Die Funktion f sei in einem Intervall I_2 definiert, es gelte $g(x) \in I_2$ für alle $x \in I_1$ (insbesondere gehört dann b zu dem Intervall I_2); f sei an der Stelle b differenzierbar.

Dann ist die Funktion h mit $h = g \circ f$ (also mit $h(x) = f(g(x))$) an der Stelle a differenzierbar, und es gilt:

$$h'(a) = g'(a) \cdot f'(g(a))$$

Die Ableitungsregel heißt *Kettenregel*, weil die Funktion h die Verkettung der Funktionen g und f ist.

Da der Faktor $g'(a)$ die Ableitung der *inneren* Funktion g ist, gilt für die Ableitung von h die Merkregel:

Ableitung der Gesamtfunktion	=	innere Ableitung	·	äußere Ableitung

Aufgabe 2: *Bestimmung der Ableitung nach der Kettenregel*

Bestimme die Ableitung der Funktion f.

a) $f(x) = (3x + 5)^{12}$

b) $f(x) = \sin(3x^2 + 1)$

Lösung:

a)

Ableitung der Gesamtfunktion	=	innere Ableitung	·	äußere Ableitung
↓		↓		↓
$f'(x)$	=	3	·	$12(3x + 5)^{11}$

$$f'(x) = 36 \cdot (3x + 5)^{11}$$

b)

Ableitung der Gesamtfunktion	=	innere Ableitung	·	äußere Ableitung
↓		↓		↓
$f'(x)$	=	$6x$	·	$\cos(3x^2 + 1)$

$$f'(x) = 6x \cdot \cos(3x^2 + 1)$$

Zur Übung: **1** bis **8**

3. Bestimme die Ableitung von g nach der Kettenregel. Gib auch einen anderen Weg zur Bestimmung der Ableitung an.

a) $g(x) = (\frac{1}{3}x)^5$

b) $g(x) = (\frac{1}{2}x)^4$

c) $g(x) = (2x)^3$

d) $g(x) = \sqrt{\frac{1}{2}x}$

e) $g(x) = \sqrt{5x}$

f) $g(x) = \dfrac{1}{3x}$

g) $g(x) = (2x)^3 + (2x)^4$

h) $g(x) = (\frac{1}{3}x)^5 - (\frac{1}{3}x)^6$

i) $g(x) = (9x)^2 - (9x)^8$

j) $g(x) = (2x)^4 - (2x)^3 - 4(2x)$

k) $g(x) = \sqrt{2x} + \dfrac{1}{2x}$

l) $g(x) = 4\sqrt{\frac{1}{2}x} + 2(\frac{1}{2}x)^2 - 4(\frac{1}{2}x)^3$

4. Bestimme die Ableitung der Funktion f nach der Kettenregel.

a) $f(x) = (3x + 5)^2$

b) $f(x) = (2x - 5)^3$

c) $f(x) = (\frac{1}{3}x - 2)^4$

d) $f(x) = \sqrt{2x + 5}$

e) $f(x) = \sqrt{\frac{1}{2}x - 1}$

f) $f(x) = \dfrac{1}{3x - 5}$

g) $f(x) = \dfrac{1}{4x + 2}$

h) $f(x) = (2x + 5)^2 - (2x + 5)^3$

i) $f(x) = (4x - 1)^3 + (4x - 1)^4$

j) $f(x) = \sqrt{2x - 5} + \dfrac{1}{2x - 5}$

5. Bestimme die erste und zweite Ableitung von f.

a) $f(x) = (4x - 1)^3$

b) $f(x) = (9x + 8)^4$

c) $f(x) = (\frac{1}{2}x - \frac{3}{4})^2$

d) $f(x) = 3(2x - 4)^5$

e) $f(x) = 12 \cdot (\frac{1}{4}x - 9)^6$

f) $f(x) = 8 \cdot (\frac{1}{2}x - 4)^5$

g) $f(x) = 2(\frac{1}{4}x - 1)^4 + 3(\frac{1}{4}x - 1)^3$

6. Bestätige die Gültigkeit der Kettenregel, wobei die Ableitung von g einmal nach der Kettenregel und zum anderen auf sonstigem Wege bestimmt werden soll.

a) $g(x) = (3x^3 + 1)^2$

b) $g(x) = 3(x^5 + 2x^2 + 7)^3$

c) $g(x) = (\sqrt{x} + 1)^2$

d) $g(x) = (x^2 + 1)^3$

e) $g(x) = (2x^4 - 1)^2$

7. Berechne die Ableitung der Funktion g.

△ a) $g(x) = \sqrt{x^2 + 1}$
△
△ b) $g(x) = (2x^2 - x + 1)^4$
△
△ c) $g(x) = (x^3 - 4x + 1)^3$
△
△ d) $g(x) = \left(2 + \frac{1}{x}\right)^2$
△
△ e) $g(x) = \sqrt{2x^2 + x + 5}$
△
△ f) $g(x) = \sqrt{x^2 - 5}$
△
△ g) $g(x) = \sqrt{2x^2 + 25}$
△
△ h) $g(x) = \sqrt{x(x + 1)}$
△
△ i) $g(x) = \dfrac{1}{x^2 + 1}$
△
△ j) $g(x) = \dfrac{32}{x^2 - 1}$
△

Anmerkung zur Herleitung der Kettenregel

Der in der Lösung zu Aufgabe **1** angegebene Beweis der Kettenregel weist leider eine Lücke auf. Es kann nämlich sein, daß es in jeder noch so kleinen Umgebung von a Zahlen x gibt mit $g(x) = b = g(a)$. In diesem Fall ist $g(x) - g(a) = 0$, und es wäre mit 0 erweitert worden, was aber nicht gestattet ist.

Der Beweis der Kettenregel ist daher nur für solche Funktionen g geführt, für die in einer vollen Umgebung von a gilt: $g(x) \neq g(a)$.

Dies ist im allgemeinen der Fall, doch gibt es Funktionen g, bei denen es in jeder noch so kleinen Umgebung von a noch ein x gibt mit $g(x) = g(a)$.

Ein triviales Beispiel ist die konstante Funktion g mit $g(x) = b$, in deren Pfeildiagramm alle Pfeile in b enden.

Ein kompliziertes Beispiel:

$$g(x) = \begin{cases} x^2 \cdot \sin \dfrac{1}{x} & \text{für } x \neq 0 \\ 0 & \text{für } x = 0 \end{cases} \quad \text{mit } a = b = 0$$

Der Graph dieser Funktion oszilliert in jeder Umgebung von 0 unendlich oft zwischen x^2 und $-x^2$ hin und her.

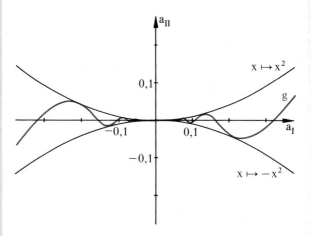

Im Pfeildiagramm dieser Funktion gehen in jeder (noch so kleinen) Umgebung von 0 unendlich viele Pfeile aus, die in 0 enden.

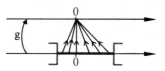

Zur Übung: **9** bis **12**

Information: *Vollständiger Beweis der Kettenregel*

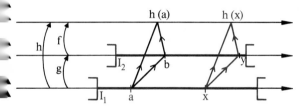

$$h(a) = f(g(a)) = f(b) \qquad h(x) = f(g(x)) = f(y)$$
$$b = g(a) \qquad\qquad y = g(x)$$

Wir müssen den Grenzwert der Differenzenquotientenfunktion, die zur Funktion h gehört, bestimmen.

(1) $\quad h'(a) = \lim\limits_{x \to a} \dfrac{h(x) - h(a)}{x - a} = \lim\limits_{x \to a} \dfrac{f(g(x)) - f(g(a))}{x - a}$

Um hier weiterzukommen, berechnen wir in einer Zwischenüberlegung $f(g(x))$

Zwischenüberlegung: Berechnung von $f(g(x))$

Die Berechnung erfolgt in mehreren Schritten:

1. Schritt: Berechnung von $g(x)$

Es gilt:

$\quad sk_g(x) = \dfrac{g(x) - g(a)}{x - a} \qquad$ (für $x \ne a$)

Daraus folgt:

(2) $\quad g(x) = g(a) + (x - a) \cdot sk_g(x) \qquad$ (für $x \ne a$)

2. Schritt: Berechnung von $f(g(x))$

Weil $y = g(x)$ ist, bestimmen wir zunächst $f(y)$.

Teilschritt 2a: Berechnung von $f(y)$

Es gilt:

$\quad sk_f(y) = \dfrac{f(y) - f(b)}{y - b} \qquad$ (für $y \ne b$)

Daraus folgt:

(3) $\quad f(y) = f(b) + (y - b) \cdot sk_f(y) \qquad$ (für $y \ne b$)

Nun wissen wir, daß $y = b$ sein kann (siehe die Anmerkung zur Herleitung der Kettenregel, S. 81). Wir müssen uns also von der Einschränkung $y \ne b$ unabhängig machen. Das geschieht, indem wir von der Sekantensteigungsfunktion sk_f zu ihrer stetigen Ergänzung (an der Stelle b) übergehen. Diese bezeichnen wir mit Δ_f. Es gilt also:

$\Delta_f(y) = \begin{cases} sk_f(y) & \text{für } y \ne b \\ f'(b) & \text{für } y = b \end{cases}$

8. Bestimme die Ableitung der Funktion f.

  a) $f(x) = \sin(2x + 1)$

  b) $f(x) = \sin(4x + 4)$

  c) $f(x) = \cos(3x - 2)$

  d) $f(x) = 7 \cdot \sin(4x + 1)$

  e) $f(x) = 2 \cdot \sin x^2$

  f) $f(x) = 5 \cdot \sin(3x^2 - 1)$

  g) $f(x) = 2 \cdot \cos(7x^2 - 1)$

  h) $f(x) = 2 \cdot \cos(4x^2) + 7 \cdot \sin(4x^2 - 1)$

  i) $f(x) = (\sin x)^2$

9. Deute durch eine Zeichnung den Graphen der Funktion f in einer Umgebung der Stelle 0 an und beschreibe den Verlauf etwas näher.

  a) $f(x) = \sin \dfrac{1}{x} \quad (x \ne 0)$

  b) $f(x) = x \cdot \sin \dfrac{1}{x} \quad (x \ne 0)$

  c) $f(x) = H(x) \cdot \sin \dfrac{1}{x} \quad (x \ne 0)$

  d) $f(x) = \sin x \cdot \sin \dfrac{1}{x} \quad (x \ne 0)$

  e) $f(x) = \cos \dfrac{1}{x} \quad (x \ne 0)$

10. Wie entsteht der Graph von f aus dem der Funktion g?

  a) $f(x) = g(x) \cdot \sin \dfrac{1}{x}$

  b) $f(x) = g(x) \cdot \cos \dfrac{1}{x}$

11. Entscheide am Graphen, welche der Funktionen von Übungsaufgabe **9** eine stetige Ergänzung an der Stelle 0 haben.

12. Zeige, daß bei der Funktion g als innerer Funktion der in der Lösung von Aufgabe **1** angegebene Beweisversuch der Kettenregel versagt.

a) $g(x) = 3$; a beliebig

b) $g(x) = 0 \cdot x + n$; a beliebig

c) $g(x) = (2x-1)^2 - 4x^2 + 4x$; a beliebig

d) $g(x) = \dfrac{x^2 + x - 2}{(x-1) \cdot (x+2)}$; $a \neq 1,\ a \neq -2$

e) $g(x) = \begin{cases} x^2 \sin\frac{1}{x} & \text{für } x \neq 0 \\ 0 & \text{für } x = 0 \end{cases}$; $a = 0$

13. Erläutere den Beweis der Kettenregel am Beispiel:

a) $f(x) = x^2$; $g(x) = 3x + 5$

b) $f(x) = x^3$; $g(x) = 4$

14. Erläutere die geometrische Überlegung, die zu einem Spezialfall der Kettenregel führt, bei dem als innere Funktion g gewählt ist mit $g(x) = x - c$.
Erkläre auch, wieso ein geometrischer Beweis dieses Spezialfalles der Kettenregel vorliegt.

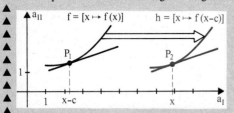

Wir betrachten die Funktion $x \mapsto f(x-c)$ an der Stelle x und machen die Verschiebung um c rückgängig.
Dabei geht P_2 über in P_1, x in $x-c$ und der Graph von $x \mapsto f(x-c)$ in den Graphen von $x \mapsto f(x)$. Die Steigungen der Tangenten in P_1 und P_2 sind gleich.
Die Ableitung von h an der Stelle x ist also gleich der Ableitung von f an der Stelle $x - c$:

$h'(x) = f'(x-c)$

Ersetzen wir in der Formel (3) $sk_f(y)$ durch $\Delta_f(y)$, so erhalten wir:

(4) $f(y) = f(b) + (y - b) \cdot \Delta_f(y)$

Diese Gleichung gilt auch für $y = b$, denn wegen $\Delta_f(b) = f'(b)$ folgt:

$f(b) = f(b) + (b - b) \cdot f'(b)$

Teilschritt 2b: Berechnung von $f(g(x))$

Wir ersetzen in (4) y durch g(x) und b durch g(a). Anschließend ersetzen wir noch rechts vom Gleichheitszeichen in der Klammer g(x) durch (2).

$f(g(x)) = f(g(a)) + (g(x) - g(a)) \cdot \Delta_f(g(x))$ (für $x \neq a$)

$\qquad = f(g(a)) + (g(a) + (x-a) \cdot sk_g(x) - g(a)) \cdot \Delta_f(g(x))$

$\qquad$ (für $x \neq a$)

(5) $f(g(x)) = f(g(a)) + (x-a) \cdot sk_g(x) \cdot \Delta_f(g(x))$ (für $x \neq a$)

Mit dieser Berechnung von $f(g(x))$ ist die Zwischenüberlegung beendet. Wir können in der Berechnung des Grenzwertes (1) fortfahren.

Berechnung des Grenzwertes (1)

(1) $h'(a) = \lim\limits_{x \to a} \dfrac{f(g(x)) - f(g(a))}{x - a}$ (für $x \neq a$)

Setzt man hier den Term (5) für $f(g(x))$ ein, so hebt sich $f(g(a))$ heraus. Anschließend kann man mit $x - a$ kürzen. Wir erhalten nach dem Grenzwertsatz für Produktfunktionen:

$h'(a) = \lim\limits_{x \to a} sk_g(x) \cdot \Delta_f(g(x))$

$\qquad = \lim\limits_{x \to a} sk_g(x) \cdot \lim\limits_{x \to a} \Delta_f(g(x))$ (für $x \neq a$)

Die einzelnen Grenzwerte berechnen wir getrennt:

(a) $\lim\limits_{x \to a} sk_g(x) = g'(a)$,

weil g an der Stelle a differenzierbar ist.

(b) $\lim\limits_{x \to a} \Delta_f(g(x)) = \Delta_f(\lim\limits_{x \to a} g(x)) = \Delta_f(g(a))$,

weil Δ_f an der Stelle (g(a)) stetig ist und weil g an der Stelle a differenzierbar und damit auch stetig ist.

Zusammenfassend erhalten wir:
Der Grenzwert (1) existiert, und es gilt:

$h'(a) = \lim\limits_{x \to a} sk_g(x) \cdot \lim\limits_{x \to a} \Delta_f(g(x)) = g'(a) \cdot \Delta_f(g(a))$,

Nun ist $g(a) = b$ und $\Delta_f(b) = f'(b)$

Daraus folgt:

$h'(a) = g'(a) \cdot f'(g(a))$

Zur Übung: **13** und **14**

7. Funktionsuntersuchungen

7.1. Hoch- und Tiefpunkte – notwendiges Kriterium

Aufgabe 1: *Hoch- und Tiefpunkte*

Definiere den Begriff Hochpunkt [Tiefpunkt] des Graphen einer Funktion f ohne Zuhilfenahme der Ableitung von f. Unterscheide zwei Fälle.

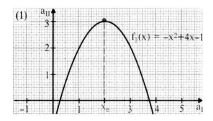

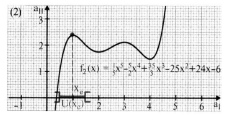

Lösung:

Fall (1): Der Funktionswert an der Stelle x_e ist der (*absolut*) größte Funktionswert der Funktion f_1.

Definition 1: *Absoluter Hoch- und Tiefpunkt*

Ein Punkt E mit $E = p(x_e; f(x_e))$ heißt **absoluter Hochpunkt [Tiefpunkt]** des Graphen der Funktion f, falls für alle $x \in D_f$ gilt:
$f(x) \leq f(x_e)$ $[f(x) \geq f(x_e)]$.

Beachte: Eine Funktion f kann höchstens *einen* größten [kleinsten] Funktionswert $f(x_e)$ besitzen, jedoch kann es vorkommen, daß dieser Funktionswert an *mehreren* Stellen x_e angenommen wird.

Beispiel: Bei der Funktion $x \mapsto \sin x$ wird der größte Funktionswert 1 an allen Stellen $\frac{\pi}{2} + k \cdot 2\pi$, $k \in \mathbb{Z}$, also sogar an unendlich vielen Stellen, angenommen.

Fall (2): Der Funktionswert an der Stelle x_e ist innerhalb (also *relativ* zu) einer Umgebung von x_e der größte Funktionswert von f_2. Außerhalb dieser Umgebung treten hier größere Funktionswerte auf.

Übungen 7.1

1. Skizziere den Graphen einer Funktion, der zwei relative Hochpunkte und einen relativen Tiefpunkt besitzt.
Markiere jeweils eine Umgebung, an der zu erkennen ist, daß es sich um einen relativen Extrempunkt handelt.

2. Liegt an den Stellen x_1, x_2 kein absoluter Hochpunkt vor? Liegt jeweils ein relativer Hochpunkt vor?

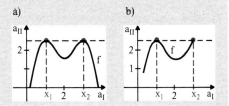

3. Skizziere den Graphen einer Funktion, die den folgenden Bedingungen genügt.

a) Genau ein absoluter Tiefpunkt, kein Hochpunkt.

b) Genau ein relativer Hochpunkt und ein relativer Tiefpunkt, kein absolutes Extremum.

c) Ein absoluter und ein relativer Hochpunkt, ein relativer Tiefpunkt.

d) Genau ein relativer Hochpunkt und ein relativer Tiefpunkt, beide sind gleichzeitig absolute Extrempunkte.

▲ e) Genau ein absoluter Hochpunkt und ein
▲ relativer Tiefpunkt, der kein absoluter Tief-
▲ punkt ist.

4. Begründe mit Hilfe des Funktionsterms f(x), warum der Graph der angegebenen Funktion f an den betreffenden Stellen jeweils einen Tiefpunkt hat. Entscheide auch, ob es sich um einen relativen oder einen absoluten Tiefpunkt handelt.

a) $f(x) = x^2$;   Stelle 0

b) $f(x) = x^4$;   Stelle 0

c) $f(x) = x^2(x-3)^2$;   Stellen 0; 3

d) $f(x) = (x-3)^2 + 4$;   Stelle 3

△ e) $f(x) = x^2 + x$;   Stelle $-0,5$

5. Begründe, warum der Graph der angegebenen Funktion f an den betreffenden Stellen keinen Extrempunkt besitzt.

a) $f(x) = x^3$;   Stelle 0

b) $f(x) = 3x - 4$;   Stelle 1

△ c) $f(x) = x^4 + x$;   Stelle 0

6. Begründe: Eine auf einem abgeschlossenen
△ Intervall definierte streng monotone Funktion
△ kann an einer Stelle im Innern dieses Inter-
△ valls kein Extremum haben.

7. Widerlege: Eine konstante Funktion besitzt
△ kein Extremum.

8. Gibt es Funktionen, deren Graph Punkte be-
△ sitzt, die zugleich Hoch- und Tiefpunkt sind?

Definition 2: *Relativer Hoch- und Tiefpunkt*

Ein Punkt E mit $E = p(x_e; f(x_e))$ heißt **relativer Hochpunkt [Tiefpunkt]** des Graphen der Funktion f, falls sich eine Umgebung $U(x_e)$ mit $U(x_e) \subseteq D_f$ finden läßt, so daß für alle $x \in U(x_e)$ gilt: $f(x) \le f(x_e) [(f(x) \ge f(x_e)]$.

Als Oberbegriff für Hoch- bzw. Tiefpunkt verwenden wir den Begriff **Extrempunkt.**

Die Stelle x_e heißt dann **Extremstelle**, der Funktionswert $f(x_e)$ heißt **Extremum** (Extremwert).

Ist $p(x_e; f(x_e))$ ein Hochpunkt [Tiefpunkt] so heißt der Funktionswert $f(x_e)$ **Maximum [Minimum]** der Funktion f.

Zur Übung: **1** bis **9**

Zur Information:

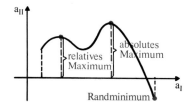

(1) Jedes absolute Extremum im Innern des Definitionsintervalls von f ist auch ein relatives Extremum.

(2) Wenn eine Funktion im Innern ihres Definitionsbereichs kein absolutes Maximum [Minimum] besitzt, so hat sie *höchstens* an einer Randstelle des Definitionsbereichs ein absolutes Maximum [Minimum].
Man spricht dann von einem **Randextremum.**

(3) Eine in einem abgeschlossenen Intervall [a; b] stetige Funktion hat stets ein absolutes Maximum und Minimum (Beweis erfolgt im *Leistungskurs Analysis 2*).

Zur Übung: **10** bis **14**

Aufgabe 2: *Zusammenhang zwischen relativem Extremum und Ableitung*

x_e sei relative Extremstelle der Funktion f.

a) Welche Eigenschaft hat dann f' an dieser Stelle?

b) Formuliere einen entsprechenden Wenn-dann-Satz und beweise ihn.

c) Gib die Umkehrung des Wenn-dann-Satzes an. Zeige an einem Gegenbeispiel, daß sie falsch ist.

Lösung: a)

 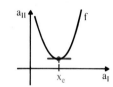

Im relativen Hochpunkt [Tiefpunkt] besitzt der Graph eine horizontale Tangente; diese hat die Steigung Null; also ist $f'(x_e) = 0$.

b) Wir vermuten:

Satz 1: *Notwendiges Kriterium für relative Extremstellen*

Wenn x_e relative Extremstelle der Funktion f ist und f an der Stelle x_e differenzierbar ist, dann gilt: $f'(x_e) = 0$

Der Satz ist anschaulich ohne weiteres klar. Wir beweisen ihn für einen Hochpunkt, für einen Tiefpunkt verläuft der Beweis entsprechend.

Beweis des notwendigen Kriteriums:

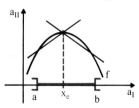

Nach der Definition eines relativen Hochpunktes gibt es eine Umgebung $U(x_e)$, so daß für alle $x \in U(x_e)$ gilt: $f(x) \leq f(x_e)$, also $f(x) - f(x_e) \leq 0$.

Dann gilt für

$x < x_e$, also für $x - x_e < 0$:

$s\,k(x) = \dfrac{f(x) - f(x_e)}{x - x_e} \geq 0$

$x > x_e$, also für $x - x_e > 0$:

$s\,k(x) = \dfrac{f(x) - f(x_e)}{x - x_e} \leq 0$

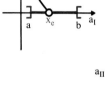 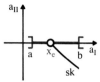

9. Besitzt der Graph einer konstanten Funktion Extrempunkte?

10. Skizziere eine Funktion, die im Innern ihres Definitionsbereichs ein absolutes Maximum und außerdem ein Randminimum besitzt.

11. Gibt es relative und absolute Randextrema?

12. Begründe: Eine auf einem abgeschlossenen Intervall definierte streng monotone Funktion hat stets zwei Randextrema.

13. Gib eine monotone Funktion an, die kein Randextremum besitzt.

14. Ist jeder absolute Hochpunkt stets ein relativer Hochpunkt?

15. Formuliere Satz **1** mit Hilfe der Begriffe Maximum und Minimum.

16. Bestätige, daß Satz **1** in den Beispielen von Übungsaufgabe **4** erfüllt ist.

17. Führe den Beweis des 2. Falls $(f'(x_e) < 0)$ bei
△ Satz **1** durch.

18. Führe den Beweis von Satz **1** entsprechend für
△ einen Tiefpunkt durch.

19. Führe die Beweisschritte von Satz **1** bei den
△ folgenden Beispielen durch.
△
△ a) $f(x) = x^2$;   Stelle 0
△ b) $f(x) = (x - 2)^2$;   Stelle 2
△
△ c) $f(x) = -x^2 - 2x + 3$;   Stelle -1

20. Formuliere das notwendige Kriterium für Extremstellen für absolute Extrema, die nicht am Rand des Definitionsintervalls liegen.

21. Prüfe, ob die folgenden Formulierungen stimmen. Gib Begründungen oder Gegenbeispiele an.

a) Die im Intervall I differenzierbare Funktion f kann im Innern von I nur dann eine relative Extremstelle x_e besitzen, wenn gilt $f'(x_e) = 0$.

b) Eine im Intervall I differenzierbare Funktion f kann an einer inneren Stelle x_e höchstens dann ein relatives Extremum haben, falls gilt $f'(x_e) = 0$.

c) Eine im Intervall I differenzierbare Funktion f kann an einer Stelle x_e im Innern von I, an der gilt $f'(x_e) \neq 0$, kein relatives Extremum haben.

d) Eine in einem Intervall I differenzierbare Funktion hat immer dann x_e als relative Extremstelle, falls gilt $f'(x_e) = 0$.

e) Hat die Funktion f an der Stelle x_e ein relatives Extremum, so muß gelten $f'(x_e) = 0$.

f) Gilt $f'(x_e) = 0$ und liegt x_e im Innern des Definitionsbereichs, so hat f an der Stelle x_e ein relatives Extremum.

22. Warum kann die Funktion f keine relativen Extremstellen besitzen?

a) $f(x) = 2x - 1$

b) $f(x) = \dfrac{1}{x}$

c) $f(x) = x^3 + 3x$

d) $f(x) = 2x^3 + 3x^2 + 6x$

△ e) $f(x) = x^3 - 3x^2 + 3x - 1$

23. Zeige, daß bei der Funktion f die angegebene Stelle x keine relative Extremstelle ist, obwohl gilt $f'(x) = 0$.

a) $f(x) = x^3 - 2$;   Stelle 0

b) $f(x) = -x^5 + 4$;   Stelle 0

c) $f(x) = (x-1)^3 + 2$;   Stelle 1

24. Skizziere eine nicht überall differenzierbare Funktion, die an zwei Stellen relative Maxima besitzt, an denen sie nicht differenzierbar ist.

Der Graph der Sekantensteigungsfunktion sk hat an der Stelle x_e eine Lücke. Diese ist schließbar, denn wegen der vorausgesetzten Differenzierbarkeit gibt es an der Stelle x_e einen Grenzwert der Sekantensteigungsfunktion (siehe Seite 58).

Für diesen Grenzwert gilt: $f'(x_e) = 0$.

Wir führen diesen Nachweis indirekt mit zwei unterschiedlichen Fällen:

1. Fall: Angenommen, es wäre $f'(x_e) > 0$.
Dann hat wegen der Differenzierbarkeit von f an der Stelle x_e die Sekantensteigungsfunktion sk_f an der Stelle x_e eine stetige Ergänzung Δ_f (vgl. Seite 58 und 83).

Es gilt: $\Delta_f(x) = \begin{cases} sk_f(x) & \text{für } x \neq x_e \\ f'(x_e) & \text{für } x = x_e \end{cases}$

Wegen der Stetigkeit dieser Funktion an der Stelle x_e folgt nach Satz **2**, Seite 32:

$\Delta_f(x) > 0$ für $x \in U(x_e)$

Andererseits gibt es in jeder Umgebung von x_e Zahlen x, für die $sk_f(x) \leq 0$, also auch $\Delta_f(x) \leq 0$ ist.
Dies steht im Widerspruch zum Vorherigen (vgl. Skizze). Es kann nicht $f'(x_e) > 0$ sein.

2. Fall: Angenommen, es wäre $f'(x_e) < 0$.
Der Beweis verläuft entsprechend zum 1. Fall (vgl. Übungsaufgabe **17**).

c) Die Umkehrung lautet:
Wenn $f'(x_e) = 0$, dann ist x_e eine relative Extremstelle von f.
Dieser Satz ist falsch.

Gegenbeispiel:

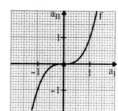

$f(x) = x^3$

$f'(x) = 3x^2$

$f'(0) = 0$

Es gilt $f'(0) = 0$. Die Tangente hat an der Stelle 0 also die Steigung 0. Jedoch ist 0 nicht Extremstelle, da die Funktion in jeder Umgebung von 0 positive und negative Funktionswerte hat.

Information:

(1) An einer relativen Extremstelle x_e der differenzierbaren Funktion f muß die Ableitung *notwendig* den Wert Null haben. Man sagt auch: *Notwendig* für das Vorliegen einer relativen Extremstelle x_e von f ist $f'(x_e) = 0$.

Das bedeutet: Stellen, die *nicht* Nullstellen von f′ sind, sind auch *nicht* relative Extremstellen von f.

> Man sagt: $f'(x_e) = 0$ ist eine **notwendige Bedingung** dafür, daß x_e eine relative Extremstelle ist (*notwendiges Kriterium*).

(2) Das notwendige Kriterium besagt: Bei überall differenzierbaren Funktionen f ist die Menge der relativen Extremstellen eine Untermenge der Menge der Nullstellen der ersten Ableitung f′.
Es ist also zweckmäßig, beim Aufsuchen von relativen Extremstellen die Nullstellen von f′ zu bestimmen und dann diese Stellen weiter zu untersuchen.

Zur Übung: **15** bis **23**

Ergänzung: *Extrema an Stellen, an denen die notwendige Bedingung nicht anwendbar ist.*

(1) *Relative Extremstellen bei Nicht-Differenzierbarkeit*
Der Graph der Funktion f kann durchaus relative Hoch- oder Tiefpunkte an einer Stelle besitzen, obwohl f dort nicht differenzierbar ist.

Beispiel: $[x \mapsto |x-1| + 2; x \in \mathbb{R}]$

$p(1; 2)$ ist Tiefpunkt; der Graph geht von streng monotonem Fallen in streng monotones Wachsen über.

(2) *Nicht-Anwendbarkeit des notwendigen Kriteriums bei Randextrema*
Am Rand des Definitionsbereichs können Extrema liegen, ohne daß dort gilt $f'(x) = 0$.

Beispiel: $[x \mapsto x^2; 0 \leq x \leq 2]$

Es ist $p(2; 4)$ ein Hochpunkt, ohne daß $f'(2) = 0$ ist. Das notwendige Kriterium für relative Extremstellen ist also bei Randextrema nicht anwendbar.

Zur Übung: **24** und **25**

Übungen zu anderen Definitionen für Extremstellen:
26 und **27**

---

25. Zeige, daß die Funktion f Randextrema besitzt, ohne daß dort gilt $f'(x) = 0$.

a) $[x \mapsto x^3; 0 \leq x \leq 2]$

b) $[x \mapsto x^2 + x; -2 \leq x \leq 2]$

c) $[x \mapsto -x^2 + 4; 0 \leq x \leq 2]$

26. ▲ Es ist gelegentlich üblich, Hoch- und Tiefpunkte anders zu definieren:

▲ *Definition* **1a**: Ein Punkt E mit $E = p(x_e; f(x_e))$ ist absoluter Hochpunkt [Tiefpunkt] des Graphen der Funktion f, falls für alle $x \in D_f$ mit $x \neq x_e$ gilt $f(x) < f(x_e)$ $[f(x) > f(x_e)]$.

▲ *Definition* **1b**: Ein Punkt E mit $E = p(x_e; f(x_e))$ ist absoluter Hochpunkt [Tiefpunkt] des Graphen der Funktion f, falls für $x < x_e$ die Funktion f streng monoton wächst [fällt] und f für $x > x_e$ streng monoton fällt [wächst].

▲ a) Definiere entsprechend zu den beiden Definitionen relative Extrempunkte.

▲ b) Zeige, daß die in Übungsaufgabe **2** gegebenen Funktionen nach der Definition **1a** keine absoluten Extremstellen haben.

▲ c) Skizziere den Graphen einer Funktion, der nach Definition **1a**, aber nicht nach Definition **1b** einen absoluten Hochpunkt besitzt.

▲ d) Zeige, daß jeder absolute Extrempunkt nach Definition **1b** auch ein absoluter Extrempunkt nach der Definition **1** und nach der gegebenen Definition **1a** ist.

▲ e) Ordne die drei Definitionen **1, 1a, 1b** nach dem Gesichtspunkt, welche Definition die wenigsten Funktionen erfaßt. Begründe die Entscheidung.

▲ f) Übertrage die Aufgabenteile b) bis e) entsprechend zu a) auch auf relative Extrempunkte.

27. ▲ Führe den Beweis von Satz **1** durch für relative Extrempunkte, die die Definition **1a** (vgl. Übungsaufgabe **26** erfüllen. Fertige auch entsprechende Skizzen wie beim Beweis an. Welche Änderungen sind erforderlich?

7.2. Monotonie und Ableitung

Das im vorigen Abschnitt bewiesene notwendige Kriterium für relative Extremstellen gestattet es lediglich, die Stellen aufzusuchen, die für relative Extremstellen höchstens in Frage kommen. Umgekehrt möchte man mittels Ableitungen auch wirklich die relativen Extremstellen einer vorgegebenen Funktion berechnen können.

Es ist zu vermuten, daß dann auf relative Extremstellen geschlossen werden kann, falls bei einer stetigen Funktion monotones Fallen [Wachsen] in monotones Wachsen [Fallen] übergeht.

In den Abschnitten **7.3** und **7.4** werden dann Sätze bewiesen, die zum Bestimmen relativer Extrema geeignet sind.

Aufgabe 1: *Monotonieintervalle und Vorzeichen der Ableitung*

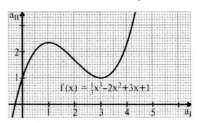

Gib Intervalle an, in denen die Funktion f monoton wachsend bzw. monoton fallend ist.
Diese Intervalle nennen wir **Monotonieintervalle.**
Zeichne den Graphen der Ableitungsfunktion f′. Welches Vorzeichen hat f′(x) in den Monotonieintervallen von f?

Lösung:

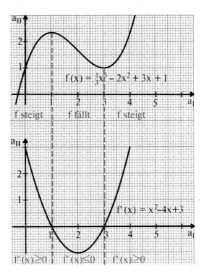

Übungen 7.2

1. Gib die Monotonieintervalle von f an. Skizziere den Graphen von f′ und notiere das Vorzeichen von f′(x) in den Monotonieintervallen von f.

a)

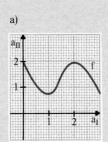

c)

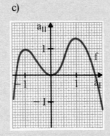

b)

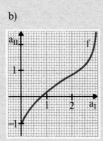

d)

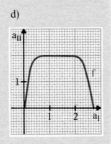

2. Skizziere den Graphen einer Funktion f, die die folgenden Eigenschaften hat. Gib die jeweiligen Vorzeichen von f′(x) in den Monotonieintervallen von f an.

a) Monoton wachsend für $x \leq -3$,
monoton fallend für $-3 \leq x \leq 1$,
monoton wachsend für $x \geq 1$.

b) Monoton fallend für $x \leq 1$,
monoton wachsend für $x \geq 1$.

c) Monoton wachsend für $0 \leq x \leq 2$.

d) Monoton wachsend für $-2 \leq x \leq 2$,
$f(x) = 3$ für $2 \leq x \leq 4$,
monoton fallend für $4 \leq x \leq 6$.

e) Monoton wachsend für $-2 \leq x \leq 1$,
monoton fallend für $2 \leq x \leq 3$.

Monotonieintervall	f	$f'(x)$
$x \le 1$	wächst	≥ 0
$1 \le x \le 3$	fällt	≤ 0
$x \ge 3$	wächst	≥ 0

Zur Übung: **1** und **2**

Wiederholung: *monoton, streng monoton*

Eine Funktion f heißt *monoton wachsend [fallend]* im Intervall $I \subseteq D_f$, wenn für alle Stellen $x_1, x_2 \in I$ mit $x_1 < x_2$ gilt: $f(x_1) \le f(x_2)$ $[f(x_1) \ge f(x_2)]$.
Gilt sogar stets $f(x_1) < f(x_2)$ $[f(x_1) > f(x_2)]$, so heißt f in I *streng* monoton wachsend [fallend].

Aufgabe 2: *Verallgemeinerung des Zusammenhanges zwischen Monotonie und Ableitung*

(1)   (2)   (3)

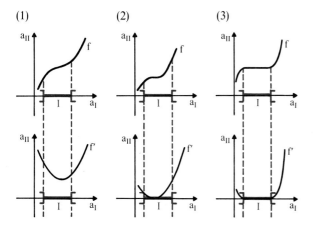

Die Bilder lassen Zusammenhänge zwischen Monotonie bzw. strenger Monotonie einerseits und dem Vorzeichen der Ableitung andererseits vermuten.

a) Formuliere die Zusammenhänge als Wenn-dann-Aussagen unter Hinweis auf die entsprechenden Bilder.

b) Formuliere Umkehraussagen, die durch die Bilder als richtig nahegelegt werden.

c) Gib entsprechende Aussagen für Funktionen an, die in einem Intervall I konstant sind.

Lösung: a) Wenn f in I *streng monoton* wächst, dann gilt $f'(x) > 0$ (Bild (1)) oder $f'(x) \ge 0$ (Bild (2)), also $f'(x) \ge 0$ für alle $x \in I$.
Wenn f in I *monoton* wächst, dann gilt $f'(x) \ge 0$ für alle $x \in I$ (Bilder (1) bis (3)).

3. Skizziere den Graphen von f'. Gib die Art der Monotonie von f und das Vorzeichen von $f'(x)$ in diesem Intervall an.

a)   b)   c)

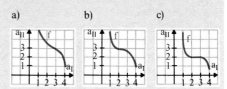

4. Erschließe anhand des Monotoniesatzes die Art der Monotonie von f. Gib Monotonieintervalle an.

a)   b)   c)

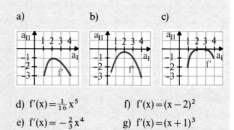

d) $f'(x) = \frac{1}{16} x^5$ f) $f'(x) = (x-2)^2$

e) $f'(x) = -\frac{2}{3} x^4$ g) $f'(x) = (x+1)^3$

5. Gegeben ist f' mit $f'(x) = -x^3 + 2x + 16$.
△ Welches Monotonieverhalten hat die Funk-
△ tion f für $x \in [-1; 1]$?

6. Gegeben ist f mit $f(x) = ax^3 + bx^2 + cx + d$.
△
△ a) Begründe anhand des Monotoniesatzes,
△ warum f für hinreichend große x und $a > 0$
△ streng monoton steigt.
△ *Anleitung:* Klammere x^2 beim Funktionsterm
△ bei der Ableitung aus.
△
△ b) Schließe entsprechend für $a < 0$.

7. Überprüfe anhand des Monotoniesatzes die
△ Richtigkeit der folgenden Aussagen. Gib, falls
△ sie falsch sind, ein Gegenbeispiel an.
△ Die Funktion f sei jeweils im Intervall I
△ differenzierbar.
△
△ a) Es gibt keine Funktion, für die $f'(x) > 0$ in I
△ gilt, die monoton wachsend, aber nicht streng
△ monoton wachsend ist.
△
△ b) Bei einer streng monoton wachsenden
△ Funktion f gilt nie $f'(x) = 0$.
△
△ c) Wenn $f'(x) \geq 0$ für alle $x \in I$, aber nicht stets
△ $f'(x) > 0$, dann kann f in I nicht streng mono-
△ ton wachsend sein.

8. Skizziere den Graphen einer Funktion f, die
streng monoton wächst und bei der an genau
zwei Stellen gilt $f'(x) = 0$.

9. Beweise: Ist f im Intervall I differenzierbar
△ und gilt $f'(x) = 0$ an genau zwei [endlich vie-
△ len] Stellen und sonst $f'(x) > 0$, dann ist f
△ streng monoton wachsend.
△ *Anleitung:* Führe den Beweis indirekt mit
△ Hilfe des Monotoniesatzes (4).

10. f sei im Intervall I differenzierbar; $I = [a; b]$.
▲ Beweise:
▲ f ist genau dann im abgeschlossenen Intervall
▲ I streng monoton wachsend, wenn:
▲
▲ (1) an allen Stellen des offenen Intervalls
▲ $]a; b[$ gilt $f'(x) \geq 0$ und
▲
▲ (2) in keinem abgeschlossenen Teilintervall
▲ $[p; q]$ des Intervalls I überall $f'(x) = 0$ ist.

b) Wenn $f'(x) > 0$ für alle $x \in I$, dann ist f in I streng
monoton wachsend (Bild (1)). Wenn $f'(x) \geq 0$ für alle $x \in I$,
dann ist f in I monoton wachsend (Bilder (1) bis (3)).

Beachte: Ist $f'(x) \geq 0$, so ist f monoton wachsend; f kann
sogar streng monoton wachsend sein.

Entsprechendes gilt für monotones Fallen.

c) Wenn f im Intervall I konstant ist, dann gilt $f'(x) = 0$
für alle $x \in I$; wenn $f'(x) = 0$ für alle $x \in I$, dann ist f
konstant in I (Bild (3)).

Zusammenfassend erhalten wir:

Satz 2: *Monotoniesatz*

Die Funktion f sei im Intervall I differenzierbar.

(1) Wenn f in I monoton wachsend [fallend] ist,
dann gilt $f'(x) \geq 0$ $[f'(x) \leq 0]$ für alle $x \in I$.

(2) Wenn $f'(x) \geq 0$ $[f'(x) \leq 0]$ für alle $x \in I$, dann ist f
monoton wachsend [fallend] in I.

(3) Wenn $f'(x) > 0$ $[f'(x) < 0]$ für alle $x \in I$, dann ist f
streng monoton wachsend [fallend] in I.

(4) Wenn $f'(x) = 0$ für alle $x \in I$, dann gilt $f(x) = c$ für
alle $x \in I$.
Wenn $f(x) = c$ für alle $x \in I$, dann ist $f'(x) = 0$ für
alle $x \in I$.

Der Monotoniesatz ist anschaulich einleuchtend.
Sein Beweis ist jedoch sehr aufwendig. Um unser Ziel,
Sätze zum Bestimmen relativer Extrema zu beweisen,
rascher zu erreichen, entnehmen wir ihn hier zunächst
der Anschauung ohne Beweis.
Einen Beweis des Monotoniesatzes holen wir in Abschnitt **7.9.** nach.

Zur Übung: **3** bis **10**

7.3. Vorzeichenwechselkriterium

Aufgabe 1: *Schließen auf Extremstellen bei Vorzeichenwechsel der ersten Ableitung*

a) Betrachte die Monotonieintervalle der Funktion f.
Wo liegen die relativen Extremstellen der Funktion?

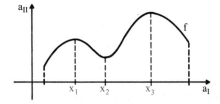

b) Versuche den Monotoniesatz zum Aufsuchen der Extremstellen anzuwenden. Formuliere einen Wenn-dann-Satz und beweise ihn.

Lösung: a) An den Grenzen der Monotonieintervalle geht die Funktion von monotonem Wachsen [Fallen] in monotones Fallen [Wachsen] über. Hier liegen relative Extremstellen der Funktion.

b) Aus dem Monotoniesatz (Satz **2**, (3)) erhält man: Wenn die 1. Ableitung f' an der Stelle x_e das Vorzeichen wechselt, dann ändert sich das Monotonieverhalten der Funktion f an dieser Stelle.

Satz 3: *Hinreichendes Kriterium für relative Extremstellen mittels Vorzeichenwechsel*

Wenn die Funktion f in einer Umgebung $U(x_e)$ differenzierbar ist, f' an der Stelle x_e einen Vorzeichenwechsel hat und gilt $f'(x_e)=0$, dann ist x_e relative Extremstelle von f.

Als Vorbereitung für den Beweis präzisieren wir zunächst, wann eine Funktion g an einer Stelle a einen Vorzeichenwechsel hat:

Die Funktion g hat an der Stelle a einen **Vorzeichenwechsel,** wenn man eine Umgebung $U(a)$ mit $U(a) \subseteq D_g$ finden kann, so daß für alle $x \in U(a)$ entweder (1) oder (2) gilt:

(1) $g(x) > 0$ für $x < a$
$\quad\ g(x) < 0$ für $x > a$

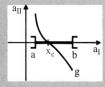

(2) $g(x) < 0$ für $x < a$
$\quad\ g(x) > 0$ für $x > a$

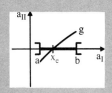

Wir sprechen im Fall (1) von einem $(+/-)$-*Vorzeichenwechsel von g an der Stelle a*, im Fall (2) von einem $(-/+)$-*Vorzeichenwechsel von g an der Stelle a*.

Übungen 7.3

1. Prüfe bei der Funktion f nach, ob die Ableitung f' an den angegebenen Stellen einen Vorzeichenwechsel hat.

  a) $f(x)=x^2$;   Stellen $0; 2$

  b) $f(x)=x^3$;   Stellen $0; -1$

  c) $f(x)=x^2+2x$;   Stellen $0; -1; 1; -2$

  d) $f(x)=\frac{1}{4}x^4+\frac{1}{3}x^3$;   Stelle 0

Anleitung für d): Klammere beim Term $f'(x)$ eine möglichst hohe Potenz von x aus.

2. Warum kann am Rand des Definitionsbereichs einer Funktion f kein Vorzeichenwechsel von f' auftreten?

3. Beweise Satz **3** für einen $(-;+)$-Vorzeichenwechsel von f'.

4. Erläutere die Beweisschritte beim Beweis $\triangle$ von Satz **3** am Beispiel der Funktion f mit $\triangle$ $f(x)=-x^2+3$ an der Stelle 0.

5. Formuliere Satz **3** so um, daß man erkennen kann, unter welchen Bedingungen ein relativer Hochpunkt und unter welchen Bedingungen ein relativer Tiefpunkt vorliegt.

6. Entscheide anhand der Art des Vorzeichenwechsels, ob an den Stellen, an denen in Übungsaufgabe **1** ein Vorzeichenwechsel vorliegt, die Funktion ein relatives Minimum oder ein relatives Maximum hat.

7. Prüfe, ob die folgenden Formulierungen wahr sind.
Gib Begründungen an.

a) Die in einer Umgebung von x_e differenzierbare Funktion f hat immer dann x_e als relative Extremstelle, wenn f' an der Stelle x_e einen Vorzeichenwechsel hat.

▲ b) Nur dann hat die in einer Umgebung von
▲ x_e differenzierbare Funktion f die Stelle x_e als
▲ relative Extremstelle, wenn f' an der Stelle x_e
▲ einen Vorzeichenwechsel hat.

c) Stets wenn die Funktion f in einer Umgebung von x_e differenzierbar ist und f' an der Stelle x_e einen Vorzeichenwechsel hat, ist x_e relative Extremstelle von f.

d) Hinreichend für eine relative Extremstelle x_e einer in einer Umgebung von x_e differenzierbaren Funktion f ist ein Vorzeichenwechsel von f' an der Stelle x_e.

△ e) f sei im Intervall I differenzierbar, x_e liege
△ im Innern von I. Hinreichend dafür, daß x_e
△ keine relative Extremstelle von f ist, ist
△ $f'(x_e) \neq 0$.

8. Zeige: Ist f in einem Intervall I differenzier-
▲ bar, ist x_e aus dem Innern von I und hat f' an
▲ der Stelle x_e einen Vorzeichenwechsel, dann
▲ ist x_e relative Extremstelle im Sinne von Defi-
▲ nition **1b** (siehe Übungsaufgabe **26**, Seite 89).

9. Begründe: Jede Extremstelle, die das hinrei-
▲ chende Kriterium mittels Vorzeichenwechsel
▲ erfüllt, ist auch eine Extremstelle im Sinne
▲ von Definition **1b** in Übungsaufgabe **26**, Sei-
▲ te 89.

10. Zeige, daß die Funktion f für die Stelle $x_e = 0$ ein Gegenbeispiel zur Umkehrung von Satz **3** darstellt.

a) $f(x) = \begin{cases} x^2 \cdot \sin^2 \dfrac{2}{x} & \text{für } x \neq 0 \\ 0 & \text{für } x = 0 \end{cases}$

b) $f(x) = \begin{cases} x^2 \cdot \cos^2 \dfrac{1}{x} & \text{für } x \neq 0 \\ 0 & \text{für } x = 0 \end{cases}$

11. Gib weitere Gegenbeispiele zur Umkehrung von Satz **3** an.

Beweis von Satz **3**

1. Fall: f' hat an der Stelle x_e einen $(+/-)$-Vorzeichenwechsel.
Da außerdem nach Voraussetzung $f'(x_e) = 0$ gilt, folgt für alle $x \in U(x_e)$ mit

$x \le x_e$:	$x \ge x_e$:
$f'(x) \ge 0$, also ist f monoton wachsend (Monotoniesatz (2)).	$f'(x) \le 0$, also ist f monoton fallend (Monotoniesatz (2)).
Es gilt: $f(x) \le f(x_e)$	Es gilt: $f(x) \le f(x_e)$

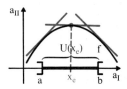

Also gilt für alle $x \in U(x_e)$: $f(x) \le f(x_e)$, d.h. an der Stelle x_e liegt ein relatives Maximum von f vor; der Punkt $p(x_e; f(x_e))$ ist relativer Hochpunkt des Graphen von f.

2. Fall: f' hat an der Stelle x_e einen $(-/+)$-Vorzeichenwechsel.
Hier folgt dann entsprechend, daß an der Stelle x_e ein relatives Minimum von f vorliegt (s. Übungsaufgabe **3**).
Gilt $f'(x_e) = 0$, so hat der Graph von f bei einem $(+/-)$-Vorzeichenwechsel einen relativen Hochpunkt, bei einem $(-/+)$-Vorzeichenwechsel einen relativen Tiefpunkt.

Information: *Begriff der hinreichenden Bedingung – strenge Monotonie von f bei einem Vorzeichenwechsel von f'*

(1) Man sagt:

$f'(x_e) = 0$ und ein Vorzeichenwechsel von f' an der Stelle x_e sind eine **hinreichende Bedingung** dafür, daß x_e relative Extremstelle von f ist (*hinreichendes Kriterium*).

(2) Ist die hinreichende Bedingung nicht erfüllt, so kann keine Aussage darüber gemacht werden, ob eine relative Extremstelle vorliegt. Es ist nichts entschieden.

(3) Beim Beweis von Satz **3** konnte gezeigt werden, daß f für $x \le x_e$ mit $x \in U(x_e)$ monoton wächst.
Wir folgern nun, daß f in diesem Fall sogar *streng* monoton wächst:
Wäre f monoton, aber nicht streng monoton wachsend, so gäbe es mindestens zwei Stellen x_1, x_2 $(x_1 \neq x_2)$ mit $f(x_1) = f(x_2)$. Wegen der Monotonie von f wäre f dann im Intervall $[x_1; x_2]$ konstant.

Es wäre also $f'(x)=0$ für alle $x\in[x_1;x_2]$ (vgl. Seite 55). Dies steht im Widerspruch zum vorausgesetzten $(+/-)$-Vorzeichenwechsel von f'. Der angenommene Fall kann also nicht auftreten; f ist für $x\le x_e$ streng monoton wachsend.

Entsprechend folgert man, daß f für $x\ge x_e$ mit $x\in U(x_e)$ streng monoton fällt.

Die hier bewiesene Aussage wird beim Beweis von Satz **9** (Seite 108) verwendet.

(4) Die Umkehrung von Satz **3** gilt nicht. Gegenbeispiele siehe Übungsaufgabe **19**.

Die hinreichende Bedingung ist also keine notwendige Bedingung (vgl. Seite 88 f.).

Zur Übung: **1** bis **11**

Aufgabe 2: *Abtasten auf Vorzeichenwechsel*

Gegeben sei die Funktion f mit $f(x)=\frac{1}{3}x^3-4x+3$.

a) Bestimme die Nullstellen von f'.

b) Untersuche mit Hilfe des Vorzeichenwechselkriteriums, ob die Nullstellen von f' Extremstellen von f sind.

c) Gib die Koordinaten der relativen Extrempunkte an.

Lösung:

a) $f'(x)=\frac{3}{3}x^2-4=x^2-4$

$f'(x)=0$: $x^2-4=0 \Leftrightarrow x=2 \vee x=-2$

2 und -2 sind also Nullstellen der 1. Ableitung.

b) Höchstens 2 und -2 sind relative Extremstellen von f. Um einen Vorzeichenwechsel zu erkennen, bestimmen wir Werte von f' in der Nähe dieser Nullstellen:

Stelle -2: z.B. $f'(-3)=(-3)^2-4=5$
$\qquad\qquad\quad f'(-1)=(-1)^2-4=-3$

Es gilt $f'(-3)>0$, $f'(-2)=0$, $f'(-1)<0$, also können wir davon ausgehen, daß f an der Stelle -2 von monotonem Steigen in monotones Fallen übergeht. Es liegt ein relatives Maximum vor.

Stelle 2: z.B. $f'(1)=1^2-4=-3$
$\qquad\qquad\quad f'(3)=3^2-4=5$

Es gilt $f'(1)<0$, $f'(2)=0$, $f'(3)>0$, also können wir davon ausgehen, daß f an der Stelle 2 von monotonem Fallen in monotones Steigen übergeht. Es liegt ein relatives Minimum vor.

f' hat keine weiteren Nullstellen.

Es ist: $f(2)=-\frac{7}{3}$; $T=p(2;-\frac{7}{3})$ ist relativer Tiefpunkt.

12. Bestimme die Nullstellen von f' und vermute mit Hilfe von Werten in der Nähe der Nullstellen von f' einen Vorzeichenwechsel. Gib an, ob ein Minimum oder ein Maximum vorliegen könnte.

a) $f(x)=x^3-6x^2$

b) $f(x)=x^4-8x^2+4$

c) $f(x)=\frac{1}{3}x^3-\frac{1}{2}x^2-2x$

d) $f(x)=\frac{1}{4}x^4+\frac{1}{3}x^3-x^2$

e) $f(x)=x^5-5x^3$

f) $f(x)=x^2+x$

13. Von einer Funktion f ist bekannt $f'(-1)=0$, $f'(2)=0$; $f'(-2)=3$, $f'(0)=-1$, $f'(3)=4$.

a) Skizziere den Graphen einer Funktion, die die obigen Angaben erfüllt und an den Stellen -1 und 2 relative Extrempunkte hat.

b) Skizziere den Graphen einer Funktion, die die obigen Angaben erfüllt, aber noch weitere relative Extrempunkte besitzt.

14. Bestimme nach dem Verfahren in Aufgabe **3** die relativen Extrema der Funktionen f in Übungsaufgabe **12**.

15. Bestimme die relativen Extrempunkte des Graphen der Funktion f mit Hilfe von Vorzeichenwechseluntersuchungen.

a) $f(x)=x^3-8x^2+16x+4$

b) $f(x)=\frac{1}{4}x^4-2x^2+5$

c) $f(x)=\frac{1}{3}x^3-x^2-8x+2$

d) $f(x)=4x^3-6x^2-9x$

e) $f(x)=\frac{1}{16}x^4-2x^2$

16. a) An welchen Stellen hat der Graph der Funktion f horizontale Tangenten?

b) Welche dieser Stellen sind relative Extremstellen?

c) Wie lauten die Koordinaten der relativen Extrempunkte des Graphen von f?

$f_1(x) = \frac{1}{2}x^2 - 2x$

$f_2(x) = \frac{1}{6}x^3 - 2x$

$f_3(x) = x^4 - \frac{1}{2}x^2$

$f_4(x) = \frac{1}{8}x^4 + \frac{1}{2}x^3$

17. Gegeben sind Funktionen f_1 und f_2. Von ihnen ist nur bekannt

$f_1'(x) = (x+1)(x-2)$

$f_2'(x) = -(x+1)(x-2)$

a) Zeige, daß beide Funktionen an denselben Stellen relative Extrema besitzen.

b) Vergleiche die Art der relativen Extrema bei beiden Funktionen miteinander.

c) Zeige, daß die Funktion f_3 mit

$f_3'(x) = x(x+1)(x-2)$

mit f_1 und f_2 gemeinsame relative Extremstellen hat.
Wo hat f_3 eine zusätzliche relative Extremstelle?

18. Bestimme mit Hilfe von Linearfaktoren die Ableitung f'(x) einer Funktion f, die die angegebenen Eigenschaften hat. Gib f'(x) möglichst einfach an. Gib eine weitere Ableitung $f_1'(x)$ an, die dieselben Bedingungen erfüllt (siehe Übungsaufgabe 17).

a) relative Extremstellen bei -2; 1.

b) relatives Maximum an der Stelle 0; relatives Minimum an der Stelle 3.

c) relative Maxima an den Stellen -2 und 2; relatives Minimum an der Stelle 0.

d) relative Minima an den Stellen -2 und 2; relatives Maximum an der Stelle 1.

e) relative Minima an den Stellen 0 und 3.

Kritische Anmerkungen zur Lösung von Aufgabe **2b**:
Wir haben z.B. aus $f'(-3) > 0$ und $f'(-2) = 0$ anschaulich gefolgert, daß f' auch im Intervall $]-3; -2[$ positiv ist, da hier keine weiteren Nullstellen von f' liegen. Dieser Schluß ist möglich, weil f' in diesem Intervall stetig ist. (Den zugrunde liegenden Zwischenwertsatz werden wir erst im *Leistungskurs Analysis 2* behandeln.)

Zur Übung: **12** und **13**

Aufgabe 3: *Vorzeichenwechseluntersuchungen durch Faktorisieren*

Gegeben sei die Funktion f mit $f(x) = \frac{1}{12}x^4 - \frac{1}{3}x^3$.
Bestimme mit Hilfe des Vorzeichenwechselkriteriums die Extrempunkte des Graphen von f.

Anleitung: Zerlege f'(x) zur besseren Übersicht des Vorzeichenverhaltens in Linearfaktoren.

Lösung:

(1) Bestimmen der Nullstellen von f'
$f'(x) = \frac{1}{3}x^3 - x^2 = \frac{1}{3}x^2(x-3)$
$f'(x) = 0: \frac{1}{3}x^2(x-3) = 0 \Leftrightarrow x = 0 \lor x = 3$

0 und 3 sind Nullstellen von f'. Höchstens diese Stellen sind relative Extremstellen von f.

(2) Vorzeichen von f'
$f'(x) = \frac{1}{3}x^3 - x^2 = \frac{1}{3}x^2(x-3)$

	x	x^2	$x-3$	$\frac{1}{3}x^2(x-3)$
x < 0	< 0	> 0	< 0	< 0
0 < x < 3	> 0	> 0	< 0	< 0
x > 3	> 0	> 0	> 0	> 0

An der Stelle 3 liegt ein $(-/+)$-Vorzeichenwechsel von f' vor; die Funktion f wechselt von streng monotonem Fallen für $x < 3$ zu streng monotonem Wachsen für $x > 3$; es gilt $f'(3) = 0$; an der Stelle 3 liegt also ein relatives Minimum von f.
An der Stelle 0 liegt kein Vorzeichenwechsel von f' vor, da f'(x) in einer Umgebung von 0 außer bei 0 selbst stets negativ ist.
Für die Stelle 0 ist das Vorzeichenwechselkriterium nicht erfüllt, wir können daher mit seiner Hilfe keine Aussage machen.

(3) Bestimmen der Koordinaten des Extrempunktes
Es ist $f(3) = -\frac{9}{4}$. $T = p(3; -\frac{9}{4})$ ist relativer Tiefpunkt.

Zur Übung: **14** bis **18**

7.4. Hinreichende Kriterien für Extremstellen mittels höherer Ableitungen

Die Bestimmung von Monotonieintervallen ist rechnerisch aufwendig oder gar nicht durchführbar. Daher beweisen wir weitere hinreichende Kriterien für relative Extremstellen.

Aufgabe 1: *Hinreichendes Kriterium für relative Hochpunkte*

Die Funktion f sei in einer Umgebung $U(x_e)$ der Stelle x_e zweimal differenzierbar. Über die Graphen von f und f' sei das Folgende bekannt:

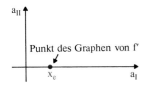

$$f'(x_e) = 0$$

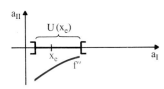

$$f''(x) < 0$$
$$\text{für alle } x \in U(x_e)$$

a) Skizziere die Graphen von f' und f in $U(x_e)$.

b) Formuliere einen Wenn-dann-Satz zu den gegebenen Voraussetzungen und dem Verhalten der Funktion f an der Stelle x_e.

c) Gib die Umkehrung des Wenn-dann-Satzes an. Zeige an einem Gegenbeispiel, daß sie falsch ist.

Lösung: a)

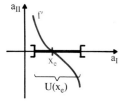
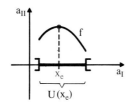

Weil $f''(x) < 0$ ist in einer Umgebung $U(x_e)$, ist der Graph von f' in $U(x_e)$ streng monoton fallend (siehe Monotoniesatz (3)), d.h. es gilt für alle $x \in U(x_e)$:

$$f'(x) > 0 \quad \text{für } x < x_e \quad \text{und} \quad f'(x) < 0 \quad \text{für } x > x_e$$

Außerdem ist $f'(x_e) = 0$.
Damit sind die Bedingungen des hinreichenden Kriteriums mittels Vorzeichenwechsel erfüllt. An der Stelle x_e liegt ein relativer Hochpunkt vor.

b) Wenn $f'(x_e) = 0$ und in einer Umgebung $U(x_e)$ $f''(x) < 0$ gilt, dann liegt an der Stelle x_e ein relativer Hochpunkt des Graphen von f vor *(hinreichendes Kriterium für relative Hochpunkte)*.

Zu dem hinreichenden Kriterium für relative Hochpunkte gibt es ein entsprechendes Kriterium für relative Tiefpunkte.

c) Die Umkehrung lautet: Wenn an der Stelle x_e ein relativer Hochpunkt vorliegt, dann gelten $f'(x_e) = 0$ und $f''(x) < 0$ in einer Umgebung $U(x_e)$.
Dieser Satz ist falsch.

Ein *Gegenbeispiel* liefert die Funktion f mit $f(x) = -x^4 + 5$.

Es gilt: $\quad f'(x) = -4x^3 \qquad f'(0) = 0$
$\qquad\qquad f''(x) = -12x^2 \qquad f''(0) = 0$

An der Stelle 0 liegt aber ein relativer Hochpunkt: f' hat dort einen $(+/-)$-Vorzeichenwechsel, denn es gilt $f'(x) > 0$ für $x < 0$, $f'(0) = 0$ und $f'(x) < 0$ für $x > 0$.
f wechselt also an der Stelle 0 von streng monotonem Wachsen zu streng monotonem Fallen. Ferner ist $f'(0) = 0$.
Es gilt aber nicht $f''(x) < 0$ in $U(0)$, denn es ist $f''(0) = 0$.

Zur Übung: **1** bis **6**

Übungen 7.4

1. Formuliere entsprechend Aufgabe **1** ein hinreichendes Kriterium für relative Tiefpunkte und beweise den entsprechenden Wenn-dann-Satz.

2. Formuliere die Umkehrung des in Übungsaufgabe **1** aufgestellten Satzes und zeige an einem Gegenbeispiel, daß sie falsch ist.

3. Skizziere bei der Funktion f in einer Umgebung von x_e die Graphen von f, f' und f''.
In welchen Fällen liegt ein relativer Extrempunkt des Graphen von f vor?

a) $f(x) = x^2$; $\qquad\qquad x_e = 0$

b) $f(x) = x^2$; $\qquad\qquad x_e = -1$

c) $f(x) = (x-2)^2$; $\qquad x_e = 2$

d) $f(x) = x^2 - 2x$; $\qquad x_e = 1$

e) $f(x) = x^3$; $\qquad\qquad x_e = 0$

Aufgabe 2: *Abschwächung der Voraussetzungen des hinreichenden Kriteriums*

Eine relative Extremstelle läßt sich leichter bestimmen, wenn man ein hinreichendes Kriterium hat, in dem allein Aussagen über diese Stelle vorkommen und nicht über eine Umgebung.
Wir wollen daher untersuchen, ob die Abschwächung $f'(x_e) = 0$ und $f''(x_e) < 0$ schon für einen relativen Hochpunkt hinreicht.
Die Funktion f sei also in einer Umgebung $U(x_e)$ zweimal differenzierbar, es gelte $f'(x_e) = 0$ und $f''(x_e) < 0$.

a) Zeichne die Tangente an den Graphen der Funktion f' an der Stelle x_e.
Beachte, daß $f''(x_e)$ die Steigung dieser Tangente angibt.

b) Skizziere einen möglichen Verlauf des Graphen von f' in einer Umgebung von x_e unter Verwendung der in a) gezeichneten Tangente.

c) Achte auf einen Vorzeichenwechsel von f' und formuliere einen Wenn-dann-Satz als hinreichendes Kriterium für einen relativen Hochpunkt [Tiefpunkt].

d) Beweise diesen Satz.

Lösung: a) Es gilt $f''(x_e) < 0$. Daher hat die zu zeichnende Tangente negative Steigung, sie verläuft bergab.

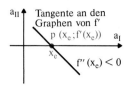

b) Da sich die Tangente gut an den Graphen anschmiegt, kann man den Verlauf des Graphen von f' in einer Umgebung von x_e in etwa erschließen:

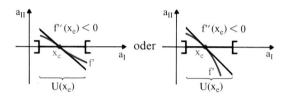

c) Wir zeigen, daß die Bedingungen des hinreichenden Kriteriums mittels Vorzeichenwechsel erfüllt sind:
Es gilt in $U(x_e)$:
$f'(x) > 0$ für $x < x_e$ und $f'(x) < 0$ für $x > x_e$;
f' hat also an der Stelle x_e einen $(+/-)$-Vorzeichenwechsel.
Außerdem gilt $f'(x_e) = 0$.

Satz 4: *Hinreichendes Kriterium für relative Extremstellen mittels der zweiten Ableitung*

Die Funktion f sei in einer Umgebung $U(x_e)$ zweimal differenzierbar.
Wenn $f'(x_e) = 0$ und zugleich $f''(x_e) < 0$ $[f''(x_e) > 0]$ gelten, dann hat der Graph von f an der Stelle x_e einen relativen Hochpunkt [Tiefpunkt].

Die Umkehrung dieses hinreichenden Kriteriums ist falsch (vergleiche das Gegenbeispiel in Aufgabe 1 c)).

d) *Beweis des hinreichenden Kriteriums für relative Extremstellen mittels f'':*

1. Fall: $f''(x_e) < 0$

Wir beabsichtigen, zunächst auf einen $(+/-)$-Vorzeichenwechsel von f' an der Stelle x_e zu schließen, so daß an der Stelle x_e ein relativer Hochpunkt vorliegt.

Hierzu betrachten wir die zu f' an der Stelle x_e gehörende Sekantensteigungsfunktion $sk_{f'}$.

---

4. Begründe, warum in den folgenden Fällen die Überlegungen von Aufgabe **1** nicht angewandt werden können, d.h. warum nicht auf einen relativen Hochpunkt geschlossen werden kann.

a)

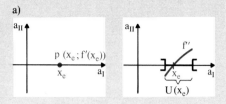

b)

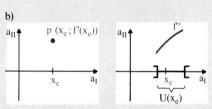

5. Zeige jeweils mit Hilfe der Funktion f, daß die Umkehrung des Satzes vom hinreichenden Kriterium für relative Hochpunkte falsch ist.
Skizziere jeweils den Graphen der Funktion f.

a) $f(x) = -x^6 + 2$; Stelle 0

b) $f(x) = -x^6 + x^4 + 4$; Stelle 0

c) $f(x) = -(x-1)^4$; Stelle 1

6. Überprüfe die angegebenen Formulierungen auf ihre Richtigkeit.
Begründe oder widerlege durch ein Gegenbeispiel.

a) *$f'(x_e) = 0$ und $f''(x) > 0$ in einer Umgebung von x_e* ist ein hinreichendes Kriterium für einen relativen Tiefpunkt.

b) *$f'(x_e) = 0$* ist ein hinreichendes Kriterium für einen relativen Extrempunkt.

c) *$f''(x) < 0$ in einer Umgebung von x_e* ist ein notwendiges Kriterium für einen relativen Hochpunkt.

d) *$f'(x_e) = 0$* ist notwendig für einen relativen Hochpunkt.

e) *$f'(x_e) = 0$* ist notwendig aber nicht hinreichend für das Vorhandensein eines relativen Extrempunktes an der Stelle x_e.

f) *$f'(x_e) = 0$* ist hinreichend, aber nicht notwendig für das Vorhandensein eines relativen Extrempunktes an der Stelle x_e.

7. Überprüfe, ob in den Beispielen von Übungsaufgabe **3**, bei denen relative Extrempunkte vorliegen, auch gilt:

$f''(x_e) < 0$ bzw. $f''(x_e) > 0$.

8. Übertrage Aufgabe **2** a) bis c) und ihre Lösung auf den Fall $f'(x_e) > 0$.

9. Formuliere Aufgabe **2** für die Funktion f und führe für das Beispiel die Lösung durch.

a) $f(x) = x^3 - 3x$; $\qquad x_e = 1$

b) $f(x) = x^4 - 8x^2$; $\qquad x_e = 2$

c) $f(x) = x^4 - 3x^3$; $\qquad x_e = 2,25$

10. Warum kann man nicht auf ein relatives Extremum von f an der Stelle x_e schließen?

a)

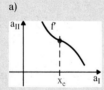

b)

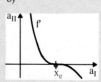

c)

Es gilt: $\quad sk_{f'}(x) = \dfrac{f'(x) - f'(x_e)}{x - x_e}$

und: $\lim\limits_{x \to x_e} sk_{f'}(x) = f''(x_e) < 0$

Die Funktion $\Delta_{f'}$ mit

$\Delta_{f'}(x) = \begin{cases} sk_{f'}(x) & \text{für } x \neq x_e \\ f''(x_e) & \text{für } x = x_e \end{cases}$

ist als stetige Erweiterung von $sk_{f'}$ an der Stelle x_e stetig.

Da $\Delta_{f'}(x_e) = f''(x_e) < 0$, gibt es nach Satz **2**, Seite 32 eine Umgebung $U_1(x_e)$, so daß gilt $\Delta_{f'}(x) < 0$ für alle $x \in U(x_e)$, d.h.:

Es gilt für alle $x \in (U(x_e) \cap U_1(x_e)) \setminus \{x_e\}$:

$$sk_{f'}(x) = \frac{f'(x) - f'(x_e)}{x - x_e} < 0$$

Da außerdem $f'(x_e) = 0$ gilt, folgt $\dfrac{f'(x)}{x - x_e} < 0$.

Dann hat $f'(x)$ jeweils ein anderes Vorzeichen als $x - x_e$, d.h. für $x < x_e$ ist $f'(x) > 0$, für $x > x_e$ ist $f'(x) < 0$ für alle $x \in (U(x_e) \cap U_1(x)) \setminus \{x_e\}$.

Es liegt also ein $(+/-)$-Vorzeichenwechsel von f' an der Stelle x_e vor; ferner gilt: $f'(x_e) = 0$.

Also hat der Graph von f an der Stelle x_e einen relativen Hochpunkt.

2. Fall: $f''(x_e) > 0$

Entsprechend zeigt man, daß an der Stelle x_e ein relativer Hochpunkt vorliegt (siehe Übungsaufgabe **12**).

Zur Übung: **7** bis **13**

Aufgabe 3: *Anwendung des hinreichenden Kriteriums für Extremstellen mittels f''*

Ermittle die relativen Extremstellen der Funktion f mit $f(x) = \frac{1}{4}x^4 - 2x^2 + 2$.

Lösung: $f'(x) = x^3 - 4x$
$\qquad\qquad f''(x) = 3x^2 - 4$

(1) Hoch- und Tiefpunkte kommen höchstens an den Nullstellen der ersten Ableitung vor (s. Seite 88 f.).

Es muß also für sie mindestens gelten $f'(x) = 0$:

$\qquad x^3 - 4x = 0$

$\Leftrightarrow x(x+2)(x-2) = 0$

$\Leftrightarrow x = 0 \lor x = -2 \lor x = 2$

Höchstens -2; 0; 2 können relative Extremstellen von f sein.

(2) Man erhält für die zweite Ableitung:

$f''(0) = 3 \cdot 0^2 - 4 = -4 < 0$

$f''(-2) = 3 \cdot (-2)^2 - 4 = 12 - 4 > 0$

$f''(2) = 3 \cdot 2^2 - 4 = 12 - 4 > 0$

Das hinreichende Kriterium für relative Extremstellen mittels f'' ist erfüllt.

An der Stelle 0 liegt ein relativer Hochpunkt, an den Stellen 2 und -2 liegen relative Tiefpunkte vor.

Zur Übung: **14** bis **16**

△ **Aufgabe 4:** *Hinreichendes Kriterium für relative Ex-*
△ *tremstellen mittels der ersten von Null ver-*
△ *schiedenen Ableitung*
△
△ Gegeben sind die Funktionen f mit
△
△ $f(x) = x^4$, $f(x) = x^5$, $f(x) = x^6$, $f(x) = x^7$.
△
△ a) Bilde die Ableitung der Funktion f so oft, bis die Funktion $x \mapsto 0$ als Ableitung auftritt.
△ b) Vermute in Analogie zu den hinreichenden Krite-
△ rien für relative Extremstellen mittels f'' ein weiteres
△ hinreichendes Kriterium mittels des Vorzeichens von
△ $f^{(n)}(x)$.
△ c) Beweise dieses Kriterium.
△
△ **Lösung:** a)
△

$f(x)$	$f'(x)$	$f''(x)$	$f'''(x)$	$f^{(4)}(x)$	$f^{(5)}(x)$	$f^{(6)}(x)$	$f^{(7)}(x)$
x^4	$4x^3$	$12x^2$	$24x$	24	0	0	0
x^5	$5x^4$	$20x^3$	$60x^2$	$120x$	120	0	0
x^6	$6x^5$	$30x^4$	$120x^3$	$360x^2$	$720x$	720	0
x^7	$7x^6$	$42x^5$	$210x^4$	$840x^3$	$2520x^2$	$5040x$	5040

△ Für die Funktionen f gilt also: $f'(0) = f''(0) = f'''(0) = 0$.
△
△ Das hinreichende Kriterium für relative Extremstellen
△ mittels f'' ist also nicht anwendbar.
△ Jedoch gilt für $f(x) = x^4$ und für $f(x) = x^6$:
△
△ $f'(x) < 0$ für $x < 0$ und $f'(x) > 0$ für $x > 0$.
△
△ f' hat also an der Stelle 0 jeweils einen $(-/+)$-Vorzei-
△ chenwechsel. Ferner ist $f'(0) = 0$.
△ Damit sind die Voraussetzungen des hinreichenden
△ Kriteriums für relative Extremstellen (Satz **3**, Seite 93)
△ erfüllt.
△ f hat an der Stelle 0 jeweils ein relatives Minimum.
△ Für $f(x) = x^5$ und für $f(x) = x^7$ gilt:
△
△ $f'(x) > 0$ für $x \neq 0$ und $f'(0) = 0$.
△
△ f ist also in einer Umgebung von Null monoton wach-
△ send, dann kann 0 nicht relative Extremstelle von f
△ sein.

11. Formuliere den Satz vom hinreichenden Kriterium für relative Extremstellen so, daß nicht zwischen Hoch- und Tiefpunkt unterschieden wird, sondern daß auf einen Extrempunkt geschlossen wird.

12. Führe den Beweis des Satzes vom hinreichen-
△ den Kriterium für relative Extremstellen mit-
△ tels f'' für den Fall $f''(x_e) > 0$ durch.

13. Führe die Beweisschritte des Satzes vom hin-
△ reichenden Kriterium für relative Extremstel-
△ len am Beispiel der Funktion f durch.
△ Wähle auch eine passende Umgebung $]a; b[$.

△ a) $f(x) = x^4$;   Stelle 0
△
△ b) $f(x) = x^2 - 4x$;   Stelle 2

△ c) $f(x) = x^3 - 3x$;   Stelle -1

14. Bestätige anhand des hinreichenden Kriteriums für relative Extremstellen mittels f'', daß die angegebenen Stellen relative Extremstellen der Funktion f sind.
Bestimme auch die Art des relativen Extremums.

a) $f(x) = x^3 - 7x^2 + 15x - 9$;   Stelle 3

b) $f(x) = \frac{1}{3}x^3 - x$;   Stellen 1; -1

c) $f(x) = 3x^4 + 4x^3 - 12x^2$;   Stelle -2

15. Berechne die relativen Extremstellen mit Hilfe des hinreichenden Kriteriums für Extremstellen mittels f''.

a) $f(x) = x^2 - 9x$

b) $f(x) = \frac{1}{6}x^3 - 2x$

c) $f(x) = -\frac{1}{6}x^3 + x^2$

d) $f(x) = x^4 - \frac{1}{2}x^2$

e) $f(x) = 4x^3 - 6x^2 - 9x$

f) $f(x) = -\frac{1}{2}x^4 + 3x^2 + 5$

g) $f(x) = (x^2 - 2)^2$

h) $f(x) = x(x - 3)(x - 2)$

i) $f(x) = \frac{1}{4}((x - 3)^2 - 9)^2$

j) $f(x) = \frac{1}{12}x^3 - 2x + 16x$

k) $f(x) = 3x^4 - 16x^3 + 24x^2$

16. Bestimme die relativen Extremstellen der Funktion f gegebenenfalls durch Zerlegen des Funktionsterms von f′ in Linearfaktoren mit Hilfe einer Polynomzerlegung.

a) $f(x) = x^3 + 4x - 16$

b) $f(x) = x^3 - 2x + 3$

c) $f(x) = x^3 - 2x^2 - 4x + 8$

d) $f(x) = x^5 - 3x^3 - 2x^2$

e) $f(x) = x^4 + 3x^3 + 3x^2 + x$

f) $f(x) = x^4 - 4x^3 + 3x^2 + 4x - 4$

17. Führe die Überlegungen von Aufgabe **4** für die Funktion f an der Stelle 0 durch.

a) $f(x) = x^8$

b) $f(x) = x^9$

c) $f(x) = x^6 + x^4$

d) $f(x) = x^7 + x^5$

e) $f(x) = x^7 - 2x^6$

f) $f(x) = x^8 - 5x^4$

g) $f(x) = x^8 - 3x^5$

18. Beweise Satz **5** für den Fall $f^{(n)}(x_e) < 0$.

19. Wende Satz **5** zur Bestimmung von relativen Extremstellen auf die Beispiele in Übungsaufgabe **17** an.
Beachte: Es liegen nicht immer relative Extremstellen vor.

20. Begründe: Satz **5** gilt auch für den Fall $n = 2$.

21. Zeige: Das hinreichende Kriterium für relative Extremstellen mittels f″ ist ein Spezialfall von Satz **5**.

b) Die Funktionen f sind gegeben durch

$f(x) = x^n$, wobei $n = 4, 5, 6, 7$.

Es gilt: $f^{(k)}(0) = 0$ für $k = 1, 2, \ldots, n-1$; $f^{(n)}(0) \neq 0$.
Ist n gerade, so ist 0 relative Extremstelle von f. Wir vermuten daher allgemein:

> **Satz 5:** *Hinreichendes Kriterium für relative Extremstellen mittels der ersten von Null verschiedenen Ableitung gerader Ordnung*
>
> Die Funktion f sei in einer Umgebung $U(x_e)$ n-mal differenzierbar.
> Wenn n gerade ist und $f'(x_e) = f''(x_e) = f^{(n-1)}(x_e) = 0$ und zugleich $f^{(n)}(x_e) < 0$ $[f^{(n)}(x_e) > 0]$ ist,
> dann hat der Graph von f an der Stelle x_e einen relativen Hochpunkt [Tiefpunkt].

c) *Beweis des hinreichenden Kriteriums für relative Extremstellen mittels der ersten von Null verschiedenen Ableitung gerader Ordnung.*
Der Beweis erfolgt für den Fall $f^{(n)}(x_e) > 0$, für $f^{(n)}(x_e) < 0$ verläuft er entsprechend (vgl. Übungsaufgabe **18**).

Beweisgedanke: Es liegt nahe, ähnlich wie beim Beweis des hinreichenden Kriteriums für relative Extremstellen mittels f″ schrittweise mit Hilfe des Monotoniesatzes auf einen Vorzeichenwechsel von f′ zu schließen.

Beweis:

1. Schritt: Schluß auf Vorzeichenwechsel von $f^{(n-1)}$

(1)
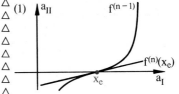

Wir folgern wie beim Beweis des hinreichenden Kriteriums für relative Extremstellen mittels f″ (S. 99 ff.):
Aus $f^{(n)}(x_e) > 0$ und $f^{(n-1)}(x_e) = 0$ folgt, daß $f^{(n-1)}$ an der Stelle x_e einen Vorzeichenwechsel hat (an die Stelle f″ bzw. f′ treten jetzt $f^{(n)}$ bzw. $f^{(n-1)}$).

2. Schritt: Schluß auf die Monotonie von $f^{(n-2)}$

(2)
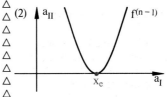

$f^{(n-1)}$ ist die Ableitung von $f^{(n-2)}$.

Wir wenden den Monotoniesatz (3) auf $f^{(n-1)}$ an:

Für $x < x_e$ ist $f^{(n-1)} < 0$ in einer Umgebung $U(x_e)$, also ist $f^{(n-2)}$ für $x < x_e$ streng monoton fallend.

Für $x > x_e$ ist $f^{(n-1)} > 0$ in einer Umgebung $U(x_e)$, also ist $f^{(n-2)}$ für $x > x_e$ monoton wachsend.

Zusätzlich gilt $f^{(n-2)} = 0$ (nach Voraussetzung), also gilt für $x \neq x_e$: $f^{(n-2)}(x) > 0$.

3. Schritt: Schluß auf die Monotonie von $f^{(n-3)}$

(3)

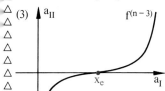

Es ist $f^{(n-2)} > 0$ für $x \neq x_e$.

Wir können also den Monotoniesatz (3) erneut anwenden, diesmal auf $f^{(n-2)}$ als Ableitung von $f^{(n-3)}$.

$f^{(n-3)}$ ist dann streng monoton wachsend.

Weil zusätzlich $f^{(n-3)}(x_e) = 0$ vorausgesetzt ist, ergibt sich der Verlauf im Bild.

4. Schritt: Fortsetzen des Verfahrens

(4)

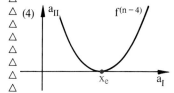

Wie im 2. Schritt kann nun auf $f^{(n-4)}$ geschlossen werden. Der Verlauf von $f^{(n-4)}$ entspricht dem von $f^{(n-2)}$, analog der Verlauf von $f^{(n-5)}$ dem von $f^{(n-3)}$ usw.

5. Schritt: Schluß auf Vorzeichenwechsel bei f'

(5)

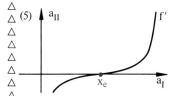

Ist nun n gerade, so hat $f'\ (= f^{(1)})$ einen entsprechenden Verlauf wie $f^{(n-1)}$, $f^{(n-3)}$, $f^{(n-5)}$ usw., es gilt also $f'(x) > 0$ für $x > x_e$ und $x \in U(x_e)$.

f' hat also an der Stelle x_e einen $(-/+)$-Vorzeichenwechsel.

Mit $f'(x_e) = 0$ sind dann die Voraussetzungen des hinreichenden Kriteriums für relative Extremstellen mittels Vorzeichenwechsel erfüllt; der Graph von f hat an der Stelle x_e einen relativen Tiefpunkt.

Zur Übung: **17** bis **25**

---

22. Führe den Beweis von Satz **5** am Beispiel der Funktion f für eine geeignete Stelle durch.

a) $f(x) = x^6$ c) $f(x) = x^6 + x^4$

b) $f(x) = x^7$ d) $f(x) = x^7 + x^5$

23. Gegeben sind Eigenschaften einer in einer Umgebung von x_0 definierten Funktion f. Skizziere aufgrund dieser Angaben den Verlauf der Graphen von $f^{(4)}$, f''', f'', f' und f in einer geeigneten Umgebung von x_0.

Anleitung: Führe Überlegungen analog zu den Beweisschritten beim Beweis von Satz **5** durch.

a) $f(x_0) = 2$
$f'(x_0) = 1$
$f''(x_0) = f'''(x_0) = f^{(4)}(x_0) = 0$
$f^{(5)}(x_0) = -1$

b) $f(x_0) = -2$
$f'(x_0) = f''(x_0) = f'''(x_0) = f^{(4)}(x_0) = 0$
$f^{(5)}(x_0) = 1$

c) Was ändert sich, wenn in b) $f^{(5)}(x_0) = -1$ (statt $f^{(5)}(x_0) = 1$) vorausgesetzt wird?

d) $f(x_0) = 1$
$f'(x_0) = 1$
$f''(x_0) = f'''(x_0) = 0$
$f^{(4)}(x_0) = 1$

e) Was ändert sich, wenn in d) $f^{(4)}(x_0) = 2$ $[f^{(4)}(x_0) = -3]$ vorausgesetzt wird?

24. Bekannt ist von einer in einer Umgebung von x_0 definierten Funktion f:
$f(x_0) = 1$
$f'(x_0) = f''(x_0) = \ldots = f^{(11)}(x_0) = 0$
$f^{(12)}(x_0) = 1$

Welchen Verlauf haben die Graphen von $f^{(9)}$, $f^{(5)}$ und f in der Nähe von x_0?

25. Gegeben sind Eigenschaften der Funktion f. Welchen Verlauf hat der Graph von f in der Nähe von x_0, wenn f in einer Umgebung von x_0 definiert ist?

a) $f(1) = 2$
$f'(1) = 1$
$f''(1) = f'''(1) = \ldots = f^{(9)}(1) = 0$
$f^{(10)}(1) = 1$

b) $f(-1) = -2$
$f'(-1) = -1$
$f''(-1) = \ldots = f^{(10)}(-1) = 0$
$f^{(11)}(-1) = -1$

7.5. Krümmungsverhalten – Wendepunkte

Information: *Anschauliche Unterscheidung zwischen Rechts- und Linkskurve*

Wenn man mit einem Fahrrad eine Rechtskurve [Linkskurve] fährt, muß man den Schwerpunkt des Körpers nach rechts [links] verlagern. So kann man anschaulich eine Rechtskurve von einer Linkskurve unterscheiden.

Aufgabe 1: *Definition und hinreichendes Kriterium für Rechts- und Linkskurve*

a) Definiere die Begriffe *Linkskurve* und *Rechtskurve* mittels der Monotonie von f'.
b) Formuliere mit Hilfe des Monotoniesatzes ein hinreichendes Kriterium für das Vorliegen einer Linkskurve [Rechtskurve].

Lösung: a)

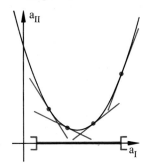 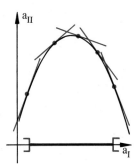

Am Bild erkennt man: Die Tangentensteigung wächst bzw. fällt im Intervall I streng monoton.

> **Definition 3:** *Rechts- und Linkskurve*
> Der Graph einer in einem Intervall I differenzierbaren Funktion f bildet im Intervall I eine **Linkskurve [Rechtskurve]**, falls die Ableitungsfunktion f' in I streng monoton wächst [fällt].

b) Läßt sich der Monotoniesatz (3) auf die Funktion f'' anwenden, so kann man unmittelbar auf die strenge Monotonie von f' schließen:

Information: *Linkskrümmung, Rechtskrümmung*

Man sagt auch, daß der Graph in I eine Linkskrümmung [Rechtskrümmung] besitzt, falls er dort eine Linkskurve [Rechtskurve] bildet.
Links- und Rechtskurve sind globale Eigenschaften des Funktionsgraphen von f.

Zur Übung: **1** bis **3**

Aufgabe 2: *Beschreiben von Wendepunkten*

a) Beschreibe den Verlauf des Graphen von f und charakterisiere so den Begriff *Wendepunkt*.
b) Gib daraufhin eine Definition des Begriffs *Wendestelle* an.

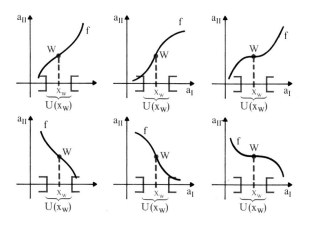

Lösung: a) In einer Umgebung U(x_w) gilt: Der Graph von f geht im Punkt W von einer Linkskurve [Rechtskurve] in eine Rechtskurve [Linkskurve] über.

Im Punkt W ändert also der Graph von f das Krümmungsverhalten.

Übungen 7.5

1. Bestimme f′(x) und gib möglichst große Intervalle an, in denen der Graph von f eine Linkskurve [Rechtskurve] bildet.

a) $f(x) = x^2$

b) $f(x) = -x^2$

c) $f(x) = x^3$

d) $f(x) = x^3 + x$

e) $f(x) = -x^3 + x$

f) $f(x) = x^4 - 4x^2$

g) $f(x) = x^5 - 4x^3$

h) $f(x) = x^3 - 4x^2 + 4x - 2$

i) $f(x) = \frac{1}{12}x^4 + \frac{2}{3}x^3 + \frac{4}{3}x^2$

j) $f(x) = \frac{1}{4}(x-4)^2$

2. Bestimme mittels Satz **6** die Intervalle, in denen der Graph der Funktion f eine Linkskurve [Rechtskurve] bildet.

a) $f(x) = -\frac{1}{4}x^4 + x^2$

b) $f(x) = 3x^3 - 2x^2 + 3x + 4$

c) $f(x) = 4x^4 - 3x^2 + 2x + 1$

d) $f(x) = 3x^5 - 2x^4 + 3x^3$

3. Zeige an einem geeigneten Beispiel, daß die Umkehrung von Satz **6** falsch ist.

4. In welchen der möglichen Fälle (Bild in Aufgabe **2**) geht eine Linkskurve in eine Rechtskurve, in welchen Fällen eine Rechts- in eine Linkskurve über?

5. Skizziere den Graphen einer Funktion mit einem Wendepunkt, bei dem der Graph von einer Links- in eine Rechtskurve [Rechts- in eine Linkskurve] übergeht.

6. Bestimme angenähert die Koordinaten der Wendepunkte des Graphen. Gib jeweils an, ob eine Rechts- in eine Linkskurve oder ob eine Links- in eine Rechtskurve übergeht.

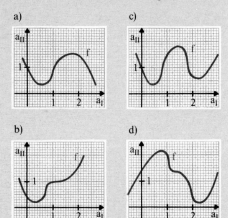

a) c) b) d)

7. Skizziere den Graphen einer Funktion, der den folgenden Bedingungen genügt.

a) Genau ein Wendepunkt, kein relativer Extrempunkt.

b) Genau ein Wendepunkt, genau ein relativer Hochpunkt und genau ein relativer Tiefpunkt.

c) Genau ein Wendepunkt, genau ein relativer Hochpunkt und kein relativer Tiefpunkt.

d) Drei [zwei] Wendepunkte, kein relativer Extrempunkt.

e) Genau zwei relative Tiefpunkte, genau ein relativer Hochpunkt, genau zwei Wendepunkte.

f) Genau ein relativer Tiefpunkt, kein relativer Hochpunkt, zwei Wendepunkte.

8. In welchen der möglichen Fälle (Bild in Aufgabe **2**) liegt an einer Wendestelle ein Maximum der Steigung, in welchen Fällen ein Minimum der Steigung vor?

Definition 4: *Wendestelle*

x_w heißt *Wendestelle* einer Funktion f, falls sich eine Umgebung $U(x_w)$ mit $U(x_w) \subseteq D_f$ finden läßt, in der f differenzierbar ist und in der für alle $x \in U(x_w)$ gilt:

(1) Der Graph von f bildet für $x \leq x_w$ eine Linkskurve [Rechtskurve].

(2) Der Graph von f bildet für $x \geq x_w$ eine Rechtskurve [Linkskurve].

Zur Übung: **4** bis **9**

Aufgabe 3: *Kriterien für Wendestellen*

a) Betrachte die erste Ableitung f'(x) in einer Umgebung einer Wendestelle x_w.
Welche Eigenschaft hat f' an der Stelle x_w?
Formuliere einen entsprechenden Satz, beweise ihn.

b) Formuliere entsprechend dem notwendigen Kriterium für relative Extremstellen ein notwendiges Kriterium für Wendestellen und beweise es.

c) Formuliere analog zu den hinreichenden Kriterien für relative Extremstellen (Sätze **3**, **4**, **5**) hinreichende Kriterien für Wendestellen.

Lösung:

a)

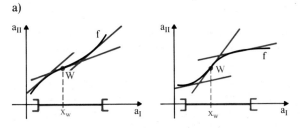

Am Graph ist zu erkennen: Die Ableitungsfunktion f' steigt [fällt] mit wachsendem x bis zur Wendestelle x_w, dann fällt [steigt] sie.
x_w ist also relative Extremstelle von f':

Satz 7: *Wendestelle stets relative Extremstelle von f'*

x_w sei Wendestelle der Funktion f. Dann ist x_w relative Extremstelle von f'.

Beweis: x_w sei Wendestelle von f. Dann gibt es nach Definition **4** eine Umgebung $U(x_w)$, in der f differenzierbar ist und für alle $x \in U(x_w)$ gilt:

Für $x \leq x_w$ bildet der Graph von f eine Linkskurve [Rechtskurve].

Dann wächst [fällt] die Ableitung f' für $x \leq x_w$ nach Definition **3** streng monoton.

Für $x \geq x_w$ bildet der Graph von f eine Rechtskurve [Linkskurve].

Dann fällt [wächst] die Ableitung f' für $x \geq x_w$ streng monoton.

Also ist $f'(x) < f'(x_w)$ $[f'(x) > f'(x_w)]$ für alle $x \in U(x_w)$. Dann gilt aber erst recht $f'(x) \leq f'(x_w)$ $[f'(x) \geq f'(x_w)]$, d.h. x_w ist nach Definition **2** relative Extremstelle von f'.

b)

Satz 8: *Notwendiges Kriterium für Wendestellen*

Wenn x_w Wendestelle der Funktion f ist und f an der Stelle x_w zweimal differenzierbar ist, dann gilt: $f''(x_w) = 0$.

Beweis des notwendigen Kriteriums für Wendestellen:
Nach Satz **7** ist x_w relative Extremstelle der Funktion f'. Dann gilt nach dem notwendigen Kriterium für Extremstellen (Satz **1**, Seite 87), angewandt auf die Funktion f': $f''(x_w) = 0$

c) Wir können Satz **3** übertragen (vgl. S. 93):
Aus einem Vorzeichenwechsel von f'' an der Stelle x_w können wir auf eine Änderung des Monotonieverhaltens von f', also auf eine Änderung des Krümmungsverhaltens, schließen.

Satz 9: *Hinreichendes Kriterium für Wendestellen mittels Vorzeichenwechsel*

Wenn die Funktion f in einer Umgebung $U(x_w)$ zweimal differenzierbar ist, f'' an der Stelle x_w einen Vorzeichenwechsel hat und gilt $f''(x_w) = 0$, dann ist x_w Wendestelle von f.

Entsprechend übertragen wir Satz **4** (vgl. S. 99):

Satz 10: *Hinreichendes Kriterium für Wendestellen mittels der dritten Ableitung*

Die Funktion f sei in einer Umgebung $U(x_w)$ dreimal differenzierbar. Wenn $f''(x_w) = 0$ und zugleich $f'''(x_w) \neq 0$ gelten, dann hat der Graph von f an der Stelle x_w einen Wendepunkt.

---

9. Prüfe die folgenden Behauptungen. Begründe oder gib Gegenbeispiele an.

a) Ein Wendepunkt kann nie gleichzeitig relativer Extrempunkt des Graphen der Funktion sein.

b) Nur monotone Funktionen haben Wendepunkte.

c) Ein Wendepunkt kann nie an einer Stelle am Rande des Definitionsbereichs einer Funktion vorliegen.

△ d) Ist eine Funktion f in einem Teilintervall
△ $I \subset D_f$ konstant, so kann in diesem Teilinter-
△ vall keine Wendestelle liegen.

10. Bestätige anhand des hinreichenden Kriteriums für Wendestellen mittels f''', daß die angegebenen Stellen Wendestellen des Graphen von f sind.

a) $f(x) = \frac{1}{4}x^4 - 3x^2$;   Stellen $\sqrt{2}$; $-\sqrt{2}$

b) $f(x) = \frac{1}{2}x^4 + x^3 - 6x^2 + 18x + 24$;
                     Stellen 1; -2

c) $f(x) = \frac{1}{2}x^5 - 5x^2$;   Stelle 1

11. Skizziere den Graphen der Funktion f. Begründe mit Hilfe des Graphen oder des notwendigen Kriteriums (Satz **8**), warum der Graph von f an den angegebenen Stellen keinen Wendepunkt besitzt.

a) $f(x) = x^2$;   Stellen 0; 1

b) $f(x) = x^3 + 6x$;   Stelle 1

c) $f(x) = 2x - 1$;   Stelle -2

d) $f(x) = x^4$;   Stellen 0; -1

12. Warum hat der Graph der Funktion f an den angegebenen Stellen keinen Wendepunkt?

a) $f(x) = x^3$;   Stellen -1; 1

b) $f(x) = 2x + 1$;   Stelle 0

c) $f(x) = x^4 - 3x^2$;   Stelle 1

d) $f(x) = x^5 - x^3$;   Stellen 1; -1

13. Zeige anhand der angegebenen Funktion f, daß zwar gilt $f'(x_e) = 0$ und $f''(x_e) = 0$, daß jedoch ein Vorzeichenwechsel von f' an der Stelle x_e vorliegt.
Schließe hieraus auf eine relative Extremstelle und gib die Art der relativen Extremstelle an.

a) $f(x) = x^4 - 4$; $x_e = 0$

b) $f(x) = x^6 - 3$; $x_e = 0$

c) $f(x) = x^6 + x^4$; $x_e = 0$

d) $f(x) = (x - 1)^4$; $x_e = 1$

14. Berechne die Wendestellen der Funktion f mit Hilfe eines geeigneten Kriteriums.

a) $f(x) = x^2 - 9x$

b) $f(x) = \frac{1}{6}x^3 - 2x$

c) $f(x) = -\frac{1}{6}x^3 + x^2$

d) $f(x) = x^4 - \frac{1}{2}x^2$

e) $f(x) = 4x^3 - 6x^2 - 9x$

f) $f(x) = -\frac{1}{2}x^4 + 3x^2 + 5$

g) $f(x) = (x^2 - 2)^2$

h) $f(x) = x(x-3)(x-2)$

i) $f(x) = \frac{1}{4}((x-3)^2 - 9)^2$

j) $f(x) = \frac{1}{12}x^3 - 2x^2 + 16x$

k) $f(x) = 3x^4 - 16x^3 + 24x^2$

15. Berechne wie in Übungsaufgabe **14.**

a) $f(x) = x^3 + 4x - 16$

b) $f(x) = x^3 - 2x + 3$

c) $f(x) = x^3 - 2x^2 - 4x + 8$

d) $f(x) = x^5 - 3x^3 - 2x^2$

e) $f(x) = x^4 + 3x^3 + 3x^2 + x$

f) $f(x) = x^4 - 4x^3 + 3x^2 + 4x - 4$

△ g) $f(x) = x^8$

△ h) $f(x) = x^9$

△ i) $f(x) = x^6 + x^4$

△ j) $f(x) = x^7 + x^5$

△ k) $f(x) = x^7 - 2x^6$

△ l) $f(x) = x^8 - 5x^4$

△ m) $f(x) = x^8 - 3x^5$

16. a) Begründe: An jeder Stelle einer linearen Funktion f liegt eine relative Extremstelle von f' vor, jedoch keine Wendestelle von f.

b) Zeige mittels des Ergebnisses von a), daß die Umkehrung von Satz **7** falsch ist.

c) Gib eine lineare Funktion an, für die die Umkehrung von Satz **7** nicht gilt.

△ Beim Beweis von Satz **5** (S. 102) wurde schließlich auf
△ einen Vorzeichenwechsel von f' geschlossen. Um einen
△ Vorzeichenwechsel von f'' (s.o.) zu folgern, müßte die
△ erste von Null verschiedene Ableitung von *gerader* an-
△ statt von ungerader Ordnung sein.
△ Wir vermuten daher:

△

△

△ **Satz 11:** *Hinreichendes Kriterium für Wendestellen*
△ *mittels der ersten von Null verschiedenen*
△ *Ableitung ungerader Ordnung*
△
△ Die Funktion f sei in einer Umgebung $U(x_w)$
△ n-mal $(n > 2)$ differenzierbar.
△ Wenn n ungerade ist und
△ $f'(x_w) = \ldots = f^{(n-1)}(x_w) = 0$ und zugleich $f^{(n)}(x_w) \neq 0$ ist,
△ dann hat der Graph von f an der Stelle x_w einen
△ Wendepunkt.
△
△

d) *Beweis der Sätze* **9** bis **11**:

Zu Satz **9**: Man folgert wie beim Beweis und der Information (4) nach Satz **3** (Seite 94), und zwar in bezug auf die Funktion f' für alle $x \in U(x_w)$ und

$x \leq x_w$:	$x \geq x_w$:
f' wächst [fällt] streng monoton, der Graph von f bildet also nach Definition **3** eine Linkskurve [Rechtskurve].	f' fällt [wächst] streng monoton, der Graph von f bildet also nach Definition **3** eine Rechtskurve [Linkskurve].

Zusammen mit der Differenzierbarkeit von f in $U(x_w)$ sind damit die Voraussetzungen von Definition **4** erfüllt; x_w ist also Wendestelle von f.

Zu Satz **10**: Wendet man den Beweis von Satz **4** (Seite 99) auf die Funktion f' an, so folgert man analog einen Vorzeichenwechsel von f'' an der Stelle x_w. Dann sind die Voraussetzungen von Satz **9** erfüllt; x_w ist Wendestelle von f.

Zu Satz **11**: Wir schließen analog zum Beweis von
△ Satz **5**: n sei ungerade vorausgesetzt. Wir brauchen nur
△ den 5. Schritt (vgl. S. 103) abzuändern: $f''(=f^{(2)})$ hat
△ einen entsprechenden Verlauf wie $f^{(n-1)}$, $f^{(n-3)}$, ...,
△ denn diese sind wie f'' gerade Ableitungen. Also hat f''
△ an der Stelle x_w einen Vorzeichenwechsel. Dann sind
△ die Voraussetzungen von Satz **9** erfüllt; x_w ist Wende-
△ stelle von f.

Zur Übung: **10** bis **15**

Information: *Wendestelle als relative Extremstelle von f'?*

Nach Satz 7 sind alle Wendestellen einer Funktion f stets auch relative Extremstellen der Ableitungsfunktion f'.

Umgekehrt ergeben sich alle hinreichenden Kriterien für Wendestellen aus entsprechenden Sätzen für relative Extremstellen, indem man die Ordnung jeder vorkommenden Ableitung um eins erhöht (vgl. Satz 9 bis 11). Man könnte daher vermuten, daß umgekehrt jede relative Extremstelle von f' auch Wendestelle von f ist.

Dies ist jedoch falsch: Die Umkehrung von Satz 7 gilt nicht (siehe Übungsaufgabe 16).

Zur Übung: **16**

Aufgabe 4: *Sattelpunkt als besonderer Wendepunkt*

Untersuche den Graphen der Funktion f mit

$$f(x) = x^5$$

auf Wendepunkte.

Lösung:

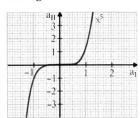

$f(x) = x^5$
$f'(x) = 5x^4$
$f''(x) = 20x^3$

(1) Nullstellen der 2. Ableitung

$f''(x) = 0$: $20x^3 = 0 \Leftrightarrow x = 0$

Der Graph von f kann höchstens an der Stelle 0 einen Wendepunkt haben.

(2) Untersuchen von f'''

Es gilt $f''(0) = 0$; $f''(x) < 0$ für $x < 0$ und $f''(x) > 0$ für $x > 0$, also hat f'' an der Stelle 0 einen Vorzeichenwechsel; 0 ist Wendestelle.

Es ist $f(0) = 0$. $W = p(0; 0)$ ist ein Wendepunkt des Graphen.

Es gilt aber auch $f'(0) = 0$. Also ist W ein *Wendepunkt mit horizontaler Tangente*, ein sogenannter **Sattelpunkt.**

Zur Übung: **17** bis **22**

---

17. Zeige, daß der Graph der Funktion f an der angegebenen Stelle einen Sattelpunkt hat.

  a) $f(x) = x^3$; Stelle 0

  b) $f(x) = x^5 - 5x$; Stelle 0

  c) $f(x) = x^4 - \frac{8}{3}x^3$; Stelle 0

  d) $f(x) = \frac{1}{12}x^3 - 2x^2 + 16x + 2$; Stelle 8

18. Gilt bei einer Funktion f stets $f'(x) \neq 0$, so kann der Graph von f keinen Sattelpunkt haben.
Stimmt das?

19. Beweise: Der Graph jeder Funktion f mit
△ $f(x) = x^4 + ax^3$, $a \neq 0$ hat an der Stelle 0
△ einen Sattelpunkt.
△ Was gilt im Fall $a = 0$?

20. Wende das Vorzeichenwechselkriterium an und weise so nach, daß die Funktion f an der angegebenen Stelle einen Sattelpunkt hat.

  a) $f(x) = x^3$; Stelle 0

  b) $f(x) = -x^5 + 2$; Stelle 0

  c) $f(x) = x^3 - 3x^2 + 3x + 2$; Stelle 1

  d) $f(x) = x^5 - 3x$; Stelle 0

  e) $f(x) = x^3 + 6x^2 + 12x$ Stelle -2

21. Bestimme bei der Funktion f mit
△ $f(x) = x^4 + x^3 + ax^2$ $[f(x) = x^5 + ax^2]$
△ den Parameter a so, daß der Graph von f an
△ der Stelle 0 einen Wendepunkt hat.
△ Liegt dann ein Sattelpunkt vor?

22. Begründe: Unter den Voraussetzungen von
△ Satz 11 hat der Graph von f an der Stelle x_w
△ sogar einen Sattelpunkt.

Übungen 7.6

1. Bestimme den Verlauf des Graphen der Funktion f.

a) $f(x) = \frac{1}{3}x^3 - x^2$

b) $f(x) = \frac{1}{3}x^3 - 3x$

c) $f(x) = \frac{1}{3}x^3 + 3x$

d) $f(x) = \frac{1}{3}x^3 - 3$

e) $f(x) = x^3 - 2x^2 - 15x$

f) $f(x) = x^4 - 9x^2$

g) $f(x) = -x^4 + 4x^2$

h) $f(x) = \frac{1}{8}x^4 - \frac{1}{2}x^3$

i) $f(x) = -x^4 + 8x$

j) $f(x) = \frac{1}{4}x^4 + 2x^2$

k) $f(x) = 6x^4 - 16x^3 + 12x^2$

l) $f(x) = \frac{1}{4}x^4 - \frac{4}{3}x^3 + 2x^2$

m) $f(x) = 3x^2 - 2x + 4$

n) $f(x) = x^5 - 4x^3$

o) $f(x) = \frac{1}{20}x^5 - x^3$

p) $f(x) = \frac{1}{8}x^4 - 3x^2 + 10$

2. Gegeben sind Funktionen f_k durch

$$f_k(x) = x^3 - 6x^2 + 9x + k, \quad k \in \mathbb{R}.$$

a) Untersuche die Funktionen f_k mit Ausnahme der Nullstellenbestimmung ausführlich.

b) Welche Bedingungen muß k erfüllen, damit die Funktion f_k genau eine Nullstelle, genau zwei Nullstellen, genau drei Nullstellen besitzt?

c) Ist auch der Fall möglich, daß f_k keine Nullstelle besitzt?

3. Gegeben seien drei Funktionen f_1, f_2, f_3:

$$f_1(x) = \frac{1}{4}x^3 - 3x^2 + 9x$$

$$f_2(x) = -3x^2 + 9x$$

$$f_3(x) = 9x$$

a) Führe eine vollständige Funktionsuntersuchung aller drei Funktionen durch und zeichne die Graphen in dasselbe Koordinatensystem ein.

b) Bestätige: Alle drei Funktionsgraphen haben genau einen gemeinsamen Punkt und dort eine gemeinsame Tangente.

7.6. Ausführliche Funktionsuntersuchung

Aufgabe 1:

Bestimme den Verlauf des Graphen der Funktion f mit

$f(x) = \frac{1}{4}x^4 - 2x^2 + 2$.

Um einen Überblick über den Graphen zu erhalten, kann man in folgender Reihenfolge vorgehen:

(1) Bestimmen des maximalen Definitionsbereichs, falls der Definitionsbereich nicht vorgegeben ist.

(2) Untersuchen der Symmetrieverhältnisse.

(3) Bestimmen der gemeinsamen Punkte von Graph und den beiden Achsen.

(4) Bestimmen der relativen Extrempunkte.

(5) Bestimmen der Wendepunkte.

(6) Skizze des Graphenverlaufs.

Lösung: (1) *Bestimmen des Definitionsbereiches*

Der Definitionsbereich ist $\mathbb{R}$, da $f(x)$ für alle $x \in \mathbb{R}$ definiert ist.

(2) *Untersuchen der Symmetrieverhältnisse*

Der Graph von f ist symmetrisch zu a_{II}, denn es gilt:

$$f(-x) = \frac{1}{4}(-x)^4 - 2(-x)^2 + 2 = \frac{1}{4}x^4 - 2x^2 + 2 = f(x)$$

Der Graph von f ist nicht punktsymmetrisch zum Ursprung, denn wegen

$$-f(x) = -\frac{1}{4}x^4 + 2x^2 - 2 \quad \text{und} \quad f(-x) = \frac{1}{4}x^4 - 2x^2 + 2$$

ist $-f(x) \neq f(-x)$ für mindestens eine Stelle (z. B. 0).

(3) *Bestimmen der gemeinsamen Punkte von Graph und den beiden Achsen*

a) Achse a_I

x ist genau dann Nullstelle von f, wenn $f(x) = 0$:

$$\frac{1}{4}x^4 - 2x^2 + 2 = 0$$

$$\Leftrightarrow x^4 - 8x^2 + 8 = 0$$

$$\Leftrightarrow x^2 = 4 + \sqrt{8} \ \vee \ x^2 = 4 - \sqrt{8}$$

$$\Leftrightarrow \ x = \sqrt{4 + \sqrt{8}} \ \vee \ x = -\sqrt{4 + \sqrt{8}}$$

$$\vee \ x = \sqrt{4 - \sqrt{8}} \ \vee \ x = -\sqrt{4 - \sqrt{8}}$$

Die Nullstellen von f sind also:

$$\sqrt{4 + \sqrt{8}} \approx 2,6; \quad -\sqrt{4 + \sqrt{8}} \approx -2,6$$

$$\sqrt{4 - \sqrt{8}} \approx 1,1; \quad -\sqrt{4 - \sqrt{8}} \approx -1,1$$

Die gemeinsamen Punkte des Graphen von f mit der Achse a_I sind $p(\sqrt{4+\sqrt{8}};0)$, $p(-\sqrt{4+\sqrt{8}};0)$, $p(\sqrt{4-\sqrt{8}};0)$, $p(-\sqrt{4-\sqrt{8}};0)$.

b) Achse a_{II}

Es ist $f(0)=2$; gemeinsamer Punkt mit a_{II} ist $p(0;2)$.

(4) Bestimmen der relativen Extrempunkte

a) Nullstellen der 1. Ableitung

$f'(x)=x^3-4x=x(x+2)(x-2)$

$f'(x)=0$: $x(x+2)(x-2)=0 \Leftrightarrow x=0 \vee x=-2 \vee x=2$

Höchstens die Stellen -2; 0; 2 sind relative Extremstellen von f.

b) Untersuchen von f''

Man erhält für die zweite Ableitung:

$f''(x) \quad =3x^2-4$

$f''(-2) =3\cdot(-2)^2-4=8>0$

$f''(0) \quad =-4<0$

$f''(2) \quad =3\cdot2^2-4=8>0$

Das hinreichende Kriterium für relative Extremstellen mittels f'' ist jeweils erfüllt.
An der Stelle 0 liegt ein Hochpunkt, an den Stellen -2 und 2 liegen Tiefpunkte vor.

c) Funktionswerte

Es ist: $f(0)=2$; $f(-2)=-2$; $f(2)=-2$

$H=p(0;2)$ ist ein relativer Hochpunkt;
$T_1=p(2;-2)$ und $T_2=p(-2;-2)$ sind relative Tiefpunkte des Graphen von f.

(5) Bestimmen der Wendepunkte

$f''(x)=3x^2-4=3(x^2-\frac{4}{3})=3(x-\sqrt{\frac{4}{3}})(x+\sqrt{\frac{4}{3}})$

a) Nullstellen der 2. Ableitung

$f''(x)=0$: $3\cdot(x-\sqrt{\frac{4}{3}})(x+\sqrt{\frac{4}{3}})=0 \Leftrightarrow x=\sqrt{\frac{4}{3}} \vee x=-\sqrt{\frac{4}{3}}$

Höchstens $\sqrt{\frac{4}{3}}$ und $-\sqrt{\frac{4}{3}}$ sind Wendestellen von f.

b) Untersuchen von f'''

$f'''(x) \quad =6x$

$f'''(\sqrt{\frac{4}{3}}) =6\cdot\sqrt{\frac{4}{3}}\neq0$

$f'''(-\sqrt{\frac{4}{3}})=6\cdot(-\sqrt{\frac{4}{3}})\neq0$

Das hinreichende Kriterium für Wendestellen mittels f''' ist jeweils erfüllt.
$\sqrt{\frac{4}{3}}$ und $-\sqrt{\frac{4}{3}}$ sind Wendestellen von f.

c) Funktionswerte

$f(\sqrt{\frac{4}{3}})=-\frac{2}{9}$; $f(-\sqrt{\frac{4}{3}})=-\frac{2}{9}$

$W_1=p(-\sqrt{\frac{4}{3}};-\frac{2}{9})$ und $W_2=p(\sqrt{\frac{4}{3}};-\frac{2}{9})$ sind Wendepunkte des Graphen von f.

4. a) Zeige, daß bei den Funktionen f_k mit
$f_k(x)=x^2-kx$, $\quad k\neq0$,
die relative Extremstelle in der Mitte zwischen den beiden Nullstellen liegt.

b) Übertrage die Überlegung in a) auf die Funktionen f_k mit
$f_k(x)=x^3-kx$, $\quad k>0$.
Begründe die zusätzliche Bedingung $k>0$.

5. a) Untersuche die Funktion f mit
$f(x)=x^4-6x^2+8$
ausführlich.

b) Bestimme die Steigung der Tangenten in den Nullstellen von f und bestätige, daß die Summe dieser Steigungen Null ergibt.

c) Begründe das Ergebnis in b) mit Hilfe von Symmetrieeigenschaften von f.

d) Verallgemeinere das Ergebnis in b) auf Funktionen, deren Graph zur Achse a_{II} symmetrisch ist.

Beachte: Es kann auch noch der Fall $f(0)=0$ auftreten.

6. Untersuche allgemein die Funktionen der Funktionenklasse f_k.
Versuche, Typen des Graphen anzugeben.

Anleitung: Beachte das Vorzeichen von k. Diskutiere auch den Sonderfall $k=0$.

a) $f_k(x)=x^3+kx$ e) $f_k(x)=x^4+k$

b) $f_k(x)=x^3+kx^2$ f) $f_k(x)=x^4+kx$

c) $f_k(x)=x^3+k$ g) $f_k(x)=x^5-kx$

d) $f_k(x)=x^4-kx^2$

7. Die Funktion f mit $f(x)=x^3+ax^2+bx+c$ sei gegeben.

a) Beweise: Der Graph von f hat genau einen Wendepunkt.

b) Beweise: Es gibt zwei Fälle:

(1) Der Graph von f hat genau einen relativen Hochpunkt und einen relativen Tiefpunkt und im Wendepunkt (siehe a)) negative Steigung.

(2) Der Graph von f hat keinen relativen Extrempunkt und im Wendepunkt eine nicht negative Steigung.
Die zwei Fälle liegen vor, je nachdem ob $a^2-3b>0$ oder $a^2-3b\leq0$ ist.

111

8. a) Untersuche die Funktion f mit

$f(x) = \frac{1}{4}x^4 - 2x^2 + 4$.

b) Untersuche die Funktion g mit

$g(x) = \frac{1}{2}x^2 - 2$.

c) Zeige, daß gilt $\big(g(x)\big)^2 = f(x)$.

d) Wo schneiden sich die Graphen der Funktionen f und g?

e) Welche Eigenschaften von f lassen sich mit Hilfe von c) folgern?

9. Untersuche entsprechend zu Übungsaufgabe **8** die Funktionen

$f(x) = x^4 + 4x^3 + 4x^2$ und $g(x) = x^2 + 2x$.

10. Berechne die relativen Extremstellen und Wendestellen mit Hilfe der hinreichenden Kriterien für Extrem- und Wendestellen mittels höherer Ableitungen.

a) $f(x) = x^2 + 5x$

b) $f(x) = \frac{1}{6}x^3 - 2x$

c) $f(x) = -\frac{1}{6}x^3 + x^2$

d) $f(x) = x^4 - \frac{1}{2}x^2$

e) $f(x) = 4x^3 - 6x^2 - 9x$

f) $f(x) = -\frac{1}{2}x^4 + 3x^2 + 5$

11. Untersuche die Funktion f.

Bestimme relative Extrempunkte und Wendepunkte mit Hilfe der hinreichenden Kriterien für Extrem- und Wendestellen mittels höherer Ableitungen.

a) $f(x) = (x^2 - 2)^2$

b) $f(x) = x(x + 3)(x - 2)$

c) $f(x) = \frac{1}{4}\big((x - 3)^2 - 9\big)^2$

d) $f(x) = \frac{1}{12}x^3 - 2x^2 + 16x$

e) $f(x) = 3x^4 - 16x^3 + 24x^2$

(6) Skizze des Graphenverlaufs

x	−1	+1	−3	+3
f(x)	$\frac{1}{4}$	$\frac{1}{4}$	$4\frac{1}{4}$	$4\frac{1}{4}$

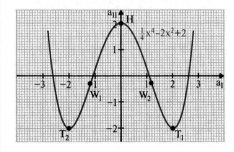

Zur Übung: **1** bis **9**

Aufgabe 2: *Durchführen einer Funktionsuntersuchung falls $f''(x) = 0$ und $f'''(x) = 0$*

Bestimme bei der Funktion f mit $f(x) = x^4 - 4x$ die relativen Extrem- und Wendestellen.
Skizziere den Graphen.

Lösung:

$f'(x) = 4x^3 - 4$

$f''(x) = 12x^2$

$f'''(x) = 24x$

(1) Bestimmen der relativen Extrempunkte

a) $f'(x) = 0$: $4x^3 - 4 = 0 \Leftrightarrow 4(x^3 - 1) = 0 \Leftrightarrow x = 1$

Höchstens 1 ist Extremstelle.

b) Es gilt $f''(1) = 12 \cdot 1^2 > 0$. Wegen $f'(1) = 0$ und $f''(1) > 0$ liegt an der Stelle 1 ein Tiefpunkt.

c) Es ist $f(1) = -3$. $T = p(1; -3)$ ist Tiefpunkt.

(2) Bestimmen der Wendepunkte

a) $f''(x) = 0$: $12x^2 = 0 \Leftrightarrow x = 0$

Höchstens 0 kann Wendestelle sein.

b) Das hinreichende Kriterium für Wendestellen mittels f''' ist wegen $f'''(0) = 0$ nicht brauchbar. Wegen $f''(x) > 0$ für $x \neq 0$ hat f'' an der Stelle 0 auch keinen Vorzeichenwechsel. Wegen $f'(0) \neq 0$ kann an der Stelle 0 auch kein Extremum vorliegen.

Um zu prüfen, ob ein Wendepunkt vorliegt, untersuchen wir die Monotonie von f': Es ist $f''(x) > 0$ für $x \neq 0$, also ist f' für $x < 0$ wie auch für $x > 0$ streng monoton wachsend (Monotoniesatz (3)). Also kann f' kein relatives Extremum, der Graph von f kann an keiner Stelle, auch nicht an der Stelle 0 einen Wendepunkt haben.

An der Stelle 0 hat die Funktion f weder eine relative Extremstelle noch eine Wendestelle.

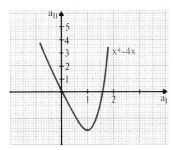

Es kann also vorkommen, daß trotz Erfüllung des *notwendigen* Kriteriums für Wendestellen die betreffende Stelle weder Extrem- noch Wendestelle ist.

Zur Übung: **10** bis **14**

7.7. Parameteraufgaben

Aufgabe 1: *Bestimmen einer Funktion aus der Kenntnis eines relativen Extremums — ein Parameter*

a) Bestimme den Parameter k bei der Funktion f mit $f(x) = x^2 + kx$ so, daß der Graph von f an der Stelle -1 einen relativen Tiefpunkt haben kann.

b) Zeige, daß der Graph von f an der Stelle -1 tatsächlich einen relativen Tiefpunkt hat.

c) Bestimme f unter den Angaben in a) so, daß der Graph von f an der Stelle -1 einen relativen Hochpunkt besitzt.

Lösung:

$f(x) = x^2 + kx$
$f'(x) = 2x + k$
$f''(x) = 2$

a) -1 kann nur relative Extremstelle sein, falls gilt $f'(-1) = 0$ (das notwendige Kriterium für relative Extremstellen muß erfüllt sein). Es muß also gelten:

$2 \cdot (-1) + k = 0 \Leftrightarrow -2 + k = 0 \Leftrightarrow k = 2$

Höchstens an der Stelle -1 kann der Graph der Funktion f mit $f(x) = x^2 + 2x$ einen relativen Tiefpunkt besitzen.

12. Bestimme bei der Funktion f mit

$f(x) = x^4 + ax^3 - 4x$

den Parameter a so, daß der Graph der Funktion f an der Stelle 0 keinen Wendepunkt haben kann.

13. Gegeben sind Funktionen f_k durch

$f_k(x) = x^3 - 3x^2 + kx$.

a) Zeige, daß alle Funktionen f_k dieselbe Wendestelle haben.

b) Untersuche, wie k die Existenz und die Lage der relativen Extremstellen von f_k beeinflußt.

14. Gegeben sind Funktionen f.
Versuche, die Funktionen nach Typen des Graphen zu ordnen.

a) $f(x) = ax^3 + bx^2$

b) $f(x) = ax^3 + bx$

c) $f(x) = ax^4 + bx^2$

Übungen 7.7

1. Welchen Wert muß der Parameter k haben, damit der Graph der Funktion f an der Stelle 2 [1; -1; 0] einen relativen Extrempunkt [Hochpunkt; Tiefpunkt] haben kann?
Prüfe, ob dann tatsächlich ein relativer Extrempunkt [Hochpunkt; Tiefpunkt] vorliegt.

a) $f(x) = x^2 - kx$

b) $f(x) = kx^2 - 2x$

c) $f(x) = kx^2 + kx$

d) $f(x) = x^3 + kx$

e) $f(x) = x^4 + kx^2$

2. Welchen Wert muß der Parameter k haben, damit der Graph der Funktion f an der Stelle -1 einen Wendepunkt haben kann?
Prüfe, ob ein Wendepunkt vorliegt.

a) $f(x) = kx^3 + 3x$

b) $f(x) = x^3 - kx^2$

c) $f(x) = x^4 + kx^2$

d) $f(x) = x^3 + kx^2$

e) $f(x) = kx^3 + kx$

3. Bestimme k so, daß die Ableitung der Funktion f an der Stelle 0 [−1; 2; 4] den Wert 6 hat.

a) $f(x) = x^4 - kx$ b) $f(x) = x^3 - kx$

4. Bestimme bei der Funktion f mit

$$f(x) = ax^2 + bx$$

die Parameter a und b so, daß p(2; 3) ein Punkt des Funktionsgraphen mit der Tangentensteigung 2 [−1; 3; 0] ist.

5. Gesucht wird eine Funktion f mit

$$f(x) = ax^4 + bx^2.$$

Der Graph von f hat an der Stelle 3 einen gemeinsamen Punkt mit der Achse a_1. An dieser Stelle hat die Tangente die Steigung −48 [2; 0].

6. Bestimme a und b so, daß der Graph der Funktion f mit $f(x) = ax^4 + bx^2$ an der Stelle 1 eine Tangente mit der Steigung 2 hat und $\frac{1}{2}\sqrt{2}$ Wendestelle ist.

7. Bestimme eine Funktion f mit $f(x) = ax^2 + bx$ so, daß p(1; 2) relativer Hochpunkt [Tiefpunkt] des Graphen ist.

8. Gesucht ist eine Funktion f mit

$$f(x) = ax^3 + bx.$$

1 ist relative Extremstelle der Funktion, und die Tangenten an den Graphen von f an den Stellen 0 und 2 sind zueinander orthogonal.

9. Bestimme eine Funktion f mit

$$f(x) = ax^2 + bx + c.$$

An der Stelle 1 hat die Tangente an den Graphen von f die Steigung 4; eine relative Extremstelle ist 0,75.

10. Bestimme eine Funktion f mit

$$f(x) = ax^4 + bx^2 + c$$

so, daß für den Funktionsgraphen gilt:

a) p(1; 3) ist Wendepunkt, die Wendetangente hat die Steigung −2.

b) p(2; 6) ist Wendepunkt, die Wendetangente hat die Steigung 4.

c) p(2; 4) ist relativer Hochpunkt [Tiefpunkt], 1 ist Wendestelle.

b) Um festzustellen, ob der Graph von f tatsächlich an der Stelle −1 einen relativen Tiefpunkt hat, prüfen wir, ob f dort das hinreichende Kriterium für relative Tiefpunkte mittels der zweiten Ableitung erfüllt.

Es gilt: $f'(-1) = 2 \cdot (-1) + 2 = 0$
$$f''(-1) = 2$$

Es ist $f'(-1) = 0$ und $f''(-1) > 0$, also liegt an der Stelle −1 ein relativer Tiefpunkt vor.
Die Funktion f mit $f(x) = x^2 + 2x$ ist die einzige Lösung der Aufgabe.

c) Der Graph von f soll jetzt an der Stelle −1 einen relativen Hochpunkt besitzen. Wie in a) muß dann gelten $f'(-1) = 0$, entsprechend ergibt sich $k = 2$.
Um festzustellen, ob der Graph von f tatsächlich an der Stelle −1 einen relativen Hochpunkt hat, prüfen wir, ob f dort das hinreichende Kriterium mittels der zweiten Ableitung erfüllt:

Es gilt $f'(-1) = 0$, $f''(-1) > 0$. Also kann der Graph von f an der Stelle −1 keinen relativen Hochpunkt besitzen.

Die Aufgabenstellung in c) führt zu keiner Lösung.

Zur Übung: **1** bis **3**

Aufgabe 2: *Aufgabe mit zwei Parametern*

Bestimme die Parameter a und b so, daß der Graph der Funktion f mit $f(x) = ax^4 + bx^2$ den Punkt $W = p(1; -2,5)$ als Wendepunkt hat.

Lösung:

(1) Ableitungen:
$$f(x) \ \ = ax^4 + bx^2$$
$$f'(x) \ \ = 4ax^3 + 2bx$$
$$f''(x) \ \ = 12ax^2 + 2b$$
$$f'''(x) = 24ax$$

(2)

Bedingung am Graphen	Funktionsbedingung
p(1; −2,5) ist Punkt des Graphen	$f(1) \ \ = -2,5$
	$f(1) \ \ = a + b$
1 ist Wendestelle	$f''(1) = 0$
	$f''(1) = 12a + 2b$

(3) Gleichungen
Die möglichen Lösungen erfüllen ein Gleichungssystem:

$$\begin{vmatrix} a + \ \ b = -2,5 \\ 12a + 2b = 0 \end{vmatrix} \Leftrightarrow \begin{vmatrix} a = 0,5 \\ b = -3 \end{vmatrix}$$

Höchstens der Graph der Funktion f mit $f(x) = 0,5x^4 - 3x^2$ kann den Punkt $W = p(1; -2,5)$ als Wendepunkt haben.

(4) Probe

Wir kontrollieren, ob $W = p(1; -2,5)$ Wendepunkt des Graphen der Funktion f mit $f(x) = 0,5x^4 - 3x^2$ ist.

Die Rechnung setzt $f''(1) = 0$ voraus.

Es ist $f'''(1) = 24 \cdot 0,5 \cdot 1 \neq 0$.

Da $f''(1) = 0$ und $f'''(1) \neq 0$, liegt nach dem hinreichenden Kriterium für Wendestellen mittels f''' an der Stelle 1 ein Wendepunkt vor.

(5) Ergebnis

Die Funktion f mit $f(x) = 0,5x^4 - 3x^2$ ist die einzige Lösung der Aufgabe.

Zur Übung: **4** bis **8**

Aufgabe 3: *Aufgabe mit mehr als zwei Parametern*

Gesucht ist eine Funktion f des Typs

$f(x) = ax^3 + bx^2 + cx + d$.

$p(1; \frac{2}{3})$ ist Wendepunkt des Graphen von f, die Wendetangente hat die Steigung -2; an der Stelle 3 liegt ein relativer Extrempunkt vor.

Lösung:

(1) Ableitungen:
$$\begin{aligned} f(x) &= ax^3 + bx^2 + cx + d \\ f'(x) &= 3ax^2 + 2bx + c \\ f''(x) &= 6ax + 2b \\ f'''(x) &= 6a \end{aligned}$$

(2)

Bedingung am Graphen	Funktionsbedingung
$p(1; \frac{2}{3})$ ist Punkt des Graphen	$f(1) = \frac{2}{3}$ $f(1) = a+b+c+d$
3 ist relative Extremstelle	$f'(3) = 0$ $f'(3) = 27a+6b+c$
1 ist Wendestelle	$f''(1) = 0$ $f''(1) = 6a+2b$
An der Stelle 1 hat die Tangente die Steigung -2	$f'(1) = -2$ $f'(1) = 3a+2b+c$

(3) Gleichungssystem

$$\begin{vmatrix} a+\ b+c+d = & \frac{2}{3} \\ 27a+6b+c\ \ \ \ = & 0 \\ 6a+2b\ \ \ \ \ \ \ \ = & 0 \\ 3a+2b+c\ \ \ = & -2 \end{vmatrix} \Leftrightarrow \begin{vmatrix} a = & \frac{1}{6} \\ b = & -\frac{1}{2} \\ c = & -\frac{3}{2} \\ d = & \frac{5}{2} \end{vmatrix}$$

Höchstens die Funktion f mit $f(x) = \frac{1}{6}x^3 - \frac{1}{2}x^2 - \frac{3}{2}x + \frac{5}{2}$ ist Lösung der Aufgabe.

---

11. Bestimme eine ganzrationale Funktion dritten Grades so, daß für den Funktionsgraphen gilt:

a) $p(0;0)$ ist Punkt des Graphen, $p(2;4)$ ist Wendepunkt, die Wendetangente hat die Steigung -3.

b) $p(0;0)$ ist Wendepunkt, an der Stelle $\sqrt{\frac{1}{3}}$ liegt ein relativer Hochpunkt, $p(1;2)$ ist Punkt des Graphen.

c) $p(0;0)$ ist relativer Tiefpunkt [Hochpunkt] des Graphen. 2 ist Wendestelle, die Wendetangente hat die Steigung 4.

d) 0 und -3 sind Nullstellen; $p(3; -6)$ ist relativer Tiefpunkt [Hochpunkt].

e) $p(-1; 2)$ $[p(1; 0)]$ ist relativer Hochpunkt; $p(0; 0,5)$ $[p(0; 2)]$ Wendepunkt.

f) $p(0;0)$ und $p(1;7)$ sind Punkte des Graphen; 2 und -2 sind relative Extremstellen.

g) $p(2;3)$ ist Punkt des Graphen, 1 ist relative Extremstelle und 1,5 ist Wendestelle.

h) An der Stelle 1 hat die Tangente die Steigung 4; eine relative Extremstelle ist 5; eine Wendestelle ist $\frac{10}{3}$; 0 ist Nullstelle.

12. Bestimme eine Funktion f mit

$f(x) = x^4 + bx^3 + cx + d$.

$p(0;0)$ und $p(\sqrt{2}; -\sqrt{8})$ sind relative Extrempunkte des Graphen. Bestimme die Art der relativen Extrempunkte und untersuche den Graphen der Funktion f.

13. Bestimme jeweils eine ganzrationale Funktion vierten Grades, so daß für den Graphen der Funktion gilt:

a) $p(0;3)$ ist Sattelpunkt, im Punkt $p(3;0)$ liegt eine horizontale Tangente vor.

b) $p(2;4)$ ist relativer Tiefpunkt, $p(0;0)$ Wendepunkt, die Wendetangente hat die Steigung 1.

c) $p(0;0)$ ist relativer Hochpunkt des Graphen, 3 ist relative Extremstelle, $p(1;11)$ Wendepunkt.

14. Gesucht wird eine ganzrationale Funktion vierten Grades, deren Graph achsensymmetrisch zu a_{II} ist, den Wendepunkt $p(1;0)$ besitzt und bei der die Wendetangenten zueinander orthogonal sind.

15. *Zeige:* Funktionen f mit $f(x) = x^5 + kx$ haben genau dann relative Extremstellen, wenn $k < 0$ gilt.

16. *Beweise:* Die Graphen aller Funktionen f mit

$f(x) = x^4 + k x^3, \quad k \neq 0,$

haben an der Stelle 0 einen Sattelpunkt.

17. Gegeben ist eine Funktion f durch

$f(x) = \frac{1}{8} x^4 - 3 x^2 + 10.$

a) Untersuche die Funktion f.

b) Welche ganzrationale Funktion zweiten Grades besitzt einen Graphen, der den Graphen von f in seinen Wendepunkten berührt?

18. Der senkrechte Wurf im luftleeren Raum wird
△ durch die Gleichung
△
△ $y = a t^2 + b t + c$
△
△ beschrieben. Ein Wurf erfolgt 4 Längeneinhei-
△ ten über dem Ausgangspunkt der Höhenmes-
△ sung, die Anfangsgeschwindigkeit beträgt 5
△ Einheiten in Richtung der positiven Achse a_{II},
△ also vom Erdmittelpunkt weg. Die Erdbe-
△ schleunigung beträgt 10 Beschleunigungsein-
△ heiten.
△ Bestimme aus diesen Angaben die Weg-Zeit-
△ Funktion.

(4) Probe

$f'(x) = \frac{1}{2} x^2 - x - \frac{3}{2}$

$f''(x) = x - 1$

$f'''(x) = 1$

Vorausgesetzt ist $f'(3) = 0$.

Es ist $f''(3) = 3 - 1 > 0$.

Wegen $f'(3) = 0$ und $f''(3) \neq 0$ ist 3 relative Extremstelle.

Vorausgesetzt ist $f''(1) = 0$. Es ist $f'''(1) = 1 \neq 0$.

Wegen $f''(1) = 0$ und $f'''(1) \neq 0$ ist 1 Wendestelle.

Die einzige Lösung der Aufgabe ist die Funktion f mit $f(x) = \frac{1}{6} x^3 - \frac{1}{2} x^2 - \frac{3}{2} x + \frac{5}{2}$.

Parameteraufgaben werden folgendermaßen gelöst:

(1) Berechnen der Ableitungen der Funktionen f.

(2) Auswerten der in der Aufgabe gegebenen Daten: Anwenden der notwendigen Kriterien für relative Extremstellen oder Wendestellen, Bestimmen von Funktionswerten, von Werten der 1. Ableitung u.a., Aufstellen entsprechender Terme mit Hilfe von f(x) und der Ableitungen von f.

(3) Aufstellen und Lösen des entsprechenden Gleichungssystems. Formulieren eines Satzes, der angibt, welche Funktionen höchstens Lösung der Aufgabenstellung sein können.

(4) Probe: Prüfen, ob wirklich eine Lösung der Aufgabe vorliegt. Die Prüfung kann erfolgen mit Hilfe der hinreichenden Kriterien für Extrem- und Wendestellen.

Zur Übung: **9** bis **14**
Vermischte Übungen: **15** bis **18**

7.8. Extrema mit Nebenbedingungen

Aufgabe 1: *Einführendes Beispiel*

Ein Draht der Länge 20 cm soll eine rechteckige Fläche mit möglichst großem Inhalt umrahmen.

Lösung:

(1) Aufstellen der zugehörigen Funktion

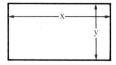

Skizze

Für den Flächeninhalt des Rechtecks soll gelten:

$A = xy$ möglichst groß   *Extremalbedingung*

Durch die Extremalbedingung ist eine Funktion mit den Variablen x und y gegeben. Die Skizze zeigt eine Beziehung zwischen diesen Variablen:

$2x + 2y = 20$ *Nebenbedingung*

Wir können die Nebenbedingung so umformen, daß in die Extremalbedingung eingesetzt werden kann.

Es gilt: $2x + 2y = 20 \Leftrightarrow y = 10 - x$

Also folgt: $A = x \cdot y = x \cdot (10 - x) = 10x - x^2$

Der Flächeninhalt A hängt also jetzt nur noch von x ab.

Die Aufgabenstellung verlangt: Die Funktion

$A = [x \mapsto 10x - x^2; x \in [0; 10]]$ *Zielfunktion*

soll auf Maxima untersucht werden.

Anmerkung: Es erweist sich als zweckmäßig, mit den Variablen x, y, A die *Maßzahlen* der auftretenden Größen zu bezeichnen.

(2) Bestimmen der relativen Maxima der Zielfunktion

Ableitungen: $A(x) = 10x - x^2$

$\qquad\qquad A'(x) = 10 - 2x$

$\qquad\qquad A''(x) = -2$

Höchstens an den Nullstellen von A′ können relative Maxima vorliegen:

$A'(x) = 0: \quad 10 - 2x = 0 \Leftrightarrow x = 5$

Wir prüfen, ob das hinreichende Kriterium mittels A″ ein relatives Maximum der Zielfunktion ergibt: Die Rechnung setzt $A'(5) = 0$ voraus. Es ist $A''(5) = -2 < 0$. Da $A'(5) = 0$ und $A''(5) < 0$, hat die Zielfunktion an der Stelle 5 ein relatives Maximum.

(3) Untersuchen auf Randextrema

Die Zielfunktion ist im Intervall [0; 10] überall differenzierbar. Ob an der Stelle 5 ein absolutes Maximum vorliegt, können wir anhand möglicher Randextrema bestimmen: $A(5) = 25$; $A(0) = A(10) = 0$.

In den Randstellen wird A(5) nicht erreicht; an der Stelle 5 liegt ein absolutes Maximum vor.

(4) Bezug der berechneten Extrema zur Aufgabe

5 ist Extremstelle der Zielfunktion. Die Nebenbedingung ergibt, daß in diesem Fall gilt: $y = 5$.

Der größte Flächeninhalt liegt genau dann vor, wenn gilt: $x = y = 5$, d.h. wenn also ein Quadrat vorliegt.

Zur Übung: **1** bis **14**

Übungen 7.8

1. Ein Rechteck habe den Umfang 12 cm. Wie lang sind die Rechteckseiten zu wählen, damit das Rechteck maximalen Flächeninhalt hat?

2. Aus einem 36 cm langen Draht soll das Kantenmodell einer quadratischen Säule hergestellt werden. Wie lang sind die Kanten zu wählen, damit die Säule maximales Volumen hat?

3. Aus einem rechteckigen Stück Pappe mit den Seitenlängen 40 cm und 25 cm soll man einen Kasten ohne Deckel herstellen, indem man an jeder Ecke ein Quadrat ausschneidet und die entstehenden Seitenflächen nach oben biegt. Der Kasten soll möglichst großes Volumen haben.

4. Die Katheten eines rechtwinkligen Dreiecks sind 12 cm und 8 cm lang.
Diesem Dreieck ist ein möglichst großes Rechteck einzuschreiben, von dem zwei Seiten auf den Katheten des Dreiecks liegen.

5. Einem gleichseitigen Dreieck der Seitenlänge 6 cm ist ein Rechteck so einbeschrieben, daß eine Rechteckseite auf einer Dreiecksseite liegt. Wie lang sind die Rechteckseiten zu wählen, damit das Rechteck einen möglichst großen Flächeninhalt hat?

6. Aus einem rechteckigen Stück Blech gegebener Länge und der Breite 49 cm soll eine gleich lange Röhre mit möglichst großem, rechteckigem Querschnitt gewonnen werden.

7. Ein Kegel soll bei einer 12 cm langen Seitenkante ein möglichst großes Volumen bekommen.

8. Ein Rechteck soll den Flächeninhalt $10\,\text{cm}^2$ erhalten. Wie lang sind die Rechteckseiten zu wählen, damit das Rechteck minimalen Umfang hat?

9. a) In einen geraden Kreiskegel mit dem Grundkreisradius r und der Höhe h soll ein Zylinder mit möglichst großem Volumen einbeschrieben werden.

b) Auf der Deckfläche dieses maximalen Zylinders soll dem „Restkegel" erneut ein Zylinder größten Volumens einbeschrieben werden.

Löse diese Teilaufgabe b)
— durch erneute Rechnung,
— durch Analogieüberlegung zu a).

10. Einer Halbkugel [Kugel] soll ein Zylinder mit möglichst großem Volumen einbeschrieben werden.

11. Einer Halbkugel soll ein Quader mit quadratischer Grundfläche einbeschrieben werden. Wie sind die Maße des Quaders zu wählen, wenn sein Volumen möglichst groß werden soll?

12. Welcher oben offene Zylinder hat bei gegebener Oberfläche ein möglichst großes Volumen?

13. Ein Gefäß besteht aus einem Zylinder mit aufgesetzter Halbkugel. Welche Form muß es haben, damit es ohne Deckel bei gegebener Oberfläche ein möglichst großes Volumen hat?

14. Einem Kegel soll ein zweiter Kegel so einbeschrieben werden, daß die Spitze des zweiten Kegels im Mittelpunkt des Grundkreises des ersten Kegels liegt und daß der einbeschriebene Kegel ein möglichst großes Volumen hat.

15. Aus einer rechteckigen Fensterscheibe mit den Seitenlängen a und b ist vom Mittelpunkt der kleineren Seite aus eine Ecke unter einem Winkel von 45° abgesprungen. Aus der restlichen Scheibe soll durch Schnitte parallel zu den ursprünglichen Seiten eine möglichst große neue Scheibe hergestellt werden. Wie sind die Maße der neuen Scheibe zu wählen?

Aufgabe 2:   *Randwerte und Extremwertkriterien*

Der Graph der Funktion f mit $f(x) = \frac{1}{4}x^4 - 2x^2 + 4$ schließt mit der Achse a_I eine Fläche ein.
Welches dieser Fläche einbeschriebene Rechteck aus achsenparallelen Seiten hat extremalen Inhalt?

Lösung:

(1) Aufstellen der zugehörigen Funktion

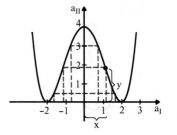

Skizze

Der Flächeninhalt eines Rechtecks aus achsenparallelen Seiten soll extremal sein, d.h.

$$A = 2x \cdot y; x \in [0; 2] \text{ möglichst groß} \quad \textit{Extremalbedingung}$$

Der Inhalt hängt von x und y ab. Es gilt:

$$y = f(x) = \tfrac{1}{4}x^4 - 2x^2 + 4 \quad \textit{Nebenbedingung}$$

Wir setzen in die Extremalbedingung ein:

$$A = 2xy = 2x(\tfrac{1}{4}x^4 - 2x^2 + 4) = \tfrac{1}{2}x^5 - 4x^3 + 8x$$

Der Flächeninhalt hängt nun von x ab.

Die Aufgabenstellung verlangt: Die Funktion

$$A = [x \mapsto \tfrac{1}{2}x^5 - 4x^3 + 8x; x \in [0; 2]] \quad \textit{Zielfunktion}$$

soll auf Extrema untersucht werden.

(2) Bestimmen der relativen Extremstellen der Zielfunktion

$A(x) = \tfrac{1}{2}x^5 - 4x^3 + 8x$
$A'(x) = \tfrac{5}{2}x^4 - 12x^2 + 8$
$A''(x) = 10x^3 - 24x$

Nach dem notwendigen Kriterium für relative Extremstellen können relative Extrema höchstens an den Nullstellen von A' vorliegen:

$A'(x) = 0$:
$\tfrac{5}{2}x^4 - 12x^2 + 8 = 0$

$\Leftrightarrow x = 2 \ \lor \ x = -2 \ \lor \ x = \sqrt{0{,}8} \ \lor \ x = -\sqrt{0{,}8}$

Nur $\sqrt{0,8}$ gehört zum Definitionsbereich der Zielfunktion.
Wir prüfen für $\sqrt{0,8}$, ob das hinreichende Kriterium für relative Extremstellen mittels der zweiten Ableitung erfüllt ist:

Die Rechnung setzt $A'(\sqrt{0,8})=0$ voraus.

Es gilt $A''(\sqrt{0,8})=8\cdot\sqrt{0,8}-24\cdot\sqrt{0,8}=-16\sqrt{0,8}<0$.

Es ist also $A'(\sqrt{0,8})=0$ und $A''(\sqrt{0,8})<0$.

Daher liegt an der Stelle $\sqrt{0,8}$ ein relatives Maximum der Zielfunktion vor.

(3) Untersuchen auf Randextrema

Es ist $A(0)=0$; $A(2)=0$; $A(\sqrt{0,8})=5,12\cdot\sqrt{0,8}$.
Da im Definitionsbereich stets gilt $A(x)>0$ (siehe Skizze), liegen an den Randstellen 0 und 2 die kleinsten Werte von $A(x)$ im Intervall $[0;2]$.

(4) Bezug der berechneten Extrema zur Aufgabe

Das einbeschriebene Rechteck hat für $x=\sqrt{0,8}$; $x=0$ und $x=2$ jeweils extremale Inhalte.
Für $x=\sqrt{0,8}$ liegt ein maximaler Flächeninhalt vor.
Für $x=0$ und $x=2$ ist der Flächeninhalt 0, das Rechteck entartet zu einer Strecke.

Information:

Die Kriterien für relative Extremstellen liefern nicht unbedingt die absoluten Extremstellen. Es ist daher unbedingt erforderlich, die Funktionswerte an den Enden des Definitionsbereichs zu bestimmen und zu untersuchen, ob dort nicht Randextrema vorliegen. In unserem Beispiel liegt an der Extremstelle $\sqrt{0,8}$ tatsächlich ein absolutes Maximum vor. Das absolute Minimum, nämlich 0, wird an den Randstellen 0 und 2 angenommen.

Zur Übung: **15** bis **22**

Extremwertaufgaben mit Nebenbedingungen werden häufig nach folgender Strategie gelöst:

(1) Aufstellen der für das Problem charakteristischen Funktion
Oft ist die Größe, die einen größten oder kleinsten Wert annehmen soll, in Abhängigkeit von zwei oder mehr Variablen gegeben.
Man kann dann in mehreren Schritten vorgehen:

16. Aus einer rechteckigen Glasscheibe der Länge 5 dm und der Breite 2 dm ist das in der Zeichnung angegebene Flächenstück herausgebrochen.

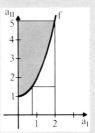

Der Rand des Bruchstücks ist Graph einer ganzrationalen Funktion f zweiten Grades, deren Graph an der Stelle 0 eine waagerechte Tangente hat und die in der Skizze angegebenen Eigenschaften besitzt.

a) Gib die Funktion f an.

b) Aus dem Reststück wird eine rechteckige Fläche herausgeschnitten.
In welchen Fällen hat sie einen möglichst großen Inhalt?

17. Das ‚Gebilde‘ in Übungsaufgabe **16** rotiere um die zweite Achse a_{II}.
Formuliere eine zu Übungsaufgabe **16**b) analoge Aufgabe und bestimme den ‚Restkörper‘ mit möglichst großem Volumen.

18. Gegeben sei ein Dachboden mit einem gleichschenkligen Dreieck als Querschnitt, einer Höhe von 4,8 m und einer Breite von 8 m. In ihm soll ein möglichst großes quaderförmiges Zimmer eingerichtet werden.

19. Gegeben ist eine Funktion f durch

$f(x)=-x^2+4$.

Der Funktionsgraph schließt mit der Achse a_I eine Fläche ein.

a) Beschreibe dieser Fläche ein achsenparalleles Rechteck mit möglichst großem Inhalt ein.

b) Beschreibe der Fläche ein zu a_{II} symmetrisches gleichschenkliges Dreieck mit möglichst großem Inhalt ein, dessen Spitze im Punkt $p(0;0)$ liegt.

▲ c) Beschreibe dieser Fläche ein rechtwinkliges
▲ Dreieck so ein, daß eine Kathete auf der
▲ Achse a_I und beide Hypotenusenendpunkte
▲ auf dem oberen Parabelbogen liegen und daß
▲ bei Drehung um die Achse a_I ein Kegel von
▲ möglichst großem Volumen entsteht.

20. Der Graph der Funktion f mit $f(x) = -2x^3 + k$ schließt mit den beiden Achsen eine Fläche ein. Beschreibe dieser Fläche ein Rechteck mit größtmöglichem Inhalt ein.

Ist das Problem für beliebiges k lösbar?

21. Der Graph der Funktion f mit $f(x) = (x^2 - 4)^2$
▲ schließt mit der Achse a_I eine Fläche ein.
▲ Dieser Fläche kann man Dreiecke einbe-
▲ schreiben, die gleichschenklig und symme-
▲ trisch zu a_{II} sind und deren Spitze im Punkt
▲ $p(0;0)$ liegt.
▲ Läßt man diese Dreiecke um die Achse a_{II}
▲ rotieren, entstehen Kegel. Welcher dieser Ke-
▲ gel hat ein möglichst großes Volumen?

22. In die Figur aus den Graphen der zwei Funktionen f_1 und f_2 können Rechtecke mit achsenparallelen Seiten einbeschrieben werden.

$$f_1(x) = -x^2 + 1; \quad f_2(x) = 4x^2 - 10$$

Welches der möglichen Rechtecke hat maximalen Inhalt?

Situationsskizze, aus der oft Beziehungen zwischen den Variablen erkennbar sind.

Aufstellen einer Bedingung, in der die Größe auftritt, die einen größten oder kleinsten Wert annehmen soll, in Abhängigkeit von weiteren gegebenen Größen *(Extremalbedingung).*

Aufstellen von Beziehungen der Größen in der Extremalbedingung *(Nebenbedingungen)* (z.B. mit Hilfe von Funktionsgleichungen, Strahlensatz, Satz des Pythagoras, Volumen- oder Flächeninhaltsformeln). Die Nebenbedingungen werden so umgeformt, daß in die Extremalbedingung eingesetzt werden kann. Ziel der Einsetzungen ist es zu erreichen, daß die Größe, die einen extremalen Wert annehmen soll, nur noch von einer Variablen abhängt. Man erhält dann eine Funktion *(Zielfunktion).*

(2) Aufsuchen der relativen Extremstellen der Zielfunktion
Nach den entsprechenden Kriterien werden die relativen Extremstellen bestimmt.

(3) Untersuchen auf Randextrema
Es wird festgestellt, ob an den in (2) gefundenen relativen Extremstellen auch absolute Extrema der Zielfunktion vorliegen oder ob dies an den eventuell vorhandenen Randstellen des Definitionsbereichs der Zielfunktion der Fall ist. Dazu müssen die Funktionswerte an den relativen Extremstellen und den Randstellen berechnet und miteinander verglichen werden.

(4) Bezug der gefundenen Werte zur Aufgabe
Die gefundenen Werte werden bezüglich der Aufgabenstellung gedeutet. Eventuell werden noch andere im Zusammenhang mit der Aufgabenstellung stehende Größen berechnet und Grenz- und Entartungsfälle, die sich als Lösung ergeben, als solche gedeutet.

7.9 Beweis des Monotoniesatzes

Vorbemerkung

1. Das Ziel dieses Abschnittes

Ein wichtiger Ausgangssatz für die Funktionsuntersuchungen war der Monotoniesatz (vgl. Seite 92). Er besteht aus vier Teilen.

Monotoniesatz

Die Funktion f sei im Intervall I differenzierbar.

(1) *Satz über die Ableitung monotoner Funktionen*
Wenn f in I monoton wachsend [fallend] ist, dann gilt $f'(x) \geq 0$ $[f'(x) \leq 0]$ für alle $x \in I$.

(2) *Satz von der (schwachen) Monotonie*
Wenn $f'(x) \geq 0$ $[f'(x) \leq 0]$ für alle $x \in I$, dann ist f monoton wachsend [fallend] in I.

(3) *Satz von der strengen Monotonie*
Wenn $f'(x) > 0$ $[f'(x) < 0]$ für alle $x \in I$, dann ist f streng monoton wachsend [fallend] in I.

(4) *Konstantensatz*
(a) Wenn $f'(x) = 0$ für alle $x \in I$, dann gilt $f(x) = c$ für alle $x \in I$.
(b) Wenn $f(x) = c$ für alle $x \in I$, dann ist $f'(x) = 0$ für alle $x \in I$.

Der Monotoniesatz wird beim Beweis von Kriterien für Funktionsuntersuchungen wiederholt angewendet (vgl. Übungsaufgabe **2**).
Allerdings wurde der Monotoniesatz ohne Beweis der Anschauung entnommen. Es ist das Ziel dieses Abschnittes, eine Satzkette anzugeben, die einen Beweis des Monotoniesatzes liefert.

Zur Übung: **1** und **2**

2. Übersicht über den Beweis des Monotoniesatzes

a) Der Teil (b) des Konstantensatzes besagt: Eine konstante Funktion hat an jeder Stelle die Ableitung 0. Dies wurde bereits in Abschnitt **5.1.** auf Seite 55 gezeigt.

b) Der Satz über die Ableitung monoton wachsender Funktionen, d.h. Teil (1) des Monotoniesatzes, wird als Satz **1** im folgenden eigenständig bewiesen.

c) Zum Beweis der anderen Teile des Monotoniesatzes wird eine Kette von sechs Sätzen (Satz **2** bis Satz **7**) angegeben, von denen jeder Satz aus dem vorhergehenden folgt (siehe die nebenstehende Graphik).

Übersicht über die Satzkette zum Beweis des Monotoniesatzes

Konstantensatz Teil (b)
(Teil (4 b)) des Monotoniesatzes)
Beweis siehe Seite 55

Satz über die Ableitung monotoner Funktionen
(Teil (1) des Monotoniesatzes)
Beweis siehe Satz **1** in diesem Abschnitt

Satz vom Steigen (Fallen) in bezug auf eine Stelle
Satz **2** in diesem Abschnitt

Satz über das Funktionswachstum längs eines Intervalls
Satz **3** in diesem Abschnitt

Satz von der strengen Monotonie
(Teil (3) des Monotoniesatzes)
Satz **4** in diesem Abschnitt

Schrankensatz
Satz **5** in diesem Abschnitt

Satz von der schwachen Monotonie
(Teil (2) des Monotoniesatzes)
Satz **6** in diesem Abschnitt

Konstantensatz Teil (a)
(Teil (4a)) des Monotoniesatzes)
Satz **7** in diesem Abschnitt

3. Satzkette zum Beweis des Monotoniesatzes

Satz über die Ableitung monotoner Funktionen

> **Satz 1:** *Satz über die Ableitung monotoner Funktionen* (Teil (1) des Monotoniesatzes)
>
> Wenn f in I monoton wachsend [fallend] ist, dann gilt $f'(x) \geq 0$ $[f'(x) \leq 0]$ für alle $x \in I$.

Beweis:

1. Fall: f sei in I monoton wachsend.

Für $x > x_0$ folgt dann $f(x) \geq f(x_0)$.

Dann gilt: $\dfrac{f(x) - f(x_0)}{x - x_0} \geq 0$

Dasselbe folgt für $x < x_0$.

Dann muß aber auch gelten:

$$f'(x_0) = \lim_{x \to x_0} \frac{f(x) - f(x_0)}{x - x_0} \geq 0$$

Angenommen, es wäre nämlich $f'(x_0) < 0$. Dann betrachten wir die stetige Ergänzung Δ_f der Differenzenquotientenfunktion (Sekantensteigungsfunktion) an der Stelle x_0:

$$\Delta_f(x) = \begin{cases} \dfrac{f(x) - f(x_0)}{x - x_0} & \text{für } x \neq x_0 \\ f'(x_0) & \text{für } x = x_0 \end{cases}$$

Da Δ_f an der Stelle x_0 stetig ist und $f'(x_0) < 0$, folgt nach Satz **2**, Seite 32, bzw. Übungsaufgabe **18**, Seite 32, daß Δ_f in der Umgebung von x_0 negativ ist im Widerspruch zu

$$\Delta_f(x) = \frac{f(x) - f(x_0)}{x - x_0} \geq 0 \quad \text{für } x \neq x_0.$$

2. Fall: f sei in I monoton fallend.

Der Beweis verläuft entsprechend (siehe Übungsaufgabe **3**)

Zur Übung: 3

Satz vom Steigen (Fallen) in bezug auf eine Stelle

> **Satz 2:** *Satz vom Steigen (Fallen) in bezug auf eine Stelle*
>
> Wenn $f'(a) > 0 [f'(a) < 0]$, dann gibt es eine Umgebung U(a), in der f in bezug auf a wächst [fällt], d.h. in der gilt:
>
> Wenn $x < a$, so $f(x) < f(a)$ $[f(x) > f(a)]$.
>
> Wenn $a < x$, so $f(a) < f(x)$ $[f(a) > f(x)]$.

Übungen 7.9

1. a) Bilde die Umkehrung der Teilsätze (1), (2), (3), (4) (a) und (4) (b) des Monotoniesatzes. Welcher Satz ergibt sich jeweils?

b) Eine der Umkehrungen ist falsch. Entscheide, welche das ist und gib ein Gegenbeispiel an. Korrigiere dann diese Umkehrung, so daß ein wahrer Satz entsteht. Welcher Satz ist das?

2. Stelle fest, wo bei den Funktionsuntersuchungen (Abschnitt **7.3** bis **7.5**) der Monotoniesatz angewendet wird.

3. Führe den Beweis von Satz **1** für den Fall einer monoton fallenden Funktion durch.

4. a) Bilde die Umkehrung von Satz **2**.

b) Zeige an einem Beispiel, daß die Umkehrung falsch ist.

5. Führe den Beweis von Satz **2** für den Fall $f'(a) < 0$ durch.

6. Gegeben sei $f(x) = \sin x$.

a) Zeige $f'(0) = 1 > 0$.

b) Bestimme eine möglichst große Umgebung U(0), so daß für alle $x \in U(0)$ gilt:

$f(x) < f(0)$ für $x < 0$

$f(x) > f(0)$ für $x > 0$

7. Gegeben sei $f(x) = \frac{1}{10} \sin(10x)$.

a) Zeige $f'(0) = 1 > 0$.

b) Bestimme eine möglichst große Umgebung U(0), so daß für alle $x \in U(0)$ gilt:

$f(x) < f(0)$ für $x < 0$

$f(x) > f(0)$ für $x > 0$

Anmerkung zum Verständnis von Satz 2:

Der Satz besagt, daß hinreichend nahe links von a die Funktionswerte kleiner [größer], hinreichend nahe rechts von a größer [kleiner] als f(a) sind. Der Satz sagt nicht aus, daß f in U(a) monoton wächst. Dies trifft zwar vielfach zu, ist jedoch nicht allgemein gültig. Ein Gegenbeispiel ist die Funktion h mit $h(x) = x + g(x)$, wobei

$$g(x) = \begin{cases} 2x^2 \cdot \sin \dfrac{1}{x} & \text{für } x \neq 0 \\ 0 & \text{für } x = 0 \end{cases}$$

Beweis von Satz 2:

1. Fall: Sei $f'(a) > 0$.

Wir betrachten die stetige Ergänzung Δ_f der Differenzenquotientenfunktion (Sekantensteigungsfunktion) an der Stelle a:

$$\Delta_f(x) = \begin{cases} \dfrac{f(x) - f(a)}{x - a} & \text{für } x \neq a \\ f'(a) & \text{für } x = a \end{cases}$$

Da Δ_f an der Stelle a stetig ist und $\Delta_f(a) = f'(a) > 0$ ist, gibt es nach Satz **2**, Seite 32, eine Umgebung U(a) mit $\Delta_f(x) > 0$ für $x \in U(a)$, d.h. es gilt:

$$\frac{f(x) - f(a)}{x - a} > 0 \quad \text{für } x \neq a \text{ und } x \in U(a).$$

Daraus folgt, daß Zähler und Nenner entweder zugleich positiv oder zugleich negativ sein müssen.
Das bedeutet:
Wenn $x < a$, dann $f(x) < f(a)$.
Wenn $a < x$, dann $f(a) < f(x)$.

2. Fall: Sei $f'(a) < 0$.
Der Beweis verläuft entsprechend (siehe dazu Übungsaufgabe 5).

Zur Übung: **4** bis **9**

Der Satz über das Funktionswachstum längs eines Intervalls

In diesem Satz **3** wird mehr über die Ableitung der Funktion f vorausgesetzt als in Satz **2**.
Die Ableitung von f sei nicht nur an der Stelle a, sondern an *jeder* Stelle des Intervalls I positiv [negativ]. Nach Satz **2** müssen dann sehr nahe rechts von jeder Stelle x des Intervalls die Funktionswerte größer [kleiner] als an der Stelle x sein. Wir können vermuten, daß längs des ganzen Intervalls die Funktion wächst [fällt] d.h. daß $f(a) < f(b)$ $[f(a) > f(b)]$ gilt.

8. Gegeben sei $f(x) = \dfrac{1}{1000} \sin(1000x)$.

a) Zeige $f'\left(\dfrac{\pi}{1000}\right) = -1 < 0$

b) Bestimme um $\dfrac{\pi}{1000}$ eine möglichst große Umgebung $U\left(\dfrac{\pi}{1000}\right)$, so daß für alle $x \in U\left(\dfrac{\pi}{1000}\right)$ gilt:

$f(x) < f\left(\dfrac{\pi}{1000}\right)$ für $x > \dfrac{\pi}{1000}$

$f(x) > f\left(\dfrac{\pi}{1000}\right)$ für $x < \dfrac{\pi}{1000}$

9. Gegeben sei die Funktion h mit $h(x) = x + g(x)$, wobei

$$g(x) = \begin{cases} 2x^2 \sin \dfrac{1}{x} & \text{für } x \neq 0 \\ 0 & \text{für } x = 0 \end{cases}$$

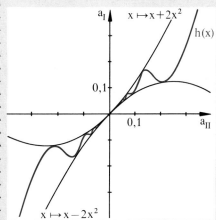

a) Zeige, daß der Graph der Funktion h zwischen den Graphen der Funktion $x \mapsto x + 2x^2$ und $x \mapsto x - 2x^2$ hin- und herpendelt.

b) Zeige, daß $h'(0) = 1$ ist.

c) Zeige, daß die Funktion in keiner Umgebung von 0 monoton wachsend und auch nicht monoton fallend ist.

Anleitung: Beweise

$h'\left(\dfrac{1}{2n\pi}\right) = -1, \quad h'\left(\dfrac{1}{(2n+1)\pi}\right) = 3 \quad (n \in \mathbb{N})$

Beachte: n kann beliebig groß sein.

d) Zeige, daß in einer Umgebung U(0) gilt:
Wenn $x < 0$, dann $h(x) < h(0)$.
Wenn $0 < x$, dann $h(0) < h(x)$.

10. Diskutiere, wie im Beweis des Satzes **3** für die Sonderfälle $x_0 = a$ bzw. $x_0 = b$ der Widerspruch herzuleiten ist.

11. Beweise den Satz **3** für den Fall $f'(x) < 0$ für alle $x \in [a; b]$.

12. Interpretiere Satz **3** für eine Weg-Zeit-Funktion $t \mapsto s(t)$.
Was bedeutet hier $s'(t) > 0$ für alle $t \in [t_1; t_2]$ mit $t_1 < t_2$?
Was besagt $s(t_1) < s(t_2)$?

13. a) Formuliere die Umkehrung von Satz **3**.

b) Zeige an einem Beispiel, daß die Umkehrung falsch ist.

14. Betrachte die Funktion:

$f(x) = \dfrac{1}{x}$, $x \in [-1; +1] \setminus \{0\}$

Zeige: $f'(x) < 0$ für alle $x \in [-1; +1] \setminus \{0\}$.
Prüfe, ob $f(-1) > f(+1)$.
Wie ist dies möglich bei Satz **3**?

15. a) Beweise, daß es zu einer in $a \in D_f$ stetigen Funktion f eine Umgebung $U(a)$ gibt, in der f beschränkt ist.
(Siehe Anhang A: Definition der Stetigkeit einer Funktion f an der Stelle a.)

b) Beweise nach der Methode des Beweises von Satz **3**, daß eine in einem Intervall $[a; b]$ stetige Funktion f dort beschränkt ist.

Satz 3: *Satz über das Funktionswachstum längs eines Intervalls*

Wenn $f'(x) > 0$ $[f'(x) < 0]$ für jedes $x \in [a; b]$, dann gilt $f(a) < f(b)$ $[f(a) > f(b)]$.

Anmerkung zum Verständnis von Satz **3**:

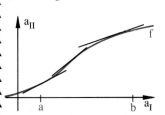

Satz **3** gilt sicher nach Satz **2**, wenn a und b hinreichend nahe bei x_0 liegen. Dann wächst f in bezug auf x_0, und es gilt: $f(a) < f(x_0) < f(b)$ und damit $f(a) < f(b)$.
Die Aussage von Satz **3** jedoch ist, daß das Steigen von f nicht nur in bezug auf x_0 (d.h. im kleinen), sondern auch für das vorgegebene Intervall (d.h. im großen) gilt.

Beweis von Satz **3**:

1. Fall: Es sei $f'(x) > 0$ für jedes $x \in [a; b]$.
Angenommen, der Satz gilt nicht für das Intervall $[a; b]$, dann gilt er auch nicht für jedes der beiden Teilintervalle $\left[a; \dfrac{a+b}{2}\right]$ und $\left[\dfrac{a+b}{2}; b\right]$, die durch Halbieren von $[a; b]$ entstehen. Sonst würde sich ergeben:

$$f(a) < f\left(\frac{a+b}{2}\right) \quad \text{und} \quad f\left(\frac{a+b}{2}\right) < f(b),$$

woraus $f(a) < f(b)$ folgen würde.
Wir wählen ein Teilintervall aus, für welches der Satz nicht gilt und halbieren es erneut. Für mindestens eines der beiden neuen Teilintervalle muß dann der Satz wieder nicht gelten. Ein solches Intervall wählen wir aus und fahren so fort. Es entsteht somit eine Intervallschachtelung (vgl. Seite 160). Daher gibt es nach dem Axiom von der Intervallschachtelung (siehe Seite 160) eine Zahl x_0, die in allen Intervallen liegt.
In jeder Umgebung von x_0 gibt es dann Intervalle, in denen x_0 liegt und für die der Satz nicht gilt. Andererseits gilt er im kleinen, d.h. wenn die Intervallendpunkte nahe genug bei x_0 liegen, gilt der Satz. Das ist ein Widerspruch. Der Satz muß also für das Intervall $[a; b]$ gelten. Es gibt kein Intervall, für das der Satz nicht gilt.

2. Fall: Es sei f'(x) < 0 für jedes x ∈ [a; b].

Der Beweis verläuft entsprechend (siehe dazu Übungsaufgabe **11**).

Zur Übung: **10** bis **15**

Der Satz von der strengen Monotonie

Mit Satz **3** haben wir das nötige Hilfsmittel gewonnen, um einen wichtigen Teil des Monotoniesatzes zu beweisen.

Satz 4: *Satz von der strengen Monotonie*

Gilt f'(x) > 0 [f'(x) < 0] für alle x ∈ I, so ist f streng monoton wachsend [fallend] in I.

Beweis:

1. Fall: Es sei f'(x) > 0 für alle x ∈ I.

Seien x_1, x_2 mit $x_1 < x_2$ zwei beliebige Stellen des Intervalls, dann sind für das Intervall $[x_1; x_2]$ die Voraussetzungen des Satzes **3** erfüllt. Damit ergibt sich $f(x_1) < f(x_2)$.
Wegen der Beliebigkeit von x_1, x_2 folgt:
f ist streng monoton wachsend in I.

2. Fall: Es sei f'(x) < 0 für alle x ∈ I.

Der Beweis verläuft entsprechend (siehe Übungsaufgabe **19**).

Zur Übung: **16** bis **19**

Der Schrankensatz

Im nächsten Satz soll Satz **4** etwas verallgemeinert werden. Hierzu überlege man sich:
Zeichnet man einen Graphen, der in jedem Punkt eine größere Steigung als eine fest vorgegebene Gerade hat (dies kann auch die Achse a_I sein), so ist auch jede Sekantensteigung (mittlere Steigung) größer als die Steigung der Geraden.

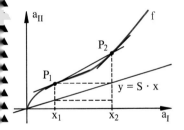

16. Interpretiere Satz **4** für eine Weg-Zeit-Funktion t ↦ s(t).
▲ Was besagt die strenge Monotonie der Funktion anschaulich?

17. Es sei f'(x) > 0 für x ∈ [0; 1[und f'(1) = 0.
▲ Zeige mit indirektem Beweis, daß f streng monoton in [0; 1] wächst.

18. Es sei f'(x) > 0 für alle x ∈ [a; b] mit Ausnahme der Stellen x_1, x_2, ..., x_n ∈ [a; b], wo
▲ f'(x_i) = 0, i = 1, ..., n.
▲ Zeige mit Hilfe des Ergebnisses von Übungsaufgabe **17**, daß f streng monoton in [a; b] wächst.

19. Führe den Beweis von Satz **4** für den Fall
▲ f'(x) < 0 für alle x ∈ I durch.

20. Man beweise Satz **5** für den Fall f'(x) < S für
▲ alle x ∈ I.

21. a) Bilde die Umkehrung des Schrankensatzes.
▲ b) Zeige durch ein Gegenbeispiel, daß sie falsch ist.

22. Beweise folgende allgemeinere Fassung des
▲ Schrankensatzes:
▲ Wenn f'(x) > g'(x) für alle x ∈ [a; b], so folgt:
▲ f(b) − f(a) > g(b) − g(a).

▲ *Anleitung:* Betrachte die Funktion d mit
▲ d(x) = f(x) − g(x) und beachte
▲ d'(x) > 0 für alle x ∈ [a; b].

23. a) Interpretiere Satz **5** für eine Weg-Zeit-Funktion t ↦ s(t).
▲ b) Interpretiere die Fassung des Schrankensatzes aus Übungsaufgabe **22** für zwei Weg-Zeit-Funktionen t ↦ s_1(t), t ↦ s_2(t) mit
▲ s_1'(t) > s_2'(t) für alle t ∈ [t_1; t_2].

125

24. Beweise mit Hilfe von Satz **5**:

Wenn f im Intervall $[a;b]$ differenzierbar ist und $f'(a) > \dfrac{f(b)-f(a)}{b-a}$, so gibt es wenigstens eine Stelle $c \in \,]a;b[$ mit:

$$f'(c) \le \frac{f(b)-f(a)}{b-a}$$

25. Mache mit Hilfe von Übungsaufgabe **24** und einer graphischen Interpretation plausibel:

Wenn f im Intervall $[a;b]$ differenzierbar ist, dann gibt es wenigstens eine Stelle

$$\xi \in [a;b] \quad \text{mit} \quad f'(\xi) = \frac{f(b)-f(a)}{b-a}$$

26. Beweise Satz **6** für den Fall $f'(x) \le 0$ für alle $x \in I$.

27. Beweise mit Hilfe von Satz **6** und Satz **7**:

Wenn $f'(x) \ge 0$ für alle $x \in [a;b]$ und nur an endlichen vielen Stellen in $[a;b]$ die Ableitung gleich Null ist, dann wächst f in $[a;b]$ streng monoton.

28. a) Beweise mit Hilfe von Satz **7**:

Wenn f_1, f_2 zwei Funktionen sind, deren Ableitung in $[a;b]$ für jede Stelle gleich ist, dann unterscheiden sich die beiden Funktionen nur um eine konstante Funktion, d.h. dann gibt es ein c mit $f_1(x) - f_2(x) = c \in \mathbb{R}$ für alle $x \in [a;b]$.

b) Bilde die Umkehrung des Satzes in Teilaufgabe a) und zeige die Gültigkeit dieser Umkehrung.

Satz 5: *Schrankensatz*

Gilt $f'(x) > S$ $[f'(x) < S]$ für alle $x \in I$, so sind auch alle Differenzenquotienten in I größer [kleiner] als S:

$$\frac{f(x_2)-f(x_1)}{x_2-x_1} > S \quad \left[\frac{f(x_2)-f(x_1)}{x_2-x_1} < S\right]$$

für alle $x_1, x_2 \in I$ mit $x_1 \neq x_2$ sowie $S \in \mathbb{R}$

Beweis:

1. Fall: Sei $f'(x) > S$ für alle $x \in I$.

Zu zeigen ist:

$$S < \frac{f(x_2)-f(x_1)}{x_2-x_1}$$

für beliebige $x_1, x_2 \in I$ mit $x_1 \neq x_2$.

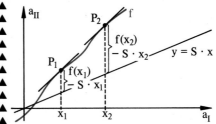

Sei $x_1 < x_2$, also $x_2 - x_1 > 0$. Hierfür formen wir diese Behauptung um:

$$S \cdot (x_2 - x_1) < f(x_2) - f(x_1)$$
$$S \cdot x_2 - S \cdot x_1 < f(x_2) - f(x_1)$$
$$f(x_1) - S \cdot x_1 < f(x_2) - S \cdot x_2$$

Links und rechts vom Zeichen $<$ stehen jetzt Differenzen. Diese kann man auffassen als Funktionswerte der Funktion d mit

$$d(x) = f(x) - S \cdot x$$

an der Stelle x_1 (links) und an der Stelle x_2 (rechts). Die letzte Ungleichung besagt, daß die Funktion d mit $d(x) = f(x) - S \cdot x$ längs des Intervalls $[x_1; x_2]$ wächst. Diese Aussage müssen wir also beweisen. Wir können sie nach Satz **4** jedenfalls dann schließen, wenn die Ableitung im Intervall I positiv ist, hier also wenn $d'(x) = f'(x) - S > 0$ für alle $x \in I$. Dies war aber gerade vorausgesetzt:

$$f'(x) > S \quad \text{für alle } x \in I.$$

2. Fall: Sei $f'(x) < S$ für alle $x \in I$.

Der Beweis verläuft entsprechend (siehe Übungsaufgabe **20**).

Zur Übung: **20** bis **25**

Der Satz von der schwachen Monotonie

Aus Satz **5** läßt sich jetzt Teil (2) des Monotoniesatzes folgern.

> **Satz 6:** *Satz von der (schwachen) Monotonie*
>
> Wenn $f'(x) \geq 0$ $[f'(x) \leq 0]$ für alle $x \in I$, so ist f monoton wachsend [fallend] in I.

Beweis:

1. Fall: Es sei $f'(x) \geq 0$ für alle $x \in I$.

Nach Voraussetzung gilt $f'(x) > S$ für jede negative reelle Zahl S. Also folgt nach Satz **5**:

$$\frac{f(x_2) - f(x_1)}{x_2 - x_1} > S \quad \text{für jedes negative S, d.h.}$$

$$\frac{f(x_2) - f(x_1)}{x_2 - x_1} \geq 0 \quad \text{für alle } x_1, x_2 \in I, \; x_1 \neq x_2.$$

Daraus folgt:

Wenn $x_1 < x_2$, so $f(x_1) \leq f(x_2)$ für alle $x_1, x_2 \in I$.

Der Konstantensatz, Teil (a)

Nun sind wir in der Lage, den letzten noch ausstehenden Teil des Monotoniesatzes, nämlich (4)(a), zu beweisen.

> **Satz 7:** *Teil (a) des Konstantensatzes*
>
> Wenn $f'(x) = 0$ für alle $x \in I$, dann ist $f(x) = c$ für alle $x \in I$.

Beweis: Wenn $f'(x) = 0$, dann gilt sowohl $f'(x) \geq 0$ als auch $f'(x) \leq 0$ für alle $x \in I$. Aus $x_1 < x_2$ folgt daher nach Satz **6** sowohl $f(x_1) \leq f(x_2)$ als auch $f(x_1) \geq f(x_2)$, daher $f(x_1) = f(x_2)$.

f muß also für alle Stellen denselben Wert haben.

Zur Übung: **26** bis **31**

---

29. Es sei $f(x) = \begin{cases} 3 & \text{für } x \in [-1; \, 0[\\ 4 & \text{für } x \in [0; \, +1] \end{cases}$

▲ Zeige: $f'(x) = 0$ für $x \in [-1; 1] \setminus \{0\}$.

▲ Wie ist es möglich, daß f keine konstante
▲ Funktion ist trotz Satz **7**?

30. a) Interpretiere Satz **7** und Übungsaufgabe **28**
▲ für Weg-Zeit-Funktionen [Geschwindigkeits-
▲ Zeit-Funktionen].

▲ b) Beweise: Wenn eine geradlinige Bewegung
▲ mit konstanter Beschleunigung erfolgt, so ist
▲ die Geschwindigkeits-Zeit-Funktion linear,
▲ die Weg-Zeit-Funktion quadratisch in t.

31. Betrachte $f(x) = \begin{cases} 3 & \text{für } [0; \pi] \cap \mathbb{Q} \\ 4 & \text{für } [\pi; 4] \cap \mathbb{Q} \end{cases}$

▲ f sei also nur für rationale Zahlen definiert.
▲ Dann ist $f'(x) = 0$ für $[0; 4] \cap \mathbb{Q}$, also in einem
▲ Intervall rationaler Zahlen.
▲ Wie kommt es, daß dennoch nicht f eine
▲ konstante Funktion ist?

▲ *Anmerkung zu Übungsaufgabe 31:*
▲ Bei der Definition der Differenzierbarkeit ei-
▲ ner Funktion f an der Stelle a und der Ablei-
▲ tung einer Funktion f an der Stelle a hatten
▲ wir vorausgesetzt, daß f in einem Intervall
▲ definiert ist und a zu diesem Intervall gehört
▲ (vgl. Seite 58). Diese Voraussetzung ist bei
▲ dem obigen Beispiel einer Funktion nicht ge-
▲ geben, weil f nur für rationale Zahlen defi-
▲ niert ist. Man kann jedoch die Theorie der
▲ Differenzierbarkeit und der Ableitung auch
▲ nur für rationale Zahlen als Elemente des
▲ Definitionsbereichs der Funktion durchfüh-
▲ ren. f ist dann in einem vollen Intervall ratio-
▲ naler Zahlen definiert.

8. Anwendungen

8.1. Anwendungen in der Steuergesetzgebung

Information: *Steuerfunktion*

Nach dem am 1.1.1981 in Kraft getretenen Steuergesetz berechnet sich die Einkommensteuer (im folgenden kurz *Steuer* genannt) folgendermaßen aus dem *Jahresbruttoeinkommen*:

Zunächst wird ein gewisser Betrag, der aus Freibeträgen, Werbungskosten, Sonderausgaben usw. besteht, abgezogen. Man erhält dann das *zu versteuernde Einkommen u*.

Dieses wird nach einem bestimmten Verfahren abgerundet (Übungsaufgabe **4**). Man erhält dann das *abgerundete zu versteuernde Einkommen x* (gemessen in DM). Dieses nennen wir kurz Einkommen, da es für die folgenden Überlegungen allein wichtig ist.

Durch die Abrundung kann x nur bestimmte Werte annehmen. Doch wird im folgenden $x \in \mathbb{R}$ angenommen. Diese Idealisierung macht auch der Gesetzgeber.

Zu jedem Einkommen x gehört eine bestimmte Steuer $st(x)$ (gemessen in DM). Die Funktion

Einkommen $\mapsto$ Steuer

heißt **Steuerfunktion.** Wir bezeichnen sie mit st. Es gilt:

$st(x) = $ Steuer beim Einkommen x

Die Steuerfunktion ist im Gesetz abschnittweise in fünf Intervallen definiert.

1. Intervall $[0; 4266[$: $st(x) = 0$
Es werden keine Steuern gezahlt.

2. Intervall $[4266; 18036[$: $st(x) = 0{,}22x - 926$
Die Funktion ist linear.

3. Intervall $[18036; 60048[$:

$st(x) = 3{,}05 y^4 - 73{,}76 y^3 + 695 y^2 + 2200 y + 3034$
mit $y = \frac{1}{10^4}(x - 1800)$
Die Funktion ist ganzrational vom Grad 4.

4. Intervall $[60048; 130032[$:

$st(x) = 0{,}09 z^4 - 5{,}45 z^3 + 88{,}13 z^2 + 5040 z + 20018$
mit $z = \frac{1}{10^4}(x - 60000)$
Die Funktion ist ganzrational vom Grad 4.

5. Intervall $\{x \mid x \geq 130032\}$: $st(x) = 0{,}56x - 14837$
Die Funktion ist wieder linear.

Übungen 8.1

1. Vervollständige mit Hilfe der Formel die Steuertabelle für folgende Einkommen:
1000; 4000; 10000; 25000; 35000; 45000; 50000; 60000; 85000; 115000; 140000; 175000.

2. Gib für das 3. Intervall den Term der Steuerfunktion in der für ganzrationale Funktionen üblichen Gestalt

$st(x) = a_4 \cdot x^4 + a_3 \cdot x^3 + a_2 \cdot x^2 + a_1 \cdot x + a_0$ an.

Wie lauten a_4, a_3, a_2, a_1, a_0?

3. Passen die Teile des Graphen der Steuerfunktion an den Intervallgrenzen aneinander oder ist dort ein „Sprung" vorhanden?

4. Die Abrundung des zu versteuernden Einkommens u auf das nächste Vielfache von 54, welches kleiner oder gleich u ist.

Beispiele: 7418,15 wird abgerundet auf 7398; 10770 wird abgerundet auf 10746; 59248,30 wird abgerundet auf 59238.

a) Runde die zu versteuernden Einkommen u auf diese Weise ab: 4513,40; 8256,10; 17458; 23219; 49414,47; 73410; 121419.

b) Gib für die Abrundungsfunktion $u \mapsto x$ mit Hilfe der sogenannten Gaußklammer [ ] einen Funktionsterm an.

c) Erkläre den folgenden Auszug aus der Einkommensteuertabelle des Bundessteuerblattes.

Einkommen bis DM	14849	14903	14957	15011	15065
Einkommensteuer	2329	2341	2352	2364	2376

Hinweis: Verwechsle nicht *Einkommensteuertabellen* mit *Lohnabzugstabellen*, in welche schon Steuerfreibeträge eingearbeitet sind.

Aufgabe 1: *Steuertabelle, Graph der Steuerfunktion*

a) Lege eine Wertetabelle für die Steuerfunktion an für die Stellen: 2000; 3000; 5000; 15000; 16000; 20000; 30000; 40000; 48000; 70000; 100000; 125000; 130000; 150000; 200000.
Diese Wertetabelle heißt Steuertabelle. Gib in ihr nur volle Pfennig-Beträge an.

b) Zeichne den Graphen der Steuerfunktion.

Lösung: a) Wir berechnen zunächst die Werte für y und für z im 3. bzw. 4. Intervall

x	20000	30000	40000	48000
y	0,2	1,2	2,2	3

x	70000	100000	125000	130000
z	1	4	6,5	7

Die Berechnung der Steuertabelle erfolgt nach dem Hornerschema mit einem Taschenrechner.

x	2000	3000	5000	15000	16000
st(x)	0	0	174	2374	2594

20000	30000	40000	48000	70000
3501,21	6553,67	10523,85	14144,53	25140,77

100000	125000	130000	150000	200000
41262,32	55165,44	57963,11	69163	97163

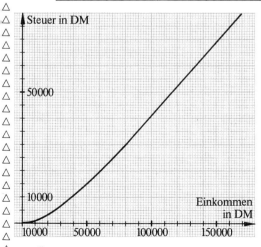

Zur Übung: **1** bis **4** sowie **29**

5. Welcher Anteil des Einkommens von 40000 DM wird als Steuer bezahlt? Gib diesen Bruchteil in % an. Wie heißt dieser Bruchteil?

6. a) Berechne den Steuersatz für die Einkommen in der Steuertabelle auf dieser Seite; lege eine Steuersatztabelle an.

b) Die Steuersatztabelle gehört zu einer Funktion; zeichne ihren Graphen. Wie könnte man diese Funktion nennen?

c) Gib für das 2. und das 5. Intervall den Funktionsterm dieser Funktion an.

d) Gib für das 3. und das 4. Intervall den Funktionsterm dieser Funktion an. Die Hilfsvariablen y bzw. z dürfen verwendet werden.

7. Um welchen Betrag wächst der prozentuale Steuersatz jeweils zwischen den Grenzen der fünf Definitionsintervalle?

8. Für welches Einkommen beträgt der prozentuale Steuersatz 50 % [10 %; 15 %; 55 %]?

9. a) Gibt es auch ein Einkommen, bei dem der prozentuale Steuersatz 60 % beträgt?

b) Welches ist die obere Grenze aller Steuersätze, die überhaupt vorkommen können?

c) Gibt es ein Einkommen, bei dem diese obere Grenze als Steuersatz vorkommt?

d) Gib ungefähr das Einkommen an, bei dem der Steuersatz 25 % [40 %] beträgt.

10. Warum steigt der Steuersatz auch im 2. und 5. Definitionsintervall?

11. Wie muß der Funktionsterm einer Steuerfunktion lauten, bei der für alle Einkommen der Steuersatz konstant ist?

12. Zeichne (qualitativ) den Graphen einer Steuerfunktion, bei der der Steuersatz monoton fällt.

13. a) Zeichne (qualitativ) den Graphen einer Steuerfunktion, bei der der Steuersatz zunächst steigt [fällt], dann einen Hochpunkt [Tiefpunkt] hat und dann fällt [steigt]? Gib jeweils den Wendepunkt an.

b) Die Steuerfunktion soll zusätzlich noch monoton wachsend sein.

14. Frau Müller hat ein Einkommen von 15000 DM. Sie hat die Möglichkeit, durch eine Nebentätigkeit noch 1000 DM zusätzlich zu verdienen. Sie überlegt, ob es sich lohnt, die Arbeit anzunehmen. Sie berechnet deshalb den Bruchteil des zusätzlich verdienten Geldes, den sie als Steuer zahlen muß. Gib diesen Bruchteil auch in Prozent an.

15. Herr Schulz hat ein Einkommen von 40000 DM [125000 DM]. Er kann sich beruflich verbessern, so daß er dann 48000 DM [130000 DM] verdient. Welchen Bruchteil des zusätzlich verdienten Geldes zahlt er als Steuer?

16. Herr Pram hat ein Einkommen von 70000 DM. Er hat für 1000 DM Fachbücher gekauft. Diesen Betrag kann er „von der Steuer absetzen". Das bedeutet: Vor der Berechnung der Steuer durch die Formel wird dieser Betrag vom Einkommen abgezogen.

a) Wieviel Steuern hat Herr Pram so gespart?

b) Gib in Prozent an, welcher Bruchteil dieser 1000 DM die Steuerersparnis darstellt.

c) Zeige, daß auch bei dieser Aufgabe die Formel für den durchschnittlichen Steuersatz im Einkommensintervall [a; b] angewendet werden kann. Welches Vorzeichen hat h?

17. Berechne den durchschnittlichen Steuersatz in den ersten 4 Definitionsintervallen der Steuerfunktion. Warum ist eine solche Berechnung nicht für das 5. Intervall möglich? Berechne aber den durchschnittlichen Steuersatz für ein beliebiges Teilintervall des 5. Intervalls.

18. Für welche Steuerfunktion ist der durchschnittliche Steuersatz für jedes Teilintervall des Definitionsbereichs konstant?

19. Herr Nillen hat ein Einkommen von 150000 DM. Er sagt: „Es lohnt sich nicht für mich, mehr zu verdienen. Die Hälfte dessen, was ich mehr verdiene, steckt doch das Finanzamt ein. Ich spende lieber einen Betrag an das Rote Kreuz. Den kann ich von der Steuer absetzen. Dann zahlt nämlich das Finanzamt praktisch die Hälfte der Spende und ich nur den Rest." Nimm zu dieser Äußerung von Herrn Nillen Stellung.

20. Herr Effa hat ein Einkommen von 12000 DM. Er sagt: Ich möchte gerne mehr verdienen, auch wenn ich 20 % dessen, was ich dann mehr verdiene, als Steuer bezahlen muß. Nimm zu dieser Äußerung Stellung.

Aufgabe 2: *Steuersatz und prozentualer Steuersatz*

a) Welcher Bruchteil des Einkommens wird bei einem Einkommen von a DM als Steuer eingezogen? Deute diesen Bruchteil geometrisch am Graphen der Steuerfunktion.

b) Wieviel Prozent des Einkommens wird bei einem Einkommen von a DM als Steuer eingezogen?

Lösung: a) Es muß der Bruchteil $\dfrac{st(a)}{a}$ als Steuer gezahlt werden. Dieser Bruchteil heißt **Steuersatz.**

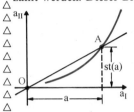

Der Steuersatz ist die Steigung der Sekante durch die Punkte O und A. Durchläuft A den Graphen der Steuerfunktion, so „dreht" sich die Sekante stets in derselben Richtung. Der Steuersatz ist monoton wachsend.

b) Es gilt $\dfrac{st(a)}{a} = \dfrac{100 \cdot \frac{st(a)}{a}}{100} = \dfrac{100 \cdot st(a)}{a}$ %

Der Steuersatz beträgt $\dfrac{100 \cdot st(a)}{a}$ %.

Der Steuersatz $\dfrac{st(x)}{x}$ beim Einkommen x gibt an, welcher Bruchteil des Einkommens x als Steuer zu zahlen ist. Der Steuersatz wächst monoton mit dem Einkommen und wird häufig in Prozent angegeben.

Es gilt: $\dfrac{st(x)}{x} = \dfrac{100 \cdot st(x)}{x}$ %

Zur Übung: **5** bis **13** sowie **30**

Aufgabe 3: *Durchschnittlicher Steuersatz im Einkommensintervall* $[a; b]$

Herr Meier hat ein Einkommen von a DM. Angenommen, er verdient jetzt noch h DM mehr.

a) Wieviel Steuern zahlt Herr Meier allein für den Mehrverdienst h?

b) Welchen Bruchteil von h muß er als Steuer zahlen? Gib den Bruchteil auch in Prozent an.

Lösung: a) Für das Einkommen a+h beträgt die Steuerschuld st(a+h), für das Einkommen a beträgt sie st(a). Für den Mehrverdienst h allein zahlt er an Steuern:

st(a+h)−st(a)

b) Der gesuchte Bruchteil lautet: $\dfrac{st(a+h)-st(a)}{h}$ bzw.

in Prozent: $100 \cdot \dfrac{st(a+h)-st(a)}{h}$ %.

Dieser Bruchteil heißt **durchschnittlicher Steuersatz im Einkommensintervall [a; a+h].**

Der **durchschnittliche Steuersatz im Einkommensintervall [a; b]** beträgt $\dfrac{st(b)-st(a)}{b-a}$.

Er gibt den Bruchteil an, der vom Mehrverdienst b−a als Steuer gezahlt werden muß.

Der durchschnittliche Steuersatz ist gleich der Steigung der Sekante durch die Punkte

$A = p(a; st(a))$ und $B = p(b; st(b))$.

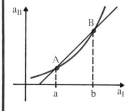

Ergänzung:

Der (gewöhnliche) Steuersatz beim Einkommen a kann als durchschnittlicher Steuersatz im Einkommensintervall [0; a] aufgefaßt werden.

Zur Übung: **14 bis 21**

Aufgabe 4: *Spitzensteuersatz*

Herr Meier überlegt: Wenn der Mehrverdienst h immer geringer wird und gegen Null strebt, dann müßte auch der durchschnittliche Steuersatz für diesen Mehrverdienst (d.h. für das Intervall [a; a+h]) gegen Null streben. Hat Herr Meier recht?

Lösung: Herr Meier hat unrecht. Wenn h gegen 0 strebt, so gilt:

$$\lim_{h \to 0} \frac{st(a+h)-st(a)}{h} = st'(a)$$

(wobei wir annehmen, daß die Steuerfunktion st an der Stelle a differenzierbar ist). Es gilt aber $st'(a) > 0$. Die Steuerfunktion ist streng monoton wachsend.

21. Für welche Steuerfunktion ist der durchschnittliche Steuersatz im Einkommensintervall [a; x] gleich dem Steuersatz?

22. a) Berechne die Ableitung der Steuerfunktion getrennt in den fünf Definitionsintervallen.

b) Berechne dann den Spitzensteuersatz für die Einkommen in der Steuertabelle von Seite 91 und lege eine Spitzensteuertabelle an (verwende das Hornerschema).

c) Zu der Spitzensteuertabelle gehört eine Funktion. Wie bezeichnet man diese Funktion sinnvoll? Zeichne den Graphen.

23. Herr Hohl hat ein Einkommen von 15000 DM [30000 DM; 70000 DM; 150000 DM]. Er verdient den vergleichsweise geringen Betrag von 400 DM hinzu. Berechne mit Hilfe des Spitzensteuersatzes, welcher Bruchteil dieses Mehrverdienstes ungefähr als Steuer bezahlt werden muß. Wieviel DM beträgt die Steuer für diese 400 DM?

24. Herr Manke hat ein Einkommen von 5000 DM [40000 DM, 100000 DM, 200000 DM]. Er kann den vergleichsweise geringen Betrag von 700 DM „von der Steuer absetzen". Berechne mit Hilfe des Spitzensteuersatzes, wieviel Prozent dieses Betrages ungefähr an Steuern eingespart werden. Wieviel DM sind das?

25. Zeichne (qualitativ) den Graphen einer monoton wachsenden Steuerfunktion, bei der an einer Stelle der Spitzensteuersatz 0 ist. Wie heißt der zugehörige Kurvenpunkt?

26. Zeichne (qualitativ) den Graphen einer Steuerfunktion, zu der auch negative Spitzensteuersätze gehören. Warum würde eine Steuergesetzgebung mit einer solchen Steuerfunktion zu vielen Nebenverdiensten anreizen? Diskutiere auch, ob sie sozial gerecht wäre.

27. Zeichne (qualitativ) den Graphen einer Steuerfunktion, bei der an einer Stelle der Spitzensteuersatz gleich dem (gewöhnlichen) Steuersatz ist.

28. a) Bilde getrennt in den fünf Definitionsintervallen die zweite Ableitung der gesetzlich eingeführten Steuerfunktion.

b) Berechne die Steuerprogression für die Einkommen der Steuertabelle auf Seite 91.

c) Warum heißen das 3. und das 4. Definitionsintervall Progressionszonen?

d) Gib die durchschnittliche Steuerprogression in den fünf Definitionsintervallen an.

e) Für welche Steuerfunktionen ist die Steuerprogression gleich 0?

29. Die im Gesetz angegebene Steuerfunktion gilt für ledige Steuerzahler. *Bei Eheleuten wird die Steuer im allgemeinen nach dem sogenannten Splittingverfahren berechnet:* Das gesamte zu versteuernde Einkommen der Ehegatten wird halbiert und jede Hälfte für sich nach der Steuerfunktion besteuert.

a) Wieviel Steuern zahlt ein Ehepaar mit 30000 DM [100000 DM] zu versteuerndem Einkommen weniger gegenüber einem Ledigen mit demselben Einkommen?

b) Auch für das Splittingverfahren kann man eine Steuerfunktion aufstellen, die abschnittsweise definiert ist. Zeige, daß im ersten Intervall $[0; 8532[$ gilt: $st(x)=0$. Zeige weiter, daß im zweiten Intervall $[8532; 36072[$ gilt: $st(x)=0,22x-1852$. Gib auch die weiteren Intervalle und die zugehörigen Funktionsterme an.

c) Berechne nach dem Splittingverfahren die Steuer für die Einkommen:

2000 DM, 3000 DM, 5000 DM, 15000 DM, 20000 DM, 30000 DM, 40000 DM, 70000 DM, 100000 DM, 150000 DM, 200000 DM.

Lege eine Tabelle an.

30. Berechne den prozentualen Steuersatz, der sich nach dem Splittingverfahren für die Einkommen in Übungsaufgabe **29** c) ergibt.

31. a) Berechne den Spitzensteuersatz, der sich nach dem Splittingverfahren ergibt, getrennt in den Definitionsbereichen.

b) Berechne den Spitzensteuersatz, der sich nach dem Splittingverfahren ergibt, für die Einkommen von Übungsaufgabe **29** c).

c) Vergleiche mit den Ergebnissen von Übungsaufgabe **22**.

Information:

Man nennt die Ableitung $st'(a)$ der Steuerfunktion st an der Stelle a den **Spitzensteuersatz beim Einkommen a.** Der Spitzensteuersatz beim Einkommen a ist gleich der Steigung der Tangente an den Graphen der Steuerfunktion an der Stelle a.

> *Spitzensteuersatz beim Einkommen a:*
>
> $$st'(a)=\lim_{h\to 0}\frac{st(a+h)-st(a)}{h}$$

Aufgabe 5: *Steuerliche Belastung der letzten hinzuverdienten Mark*

In wirtschaftswissenschaftlichen Arbeiten wird der Spitzensteuersatz manchmal folgendermaßen erklärt: Er ist der Bruchteil, mit dem die *letzte hinzuverdiente Mark steuerlich belastet* wird. Stimmt das?

Lösung: Die Aussage ist *fast* richtig. Richtig ist: Der Spitzensteuersatz ist ziemlich genau gleich dem Bruchteil, der von der letzten hinzuverdienten Mark als Steuer eingezogen wird. Ist h klein gegenüber a, so gilt nämlich:

$$st'(a)\approx\frac{st(a+h)-st(a)}{h}$$

Ergänzung:

Multipliziert man auf beiden Seiten mit h, so folgt:

$$st(a+h)-st(a)\approx st'(a)\cdot h$$

> Erhöht sich das Einkommen a um einen (gegenüber dem Einkommen a) geringen Betrag h, so ist die Steuer, die von h DM einbehalten wird, ziemlich genau gleich dem Produkt:
>
> Spitzensteuersatz · h
>
> Dies ist umso genauer der Fall, je weniger sich h von 0 unterscheidet.

Zur Übung: **22** bis **27** sowie **31**

Aufgabe 6: *Steuerprogression*

Unter Steuerprogression versteht man die Tatsache, daß der Spitzensteuersatz mit steigendem Einkommen zunimmt, daß also die erste Ableitung der Steuerfunktion monoton wachsend ist.

Gib ein quantitatives Maß für die Steuerprogression beim Einkommen a an.

Lösung: Die durchschnittliche Steuerprogression im Einkommensintervall $[a; a+h]$ ist gleich der Änderung des Spitzensteuersatzes in dem Intervall dividiert durch h, also gleich $\dfrac{st'(a+h)-st'(a)}{h}$.

Dann ist offensichtlich $\lim\limits_{h \to 0} \dfrac{st'(a+h)-st'(a)}{h}$, also die zweite Ableitung der Steuerfunktion an der Stelle a, ein Maß für die Steuerprogression beim Einkommen a.

> $st''(a)$ = Steuerprogression beim Einkommen a

Beachte, daß Steuerprogression mehr meint als daß sich die Steuern mit wachsendem Einkommen erhöhen. Steuerprogression bedeutet, daß sich auch die Spitzensteuersätze erhöhen.

Zur Übung: **28** und **32**

8.2. Anwendungen in der Wirtschaftslehre

Information: *Kostenfunktion, Kostenkurve*
Zur Herstellung einer Ware sind gewisse Aufwendungen (Kosten der Rohstoffe, Betriebskosten der Maschine, Löhne der Mitarbeiter, Miete des Gebäudes usw.) nötig, die Kosten verursachen. Zu jeder hergestellten Warenmenge gehört ein bestimmter Kostenbetrag. Die hierdurch bestimmte Funktion *Warenmenge* $\mapsto$ *Kosten* heißt **Kostenfunktion.**
Der Graph dieser Funktion heißt **Kostenkurve.**

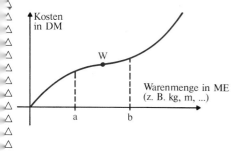

Das Bild zeigt ein typisches Beispiel einer Kostenkurve für eine bestimmte Ware in einem bestimmten Betrieb.

> Die Kostenfunktion bezeichnen wir mit k. Dann ist:
> k(x) = Kostenbetrag, der zur Herstellung der Warenmenge x benötigt wird.

32. Auf Antrag können auch die Einkommen der einzelnen Ehegatten getrennt versteuert werden (sogenannte getrennte Veranlagung).
a) Welches Verfahren ist günstiger?

Einkommen des Mannes in DM	12000	15000	300000
Einkommen der Frau in DM	2500	5000	40000

b) Ehefrau und Ehemann mögen jeder mehr als 4266 DM und zusammen weniger als 18036 DM verdienen. Zeige, daß beide Verfahren zu demselben Ergebnis führen.

c) Gib weitere Möglichkeiten an, bei denen beide Verfahren zu demselben Ergebnis führen.

d) Untersuche, ob das Splittingverfahren ungünstiger ist, wenn beide Eheleute zusammen mehr als 260000 DM verdienen und die Frau weniger als 130000 DM verdient.

Übungen 8.2

1. Beschreibe den Verlauf der Kostenkurve und versuche eine Erklärung zu finden. Zeichne qualitativ darunter die Grenzkostenkurve.

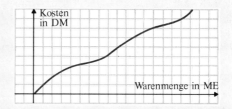

2. Die Kostenfunktion k ist gegeben. Bestimme die Grenzkostenfunktion.
a) $k(x) = (x-5)^3 + 125$
b) $k(x) = x^3 - 12x^2 + 55x$
c) $k(x) = (x^3-6)^3 + 18x + 216$

3. Die Kostenfunktion k ist gegeben. Wie hoch sind die durchschnittlichen Kosten für die zuletzt produzierte Mengeneinheit? Verwende das Hornerschema und einen Taschenrechner.

a) $k(x) = (x-7)^3 + 7^3$; $\quad x = 5[7; 10; 20]$

b) $k(x) = x^3 - 12x^2 + 55x$; $\quad x = 2[4; 12; 30]$

c) $k(x) = (x-6)^3 + 40x + 6^3$; $\quad x = 2[5; 8; 15]$

4. *Durchschnittliche Kosten und ihre Minimierung*

a) Gib einen Ausdruck für die durchschnittlichen Kosten für die Produktion der Warenmenge x an.

b) Deute diesen Ausdruck geometrisch an der Kostenkurve.

c) Offensichtlich ist es für einen Betrieb sehr günstig, wenn die durchschnittlichen Kosten minimal sind. Überlege an Hand der geometrischen Deutung der durchschnittlichen Kosten an der Kostenkurve, bei welcher Warenmenge x_0 dies eintritt.

d) Gib eine Kostenkurve an, bei der keine minimalen, wohl aber maximale durchschnittliche Kosten auftreten.

e) Gib eine Kostenkurve an, bei der minimale und maximale durchschnittliche Kosten auftreten.

f) Gib (qualitativ) eine Kostenkurve an, bei der weder maximale noch minimale Kosten auftreten.

g) Zeichne die Kostenkurve zur Funktion k. Bestimme zeichnerisch die Warenmenge mit minimalen durchschnittlichen Kosten:

(1) $k(x) = (x-2)^3 + 8$

(2) $k(x) = (x-1)^3 + 5x + 1$

h) Entscheide, ob folgende Aussage zutrifft: Wenn die durchschnittlichen Kosten minimal sind, dann sind sie gleich den Grenzkosten. Gilt auch die Umkehrung dieser Wenn-dann-Aussage? (Unterscheide verschiedene Arten von Kostenkurven.)

▲ i) Ordnet man jeder produzierten Warenmenge x die durchschnittlichen Kosten von x zu, so erhält man die Durchschnittskostenfunktion. Wie lautet diese Funktion? Zeige, daß die Ableitung dieser Funktion genau dann Null ist, wenn die Durchschnittskosten gleich den Grenzkosten sind.
▲ Bestätige dieses Ergebnis für die Kostenfunktionen von Übungsaufgabe **3**.

△ **Aufgabe:** *Erklärung für den Verlauf der Kostenkurve; Grenzkosten*

a) Beschreibe den Verlauf der Kostenkurve (siehe Bild auf Seite 95) und versuche eine Erklärung dafür zu finden.

b) Angenommen, die Produktion der Warenmenge x wird um h erhöht. Um wieviel steigen die Kosten? Wie groß ist die durchschnittliche Erhöhung der Kosten, d.h. die Erhöhung der Kosten pro Mengeneinheit?

c) Versuche eine Deutung der Steigung der Kostenkurve in einem Punkt zu geben.

Lösung: a) Mit einer Erhöhung der produzierten Warenmenge steigen auch die Kosten an, d.h. die *Kostenfunktion ist monoton wachsend.* Der Anstieg der Kosten (d.h. die Steigung der Kostenkurve) ist jedoch unterschiedlich. Zunächst steigen die Kosten bis zur Stelle a relativ steil an. Dann erfolgt im Intervall [a; b] ein ausgeglichener Anstieg, weil sich vielleicht die Vorteile der Massenproduktion bemerkbar machen. Hinter der Stelle b steigen die Kosten sehr steil an, weil sich vielleicht eine Erhöhung der Produktion nur mit teuren Überstunden der Mitarbeiter erzielen läßt.

Die Steigung der Kostenkurve an der Stelle x heißt *Grenzkosten bei der Warenmenge x.* Man sieht, daß die Grenzkosten bis zum Wendepunkt W fallen und dann wieder steigen.

b) Die Kosten steigen um den Betrag $k(x+h) - k(x)$. Die durchschnittliche Erhöhung der Kosten beträgt:

$$\frac{k(x+h) - k(x)}{h}$$

Dieser Ausdruck gibt die Steigung der Sekante durch die Punkte

$$A = p(x; k(x)) \quad \text{und} \quad B = p(x+h; k(x+h))$$

der Kostenkurve an.

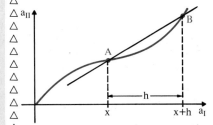

c) Die Grenzkosten stellen den Grenzwert der durchschnittlichen Kosten für eine Erhöhung der Produktion um h für h→0 dar. Grenzkosten an der Stelle x:

$$k'(x) = \lim_{h \to 0} \frac{k(x+h) - k(x)}{h}$$

Weil für in der Nähe von 0 gelegene h gilt

$$k'(x) \approx \frac{k(x+h)-k(x)}{h},$$

sind die Grenzkosten ziemlich genau gleich der durchschnittlichen Erhöhung der Kosten, falls die Produktion geringfügig erweitert wird. Man könnte auch sagen: Die Grenzkosten sind ziemlich genau gleich den durchschnittlichen Kosten für die zuletzt produzierte Mengeneinheit der Ware.

Grenzkosten für die Warenmenge x	=	Ableitung der Kostenfunktion an der Stelle x

Zur Übung: **1** bis **4**

Information: *Erlösfunktion, Gewinnfunktion*
Der Erlös einer Ware ist der Geldbetrag, der durch den Verkauf der Warenmenge eingenommen wird. Die Zuordnung *Warenmenge↦Erlös* ist eine Funktion, die wir mit E bezeichnen.
Der *Gewinn einer Ware* ist der Geldbetrag, der nach Abzug der Kosten noch vom Erlös übrigbleibt. Die Zuordnung *Warenmenge↦Gewinn* ist eine Funktion, die wir mit G bezeichnen.

Zur Übung: **5**

8.3. Das Newtonsche Verfahren

Aufgabe 1: *Näherungswert für eine Lösung*

a) Versuche eine Lösung von $x^3 - x^2 - 5 = 0$ oder wenigstens ein Intervall anzugeben, in dem eine Lösung liegt.

b) Gib ein Intervallende als Näherungswert an.

Lösung: a) Mit den bisher bekannten Verfahren der Gleichungsauflösung läßt sich eine Lösung nicht bestimmen. Um ein Intervall zu finden, in welchem eine Lösung liegt, stellen wir eine Wertetabelle für die Funktion f mit $f(x) = x^3 - x^2 - 5$ auf.

x	0	1	2	3
f(x)	-5	-5	-1	$+13$

Im Intervall [2; 3] liegt also eine Lösung.

b) Die Zahl 2 ist vermutlich ein besserer Näherungswert für die Lösung der Gleichung als die Zahl 3, weil f(2) näher bei Null liegt als f(3).

5. a) Definiere E(x) und G(x) und drücke G(x) durch k(x) und E(x) aus. Wann ist G(x) < 0. Wie nennt man dann G(x)?

b) Was versteht man unter Erlöskurve und Gewinnkurve (denke an den analogen Begriff der Kostenkurve)?

c) Definiere analog zu Grenzkosten die Begriffe *Grenzerlös* und *Grenzgewinn* und deute beide Begriffe anschaulich.

d) Gegeben sind Kostenfunktion k und Erlösfunktion E. Berechne Grenzkosten, Grenzerlös und Grenzgewinn.

(1) $k(x) = (x-7)^3 + 7^3$; $E(x) = \frac{1}{2}x$

(2) $k(x) = x^3 - 12x^2 + 55x$;

$$E(x) = \frac{1}{4}x + \frac{1}{x+1} - 1$$

(3) $k(x) = (x-6)^3 + 40x + 6^3$; $E(x) = \frac{1}{5}\sqrt{x}$

e) Zeige: Wenn der Gewinn am größten ist, dann sind die Grenzkosten gleich dem Grenzerlös. Diese Aussage heißt auch das *Gewinnmaximierungsprinzip.*

Anleitung: Wenn der Gewinn am größten ist, dann hat dort die Gewinnkurve ein Maximum, die Ableitung ist an dieser Stelle 0.

Übungen 8.3

1. Bestimme einen bis auf zwei Stellen hinter dem Komma genauen Näherungswert einer Lösung der angegebenen Gleichung.

a) $x^2 - x - 0{,}5 = 0$

b) $x^3 - 3x - 4 = 0$

c) $x^3 + 2x + 1 = 0$

d) $x^3 - 30x + 33 = 0$

e) $x^3 - 3x^2 + 8 = 0$

f) $x^3 + 13x + 33 = 0$

g) $x^3 - 3x - 11 = 0$

h) $x^4 - 22x + 20 = 0$

i) $x^4 + 3x - 20 = 0$

2. Bestimme auf drei Stellen hinter dem Komma genau eine Nullstelle der angegebenen Funktion.

a) $f(x) = x^3 - 5x + 80$

b) $f(x) = 8 + 4x - x^3$

c) $f(x) = x^3 - 6x^2 - 83x - 20$

d) $f(x) = x^3 - 20x - 24$

3. Gib einen Näherungswert an.

a) $\sqrt{10}$ d) $\sqrt{15610}$

b) $\sqrt{20}$ e) $\sqrt{8211}$

c) $\sqrt{153}$ f) $\sqrt{4782}$

Beachte: $\sqrt{5}$ ist eine Lösung der Gleichung $x^2 - 5 = 0$.

4. Bestimme einen Näherungswert.

a) $\sqrt[3]{5}$ d) $\sqrt[5]{10}$

b) $\sqrt[4]{4}$ e) $\sqrt[7]{31}$

c) $\sqrt[5]{18}$ f) $\sqrt[10]{180}$

5. Nicht immer führt das Newtonsche Verfahren zu einem besseren Näherungswert. Zeichne den Graphen einer Funktion f mit einem Näherungswert x_n der Nullstelle a, so daß x_{n+1} weiter von a entfernt ist als x_n.

6. Wende zur Bestimmung eines Näherungswertes der im Intervall [2; 3] gelegenen Lösung der Gleichung $x^3 - x^2 - 5 = 0$ folgendes Verfahren an:
Halbiere das Intervall, berechne den Funktionswert des Intervallmittelpunktes für die Funktion f mit $f(x) = x^3 - x^2 - 5$ und entscheide, in welchem Intervall die Lösung der Gleichung liegt. Dann halbiere erneut usw. Da die Intervalle ineinandergeschachtelt sind, heißt dieses Verfahren *Intervallschachtelungsverfahren* (Taschenrechner verwenden!). Das Verfahren heißt auch *Halbierungsverfahren*.

△ **Aufgabe 2:** *Herleitung und Anwendung des Newtonschen Verfahrens*

a) Gegeben sei die Gleichung $f(x) = 0$ (z.B. $x^3 - x^2 - 5 = 0$) und x_n sei ein Näherungswert einer Lösung a der Gleichung. Gesucht ist ein besserer Näherungswert x_{n+1}.

b) Wende das Verfahren auf die Gleichung $x^3 - x^2 - 5 = 0$ so oft an, bis sich ein Näherungswert ergibt, der bis auf drei Stellen hinter dem Komma genau ist.

Lösung: a) Es gibt mehrere Wege, um einen besseren Näherungswert zu bestimmen. Einer wird hier dargestellt. Zu anderen Wegen siehe Übungsaufgaben **6** und **7**.

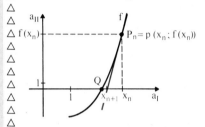

Wir zeichnen im Punkt $P_n = p(x_n; f(x_n))$ die Tangente an den Graphen der Funktion f. Der Schnittpunkt der Tangente mit der Achse a_I ist in vielen Fällen ein besserer Näherungswert x_{n+1}. Es gilt:

$$f'(x_n) = \frac{f(x_n)}{x_n - x_{n+1}}$$

Daraus folgt für $f'(x_n) \neq 0$:

$$x_n - x_{n+1} = \frac{f(x_n)}{f'(x_n)}$$

$$x_{n+1} = x_n - \frac{f(x_n)}{f'(x_n)}$$

b) Es ist $f(x) = x^3 - x^2 - 5$ und $f'(x) = 3x^2 - 2x$. Die Rechnung wird bei Verwendung einer Tabelle übersichtlicher. Die Berechnung der Funktionswerte erfolgt am günstigsten mit dem Taschenrechner nach dem Hornerschema.

n	x_n	$f(x_n)$	$f'(x_n)$	$\dfrac{f(x_n)}{f'(x_n)}$	x_{n+1}
1	2	-1	8	$-0,125$	2,125
2	2,125	0,0800781	9,296875	0,0086134	2,1163866
3	2,1163866	0,0003984	9,2045035	0,0000432	2,1163434

In der Tabelle sieht man, daß in der dritten (ja sogar vierten) Dezimale keine Änderung mehr erfolgt, also ist 2,116 der gesuchte Näherungswert.

Das hier durchgeführte Verfahren heißt **Newtonsches Näherungsverfahren.**

> Beim Newtonschen Näherungsverfahren wird zur Bestimmung immer genauerer Näherungswerte einer Lösung der Gleichung $f(x) = 0$ die Formel
>
> $$x_{n+1} = x_n - \frac{f(x_n)}{f'(x_n)} \quad (\text{für } f'(x_n) \neq 0)$$
>
> verwendet.

Zur Übung: **1** bis **8**

Information: *Das Newtonsche Verfahren auf einem programmierbaren Rechner*

Das Newtonsche Verfahren läßt sich leicht auf einem programmierbaren Rechner durchführen. Dazu muß es in eine Folge von Anweisungen übertragen werden. Für eine Genauigkeit von n Stellen hinter dem Komma erhalten wir:

(1) Beginne mit der Zahl x_1

(2) Setze x_1 an Stelle von x_n

(3) Ersetze x_n durch $x_n - \dfrac{f(x_n)}{f'(x_n)}$

(4) Wenn $|x_{n-1} - x_n| > 10^{-n}$, gehe über zu (3), wenn nicht, gehe über zu (5)

(5) x_n ist der verlangte Näherungswert

Eine solche Folge von Anweisungen bezeichnet man auch als Algorithmus. Dieser muß noch in die Sprache des verwendeten Rechners übersetzt werden. Es entsteht dann ein sogenanntes Programm, nach welchem der Rechner arbeitet.

Zur Übung: **9**

7. Anstatt wie beim Newtonschen Verfahren den Schnittpunkt der Tangente mit der Achse a_I zu bestimmen, kann man auch die Sekante verwenden.

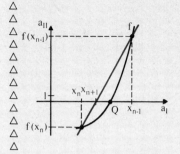

Leite die Formel

$$x_{n+1} = x_n - \frac{x_n - x_{n-1}}{f(x_n) - f(x_{n-1})} \cdot f(x_n)$$

ab und verwende sie zur Bestimmung der Näherungswerte für Lösungen von Gleichungen. Die Formel heißt *regula falsi*. Das Verfahren heißt auch *Sekantenverfahren*.

8. Das Newtonsche Verfahren läßt sich verfeinern, wenn an Stelle der Kurventangente eine Parabel mit der Gleichung $y = ax^2 + b$ verwendet wird, deren Koordinaten und deren Steigung im Ausgangspunkt mit der ursprünglichen Kurve übereinstimmen. Leite ähnlich wie beim Newtonschen Verfahren eine Formel ab und wende diese bei den Beispielen der Übungsaufgaben **1** bis **3** an.

9. Gib auch für das Halbierungsverfahren (Übungsaufgabe **6**) und das Sekantenverfahren (Übungsaufgabe **7**) eine Folge von Anweisungen an.

▲ Anhang

▲ A. Stetigkeit – Umgebungen als Hilfmittel

▲ A.1. Definition der Stetigkeit an der Stelle a mit Hilfe von Umgebungen

▲ Aufgabe 1: *Bestimmen von Fehlergrenzen zu einer vorgegebenen Toleranz*

▲ Aus einem Block soll ein Würfel mit dem Volumen 1 l ($=1\ \mathrm{dm}^3$) geschnitten werden. Da der Würfel für Meßzwecke verwendet werden soll, darf sein Volumen höchstens um $1‰(=\frac{1}{1000})$ von diesem Wert abweichen (*Toleranzangabe*).
▲ Um wieviel dm darf die Würfelkante nach oben bzw. nach unten von ihrem genauen Wert 1 dm abweichen, damit diese Bedingung erfüllt ist?

▲ **Lösung:** Zur besseren Übersicht zeichnen wir den Graphen der Funktion

▲ *Kantenlänge (in dm)* $\longmapsto$ *Volumen (in dm^3)*

▲ und legen auf der 2. Achse um die Zahl 1 ein Intervall, welches die Toleranzangabe 1‰ kennzeichnet. Bei einem solchen Intervall sprechen wir von einer *Umgebung der Zahl 1*.

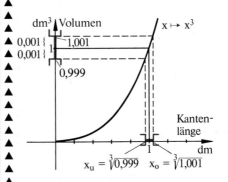

▲ Da 1‰ von 1 $\mathrm{dm}^3 = \frac{1}{1000}$ von 1 $\mathrm{dm}^3 = 0,001\ \mathrm{dm}^3$, ist die Entfernung des oberen und des unteren Endpunktes der Umgebung von 1 auf der 2. Achse jeweils gleich 0,001 (in der Zeichnung größer dargestellt).
▲ Die Zeichnung veranschaulicht, wie man auf der 1. Achse eine Umgebung der Zahl 1 findet, welche die *Fehlergrenzen* für die Kantenlänge kennzeichnet.

Die Endpunkte x_u und x_o dieser Umgebung um 1 berechnen sich wie folgt:

$$x_u^3 = 1 - 0,001 = 0,999$$
$$x_o^3 = 1 + 0,001 = 1,001$$

Also:

$$x_u = \sqrt[3]{0,999} \approx 0,9996666...$$
$$x_o = \sqrt[3]{1,001} \approx 1,0003333...$$

Wenn die Kantenlänge um höchstens 0,0003333 dm nach unten oder um höchstens 0,0003333 dm nach oben vom Wert 1 dm abweicht, ist die Toleranzangabe erfüllt.

Information: *Vorgabe von Toleranzangabe und Fehlergrenzen durch Umgebungen*

Bei der Lösung der Aufgabe **1** haben wir bereits den Begriff der Umgebung verwendet. Eine Umgebung einer Zahl a zeichnen wir auf der Zahlengeraden (bzw. auf einer Achse des Koordinatensystems) folgendermaßen:

Die Zahl a muß nicht in der Mitte der Umgebung liegen. Umgebungen von a werden mit U(a) oder V(a) bezeichnet.

Definition 1: Unter einer Umgebung der Zahl (Stelle) a versteht man ein nach beiden Seiten offenes Intervall, welches a als Element hat.

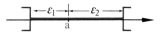

Die Entfernung des linken Randpunktes von a bezeichnen wir mit ε_1, die des rechten von a mit ε_2.

$$U(a) = \{x \in \mathbb{R} \mid a - \varepsilon_1 < x < a + \varepsilon_2\}$$
$$= \,]a - \varepsilon_1;\ a + \varepsilon_2[$$

Nur bei einer symmetrischen Umgebung ist $\varepsilon_1 = \varepsilon_2$.

Übungen A.1

1. Aus einer dünnen Platte soll ein Quadrat mit dem Flächeninhalt 1 m² geschnitten werden. Da das Quadrat für Meßzwecke verwendet werden soll, darf sein Flächeninhalt höchstens um 0,5 % von diesem Flächeninhalt abweichen (Toleranzangabe).

a) Um wieviel m darf die Quadratseite nach oben bzw. nach unten jeweils von ihrem genauen Wert 1 m abweichen, damit diese Bedingung erfüllt ist? Gib dazu eine Umgebung von 1 m an.

b) Kann man zu jeder noch so kleinen Toleranzangabe eine Umgebung V(1) angeben, so daß die Toleranzbedingung für Seitenlängen aus V(1) erfüllt ist?

2. Aus einem Stahlblechband der genauen Breite 0,5 m soll ein Rechteck mit dem Flächeninhalt 2 m² geschnitten werden. Da das Rechteck für Meßzwecke verwendet werden soll, darf sein Flächeninhalt höchstens 0,2 % von diesem Flächeninhalt abweichen (Toleranzangabe).

a) Um wieviel m darf die eine Rechteckseite nach unten bzw. nach oben jeweils von ihrem genauen Wert 4 m abweichen, damit die Toleranz eingehalten wird?

b) Kann man zu jeder noch so kleinen Toleranzangabe eine Umgebung V(4) angeben, so daß für Seitenlängen aus V(4) die jeweilige Toleranzbedingung erfüllt ist?

3. Aus einer Platte sollen gleichseitige Dreiecke mit dem Flächeninhalt 1 dm² ausgestanzt werden. Die Abweichung nach oben darf 1‰, nach unten 2‰ betragen.
Um wieviel darf die Seitenlänge des gleichseitigen Dreiecks nach oben bzw. unten von ihrem genauen Wert abweichen, damit die Toleranzbedingung erfüllt ist?

4. a) Für den freien Fall gilt die Weg-Zeit-Gleichung $s = \frac{1}{2}gt^2$ ($g = 9{,}81\ \mathrm{m\,s^{-2}}$).
Bei einer Überprüfung des Gesetzes kann die Weglänge von 1 m [2 m; 3 m] jeweils auf tausendstel Millimeter genau gemessen werden.
Wie genau muß mindestens die Zeitmessung sein?

5. Beim Echolot wird ein Schallimpuls von einer Seite des Schiffes losgeschickt.

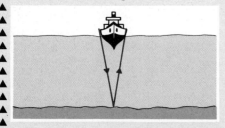

Er kann dann nach seiner Reflexion auf dem Meeresgrund auf der anderen Schiffsseite registriert werden. Aus der Laufzeit des Schallimpulses kann man auf die Tiefe des Meeres schließen. Es gilt: Geschwindigkeit des Schalls im Wasser = $1400\ \mathrm{m\,s^{-1}}$.
Wie genau muß man die Zeitmessung durchführen, damit die Tiefe auf 1 % genau angegeben wird?

Die Toleranzangabe bedeutet mathematisch die Vorgabe einer Umgebung $U(f(a))$ auf der 2. Achse.
Dabei kann die Umgebung durchaus auch unsymmetrisch sein, wenn die Toleranzangabe nach oben und nach unten verschieden ist.

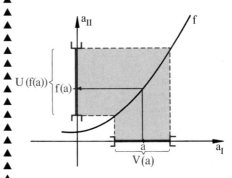

Die Zeichnung zeigt, wie man zu der Umgebung $U(f(a))$ die Fehlergrenzen findet, damit die Toleranzangabe erfüllt werden kann. Die Fehlergrenzen bestimmen ebenfalls eine Umgebung $V(a)$ auf der 1. Achse. In unserem Fall der obigen Zeichnung kann man zu jeder Umgebung $U(f(a))$ (Toleranzangabe) eine Umgebung $V(a)$ (Fehlergrenzen) finden, so daß für alle $x \in V(a)$ gilt: $f(x) \in U(f(a))$ (d.h. daß für alle $x \in V(a)$ die Toleranzbedingung erfüllt ist.)

Zur Übung: **1** bis **6**

Übungen zum Begriff der Umgebung: **1** bis **4**, Seite 13/14

Aufgabe 2: *Toleranzangabe an einer Sprungstelle*
Ein Computer ist auf folgende Funktion f programmiert:

$$f(x) = \begin{cases} x+1 & \text{für } x^2 \le 2 \ (\text{d.h. für } x \le \sqrt{2}) \\ x+1{,}1 & \text{für } x^2 > 2 \ (\text{d.h. für } x > \sqrt{2}) \end{cases}$$

Das bedeutet: Gibt man eine Zahl x in den Computer ein, so gibt der Computer f(x) aus. Der Computer kann aber nur abbrechende Dezimalbrüche aufnehmen und ausgeben.
Nun soll $f(\sqrt{2})$ mit der angegebenen Genauigkeit berechnet werden. Kann man eine Umgebung $V(\sqrt{2})$ finden, so daß gilt:
Entnimmt man die Eingabe aus der Umgebung $V(\sqrt{2})$, dann erhält man $f(\sqrt{2})$ mit der gewünschten Genauigkeit.

a) Genauigkeit: 0,5 nach oben und nach unten
b) Genauigkeit: 0,001 nach oben und nach unten

▲ Lösung: a)

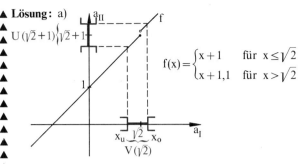

$$f(x) = \begin{cases} x+1 & \text{für } x \leq \sqrt{2} \\ x+1{,}1 & \text{für } x > \sqrt{2} \end{cases}$$

▲ Die Genauigkeitsangabe bestimmt folgende Umgebung
▲ auf der 2. Achse:

$$U(\sqrt{2}+1) =]\sqrt{2}+1-0{,}5; \ \sqrt{2}+1+0{,}5[$$

▲ Die Zeichnung zeigt, wie man die (unsymmetrische)
▲ Umgebung $V(a)$ findet, so daß für alle $x \in V(a)$ gilt:
▲ $f(x) \in U(\sqrt{2}+1)$

▲ Für den unteren Randpunkt x_u gilt:

▲ $x_u + 1 = (\sqrt{2}+1) - 0{,}5$,   also $x_u = \sqrt{2} - 0{,}5$

▲ Für den oberen Randpunkt x_o gilt:

▲ $x_o + 1{,}1 = (\sqrt{2}+1) + 0{,}5$,   also $x_o = \sqrt{2} + 0{,}4$

▲ Die gesuchte Umgebung $V(\sqrt{2})$ lautet:

▲ $V(\sqrt{2}) =]\sqrt{2} - 0{,}5; \ \sqrt{2} + 0{,}4[$

▲ Entnimmt man die Eingabezahlen aus $V(\sqrt{2})$, so er-
▲ folgt die Ausgabe mit der gewünschten Genauigkeit.

▲ b)

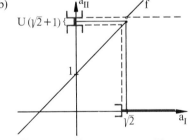

$$U(\sqrt{2}+1) =]\sqrt{2}+1-0{,}001; \ \sqrt{2}+1+0{,}001[$$
$$=]\sqrt{2}+0{,}999; \ \sqrt{2}+1{,}001[$$
$$=]2{,}4132\ldots; \ 2{,}4152\ldots[$$

▲ Die Zeichnung zeigt: Man kann keine volle Umgebung
▲ $V(\sqrt{2})$ finden, so daß für alle $x \in V(\sqrt{2})$ gilt:
▲ $f(x) \in U(\sqrt{2}+1)$

▲ Wenn man ein x wählt, das nur geringfügig größer als
▲ $\sqrt{2}$ ist (z.B. 1,42), erhält man ein $f(x)$, nämlich 2,52, das
▲ außerhalb der Umgebung $U(\sqrt{2}+1)$ (Toleranz) liegt.
▲ Dieses Ergebnis liegt offensichtlich in der Sprungstelle
▲ der Funktion f an der Stelle $\sqrt{2}$ begründet.

6. An einem Widerstand R, dessen Größe zu
▲ bestimmen ist, liegt die genaue Spannung
▲ $U = 100$ V.
▲ Wie genau muß man den Strom I messen,
▲ damit die Größe des Widerstandes auf 1 %
▲ genau bestimmt ist?

▲ *Anleitung:* Es gilt das Ohmsche Gesetz:
▲ $U = I \cdot R$.

7. Ein Computer ist auf die angegebene Funk-
▲ tion f programmiert. Gib, falls möglich, eine
▲ Umgebung $V(a)$ der Stelle a an, so daß gilt:
▲ Entnimmt man x aus der Umgebung $V(a)$, so
▲ gibt der Computer ein $f(x)$ aus, das der vor-
▲ gegebenen Genauigkeit genügt.

▲ a) $f(x) = \sqrt{x}; \ a = 3$;
▲ Genauigkeit 0,01 nach oben und 0,001 nach
▲ unten.

▲ b) $f(x) = \begin{cases} 2x+1 & \text{für } x \geq 4 \\ 3x-2 & \text{für } x < 4 \end{cases}$ $a = 4$

▲ Genauigkeit: 0,01 nach oben und nach unten

▲ c) $f(x) = \begin{cases} \sqrt{x} & \text{für } 0 \leq x < 2 \\ \sqrt[3]{x} & \text{für } 2 \leq x \end{cases}$ $a = 2$

▲ Genauigkeit: 0,01 nach oben und nach unten.

8. Gib bei den Funktionen in Übungsaufgabe **7**
▲ an, ob man zu jeder Umgebung $U(f(a))$ eine
▲ Umgebung $V(a)$ finden kann mit $f(x) \in U(f(x))$
▲ für $x \in V(a)$.

9. Gegeben ist die eingezeichnete Umgebung $U(g(a))$ auf der Achse a_{II}. Gib eine Umgebung $V(a)$ auf der Achse a_I an, so daß alle Pfeile, die von $V(a)$ ausgehen, in $U(g(a))$ enden.

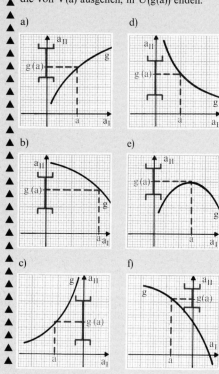

a)

b)

c)

d)

e)

f)

10. Gegeben ist die Funktion f, die Stelle a und die Umgebung $U(f(a))$. Gib eine Umgebung $V(a)$ an, so daß alle Pfeile, die von $V(a)$ ausgehen, in $U(f(a))$ enden.

a) $f(x)=x^2$; $\quad a=2$; $\quad U(f(a))=\,]3;5[$
b) $f(x)=x^2$; $\quad a=-2$; $\quad U(f(a))=\,]3;5[$

▲ Wenn an der Stelle a eine Sprungstelle der Funktion f
▲ vorliegt, kann man nicht zu jeder Umgebung $U(f(a))$
▲ eine Umgebung $V(a)$ finden, so daß für alle $x\in V(a)$
▲ gilt: $f(x)\in U(f(a))$.

Zur Übung: **7** und **8**

Information: *Definition der Stetigkeit einer Funktion an der Stelle a*

Die Beispiele von Aufgabe **1** und Aufgabe **2** haben gezeigt: Wenn bei a *keine* Sprungstelle ist, dann kann man zu jeder Umgebung $U(f(a))$ eine Umgebung $V(a)$ finden, so daß für alle $x\in V(a)$ gilt: $f(x)\in U(f(a))$.
Wenn bei a dagegen eine Sprungstelle ist, dann kann man nicht zu jeder Umgebung $U(f(a))$ eine Umgebung $V(a)$ finden, so daß für alle $x\in V(a)$ gilt: $f(x)\in U(f(a))$.

Nun haben wir bisher der Begriff *Sprungstelle* nur anschaulich gefaßt. Wir verwenden daher diese Tatsache, um allgemein durch eine Definition zu präzisieren, wann eine Funktion an der Stelle a keine Sprungstelle hat und wann sie eine hat. Um diese Loslösung von der Anschauung zum Ausdruck zu bringen, sagen wir:

„f ist an der Stelle a stetig" anstatt
„f hat an der Stelle a keine Sprungstelle";
„f ist an der Stelle a unstetig" anstatt
„f hat an der Stelle a eine Sprungstelle".

> Die Funktion f heißt an der Stelle a stetig, falls man zu jeder Umgebung $U(f(a))$ eine Umgebung $V(a)$ finden kann, so daß für alle $x\in V(a)$ gilt: $f(x)\in U(f(a))$.
> Andernfalls heißt f an der Stelle a unstetig.

Eine Funktion kann also nur an einer Stelle stetig oder unstetig sein, an der sie auch definiert ist. Die Funktion $x \mapsto \dfrac{1}{x}$ kann also an der Stelle 0 weder stetig noch unstetig sein, weil sie dort nicht definiert ist.

In der angegebenen Erklärung der Stetigkeit können wir noch den Ausdruck *finden kann* ersetzen durch das Wort *gibt* (oder auch durch das Wort *existiert*). Außerdem müssen wir noch voraussetzen, daß die Funktion f in einer vollen Umgebung der Stelle a definiert ist, weil sonst nicht f(x) für alle x aus einer Umgebung $V(a)$ definiert ist, sondern nur für diejenigen x, die auch zum Definitionsbereich der Funktion gehören.

▲ Damit erhalten wir die endgültige Definition.

Definition 2: *Stetigkeit einer Funktion f an der Stelle a*

Die Funktion f sei in einer vollen Umgebung der Stelle a definiert.

Sie heißt dann **an der Stelle a stetig,** wenn es zu jeder Umgebung U(f(a)) eine Umgebung V(a) gibt, so daß für alle x∈V(a) gilt:

$f(x) \in U(f(a))$.

Andernfalls heißt die Funktion f an der Stelle a **unstetig.**

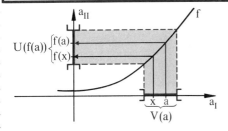

Für alle $x \in V$ gilt: $f(x) \in U(f(a))$
bedeutet anschaulich am Graphen:
Alle Pfeile, die von einem $x \in V(a)$ ausgehen, enden in U(f(a)).
Falls die Funktion f nicht in einer vollen Umgebung der Stelle a definiert, also a z.B. Randpunkt eines Definitionsintervalls ist, muß man die Stetigkeitsdefinition etwas modifizieren. Da f(x) nur für diejenigen x∈V(a) erklärt ist, die auch im Definitionsbereich D der Funktion f liegen, muß es in der Definition heißen x∈U(a)∩D.
Wir erhalten:

Die Funktion f habe den Definitionsbereich D. Es sei a∈D. Dann heißt f an der Stelle a stetig, falls es zu jeder Umgebung U(f(a)) eine Umgebung V(a) gibt, so daß für alle x∈V(a)∩D gilt:

$f(x) \in U(f(a))$.

Zur Übung: 9 bis 12

11. Gegeben ist die Funktion h. Sie habe an der Stelle a einen Sprung. Gegeben sind ferner Umgebungen U(h(a)) auf der Achse a_{II} und V(a) auf der Achse a_I. Zeige durch ein Beispiel, daß nicht alle Pfeile, die von V(a) ausgehen, in U(h(a)) enden.

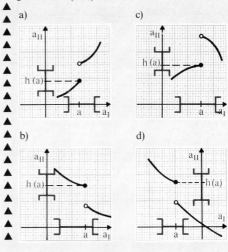

12. Gegeben sei die Funktion f und eine Umgebung U(f(a)) auf der Achse a_{II}. Zeige, daß es keine Umgebung V(a) auf der Achse a_I gibt, so daß alle Pfeile, die von V(a) ausgehen, in U(f(a)) enden.

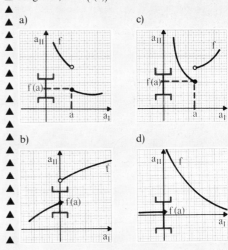

143

1. Führe den Beweis für die Stetigkeit von
▲ $x \mapsto x^2$ an der Stelle a für die Fälle $a=0$ und
▲ $a<0$ durch.

2. Zeige geometrisch am Graphen und auch
▲ durch Rechnung, daß die angegebene Funk-
▲ tion f an einer beliebigen Stelle a stetig ist.

▲ a) $f(x)=2x^2$ e) $f(x)=4x^3$

▲ b) $f(x)=-x^2$ f) $f(x)=x^4$

▲ c) $f(x)=-\frac{1}{2}x^2$ g) $f(x)=x^n$

▲ d) $f(x)=x^3$

3. Führe den Beweis, daß die konstante Funk-
▲ tion $x \mapsto c$ einer beliebigen Stelle a stetig ist,
▲ für den angegebenen Spezialfall durch. Zeich-
▲ ne insbesondere die zugehörige Beweisfigur.

▲ a) $x \mapsto c \;(c>0); \quad a<0$

▲ b) $x \mapsto c \;(c<0); \quad a>0$

▲ c) $x \mapsto c \;(c<0); \quad a<0$

▲ d) $x \mapsto 0; \quad a>0$

▲ e) $x \mapsto 0; \quad a<0$

▲ f) $x \mapsto 0; \quad a=0$

4. Aufgrund der Lösungen der Aufgaben **1** und **2**
▲ sind die Funktionen $x \mapsto x^2$ und $x \mapsto c$ stetig.
▲ Zeige, daß auch folgende Funktion stetig ist.

▲ a) $x \mapsto x^2+c$ (Summenfunktion)

▲ b) $x \mapsto x^2-c$ (Differenzfunktion)

▲ c) $x \mapsto x^2 \cdot c$ (Produktfunktion)

▲ d) $x \mapsto \dfrac{x^2}{c}$ (für $c \neq 0$)   (Quotientenfunktion)

5. Führe den Beweis für die Stetigkeit der
▲ Funktion $x \mapsto mx$ an einer beliebigen Stelle a
▲ für folgende Sonderfälle durch.
▲ Zeichne insbesondere die zugehörige Beweis-
▲ figur.

▲ a) $x \mapsto 2x; \quad a<0$

▲ b) $x \mapsto 3x; \quad a=0$

▲ c) $x \mapsto -2x; \quad a>0$

▲ d) $x \mapsto -4x; \quad a<0$

▲ e) $x \mapsto -5x; \quad a=0$

▲ f) $x \mapsto x; \quad a=0$

▲ **A.2. Nachweis der Stetigkeit bzw. Unstetigkeit**
▲   **bei speziellen Funktionen**

▲ **Aufgabe 1:** *Stetigkeit von* $x \mapsto x^2$ *an der Stelle a*

▲ Der Graph der Funktion $x \mapsto x^2$ weist keine Sprung-
▲ stellen auf. Zeige daher geometrisch am Graphen und
▲ durch Rechnung, daß die Funktion $x \mapsto x^2$ an einer
▲ beliebigen Stelle a stetig ist.

▲ **Lösung:** *Fall 1:* $a>0$

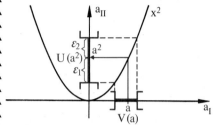

▲ $U(a^2)$ sei eine beliebige Umgebung von a^2. Die Zeich-
▲ nung zeigt, wie man die Umgebung $V(a)$ findet.
▲ Für den unteren Endpunkt x_u von $V(a)$ gilt:

▲ $x_u^2 = a^2 - \varepsilon_1 \;\Leftrightarrow\; x_u = \sqrt{a^2 - \varepsilon_1}$ (s. Anmerkung)

▲ Für den oberen Endpunkt x_o von $V(a)$ gilt:

▲ $x_o^2 = a^2 + \varepsilon_2 \;\Leftrightarrow\; x_o = \sqrt{a^2 + \varepsilon_2}$

▲ Dann sieht man an dem Bild anschaulich:
▲ Für $x \in V(a)$ gilt: $x^2 \in U(a^2)$
▲ Das zeigt auch die folgende Rechnung:

▲ $x \in V(a) \;\Leftrightarrow\; \sqrt{a^2 - \varepsilon_1} < x < \sqrt{a^2 + \varepsilon_2}$

▲ $\Rightarrow\; a^2 - \varepsilon_1 < x^2 < a^2 + \varepsilon_2 \;\Leftrightarrow\; x^2 \in U(a^2)$

▲ *Anmerkung:* Falls $\varepsilon_1 > a^2$ reicht es, den unteren End-
▲ punkt von $V(a)$ mit 0 zusammenfallen zu lassen.

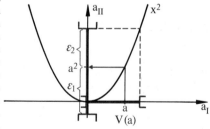

▲ $U(a^2)$ war eine beliebige Umgebung von a^2. Die Über-
▲ legung gilt damit für jede Umgebung $U(a^2)$, d.h. zu
▲ jeder Umgebung $U(a^2)$ kann man eine Umgebung $V(a)$
▲ finden, so daß für alle $x \in V(a)$ gilt: $x^2 \in U(a^2)$.
▲ Entsprechend verläuft der Nachweis für $a=0$ und $a<0$.

▲ Die Funktion $x \mapsto x^2$ ist an der Stelle a stetig.

▲ *Zur Übung:* **1** und **2**

Aufgabe 2: *Stetigkeit der konstanten Funktion $x \mapsto c$ an der Stelle a*

Die konstante Funktion f mit $f(x) = c$ für alle $x \in \mathbb{R}$ weist augenscheinlich keine Sprungstellen auf. Zeige daher ihre Stetigkeit an einer beliebigen Stelle a.

Lösung:

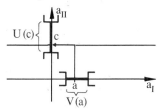

Sei U(c) irgendeine Umgebung von c. Dann wählen wir dazu eine beliebige Umgebung V(a) von a. Für alle $x \in V(a)$ gilt dann: $f(x) = c \in U(c)$.
Zu jeder Umgebung U(c) gibt es daher trivialerweise eine Umgebung V(a), so daß für alle $x \in V(a)$ gilt:

$f(x) = c \in U(c)$.

Die Funktion $x \mapsto c$ ist an der Stelle a stetig.

Zur Übung: 3 und 4

Aufgabe 3: *Stetigkeit der Funktion $x \mapsto m \cdot x$ an der Stelle a*

Der Graph der Funktion f mit $f(x) = mx$ ist eine Gerade. Weise ihre Stetigkeit an einer beliebigen Stelle a nach.

Lösung: *Fall 1:* $m > 0$

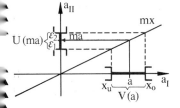

U(ma) sei eine beliebige Umgebung von ma.
Für den unteren Endpunkt x_u von V(a) gilt:

$m \cdot x_u = m \cdot a - \varepsilon_1 \Leftrightarrow x_u = a - \frac{\varepsilon_1}{m}$

Für den oberen Endpunkt x_o gilt:

$m \cdot x_o = m \cdot a + \varepsilon_2 \Leftrightarrow x_o = a + \frac{\varepsilon_2}{m}$

Die zu U(ma) gehörende Umgebung V(a) lautet also

$V(a) = \left] a - \frac{\varepsilon_1}{m} \, ; \, a + \frac{\varepsilon_2}{m} \right[$

Damit folgt weiter:

$x \in V(a) \Leftrightarrow a - \frac{\varepsilon_1}{m} < x < a + \frac{\varepsilon_2}{m}$

6. Führe den Beweis für die Stetigkeit der Funktion $x \mapsto mx + n$ an der Stelle a für die Fälle $m = 0$ und $m < 0$ durch.

7. Die Funktion $x \mapsto x^2$ und $x \mapsto x$ sind auf Grund der Lösungen der Aufgaben **1** und **3** an einer beliebigen Stelle a stetig.
Zeige, daß auch folgende Funktion an einer beliebigen Stelle a stetig ist.

a) $x \mapsto x^2 + x$ (Summenfunktion)

b) $x \mapsto x^2 - x$ (Differenzfunktion)

c) $x \mapsto x^2 \cdot x$ (Produktfunktion)

d) $x \mapsto \frac{x^2}{x}$ (für $x \neq 0$)   (Quotientenfunktion)

Anmerkung: Bei den vollständigen Beweisen sind mehrere Fallunterscheidungen für die Stelle a erforderlich. Es genügt jedoch, wenn jeweils nur ein Fall vollständig durchgeführt wird.

8. Führe den Beweis für die Stetigkeit der Funktion $x \mapsto \frac{1}{x}$ auch für den Fall $a < 0$ durch.

9. Zeige, daß folgende Funktion f an einer beliebigen Stelle ihres Definitionsbereiches stetig ist.

a) $x \mapsto \frac{2}{x}$ b) $x \mapsto -\frac{1}{x}$ c) $x \mapsto \frac{1}{x^2}$

10. Die Funktionen $x \mapsto x$ und $x \mapsto \frac{1}{x}$ sind auf Grund der Lösungen der Aufgaben **3** und **4** an einer beliebigen Stelle a ihres Definitionsbereiches stetig. Zeige, daß auch folgende Funktion an einer beliebigen Stelle ihres Definitionsbereiches stetig ist.

a) $x \mapsto x + \frac{1}{x}$ (Summenfunktion)

b) $x \mapsto x - \frac{1}{x}$ (Differenzfunktion)

c) $x \mapsto x \cdot \frac{1}{x}$ (Produktfunktion)

d) $x \mapsto \frac{x}{\frac{1}{x}}$ (Quotientenfunktion)

Anmerkung: Bei den Beweisen sind mehrere Fallunterscheidungen für die Stelle a erforderlich. Es genügt jedoch, wenn nur ein Fall vollständig durchgeführt wird.

11. Die Funktionen $x \mapsto \dfrac{1}{x}$ und $x \mapsto x$ sind auf Grund der Lösungen der Aufgaben **4** und **2** an einer beliebigen Stelle a ihres Definitionsbereiches stetig.

Zeige, daß auch folgende Funktion an einer beliebigen Stelle ihres Definitionsbereiches stetig ist.

a) $x \mapsto \dfrac{1}{x} + c$ (Summenfunktion)

b) $x \mapsto \dfrac{1}{x} - c$ (Differenzfunktion)

c) $x \mapsto \dfrac{1}{x} \cdot c$ (Produktfunktion)

d) $x \mapsto \dfrac{\frac{1}{x}}{c}$ (Quotientenfunktion)

   (für $x \neq 0$, $c \neq 0$)

Anmerkung: Bei den vollständigen Beweisen sind Fallunterscheidungen bezüglich der Stelle a und der Konstanten c erforderlich. Es genügt jedoch, wenn jeweils nur ein Fall vollständig durchgeführt wird.

12. Zeige, daß die Funktion f an einer beliebigen Stelle a unstetig ist.

$$f(x) = \begin{cases} 1 & \text{für } x \in \mathbb{Q} \\ 2 & \text{für } x \in \mathbb{R} \setminus \mathbb{Q} \end{cases}$$

Anleitung: Den Graphen dieser Funktion kann man nur andeuten und nicht richtig zeichnen.

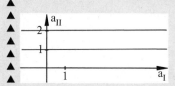

Geht man von einer rationalen Stelle x (d.h. $x \in \mathbb{Q}$) orthogonal nach oben, so trifft man bei der ersten Parallele auf einen Punkt und bei der zweiten auf eine Lücke. Geht man von einer irrationalen Stelle x (d.h. $x \in \mathbb{R} \setminus \mathbb{Q}$) orthogonal nach oben, so trifft man bei der ersten Parallele auf eine Lücke und bei der zweiten auf einen Punkt. Bei der Überlegung muß verwendet werden, daß es in jeder Umgebung von a rationale und auch irrationale Zahlen gibt.

Nach Multiplikation mit m folgt daraus:

$ma - \varepsilon_1 < mx < ma + \varepsilon_2,$ also $mx \in U(ma)$

Zu jeder Umgebung $U(ma)$ gibt es eine Umgebung $V(a)$, so daß für alle $x \in V(a)$ gilt: $mx \in U(ma)$.

Zu *Fall 2* ($m < 0$) und *Fall 3* ($m = 0$) siehe Übungsaufgabe **6**).

   Die Funktion $x \mapsto mx$ ist an der Stelle a stetig.

Zur Übung: **5** bis **7**

Aufgabe 4: *Stetigkeit der Funktion* $x \mapsto \dfrac{1}{x}$ *an der Stelle a* $(a \neq 0)$

Zeige die Stetigkeit der Funktion f mit $f(x) = \dfrac{1}{x}$ an der (beliebigen) Stelle a $(a \neq 0)$.

Lösung: *Fall 1:* $a > 0$

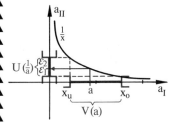

$U\left(\dfrac{1}{a}\right)$ sei eine beliebige Umgebung von $\dfrac{1}{a}$.

Für den unteren Endpunkt x_u von $V(a)$ gilt:

$$\dfrac{1}{x_u} = \dfrac{1}{a} + \varepsilon_2 \iff x_u = \dfrac{1}{\dfrac{1}{a} + \varepsilon_2}$$

Für den oberen Endpunkt x_o von $V(a)$ gilt:

$$\dfrac{1}{x_o} = \dfrac{1}{a} - \varepsilon_1 \iff x_o = \dfrac{1}{\dfrac{1}{a} - \varepsilon_1}$$

Dann folgt:

$$x \in V(a) \iff \dfrac{1}{\dfrac{1}{a} + \varepsilon_2} < x < \dfrac{1}{\dfrac{1}{a} - \varepsilon_1}$$

Beim Übergang zum reziproken Bruch drehen sich die Ungleichheitszeichen herum. Es folgt:

$$\dfrac{1}{a} + \varepsilon_2 > \dfrac{1}{x} > \dfrac{1}{a} - \varepsilon_1 \iff \dfrac{1}{x} \in U\left(\dfrac{1}{a}\right)$$

Zu jeder Umgebung $U\left(\dfrac{1}{a}\right)$ gibt es eine Umgebung $V(a)$, nämlich

$$V(a) = \left]\dfrac{1}{\dfrac{1}{a}+\varepsilon_2}\;;\;\dfrac{1}{\dfrac{1}{a}-\varepsilon_1}\right[,$$

so daß für alle $x \in V(a)$ gilt: $\dfrac{1}{x} \in U\left(\dfrac{1}{a}\right)$.

Die Überlegungen verlaufen entsprechend für $a < 0$ (*Fall 2*) (siehe Übungsaufgabe **8**),

Die Funktion $x \mapsto \dfrac{1}{a}$ ist also an der Stelle a stetig.

Zur Übung: **8** bis **11**

Aufgabe 5: *Nachweis der Unstetigkeit*

Zeige, daß die Funktion f an der Stelle 3 unstetig ist.

$$f(x) = \begin{cases} x+1 & \text{für } x \le 3 \\ x & \text{für } x > 3 \end{cases}$$

Lösung: Wir müssen zeigen: Nicht zu jeder Umgebung $U(4)$ gibt es eine Umgebung $V(3)$, so daß für alle $x \in V(3)$ gilt: $f(x) \in U(4)$.

Zu diesem Zweck geben wir die Umgebung $U(4)$ so vor, daß $\varepsilon_1 = 0{,}5$ und ε_2 beliebig ist:

$U(4) =]3{,}5;\; 4+\varepsilon_2[$.

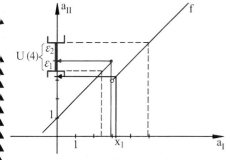

Angenommen, es gibt nun eine Umgebung $V(a)$, so daß für alle $x \in V(a)$ gilt: $f(x) \in U(f(3))$, dann wählen wir aus $V(a)$ die Stelle x_1 mit $x_1 > 3$ und $x_1 - 3 < 0{,}5$.
Dann folgt $f(x_1) = x_1 < 3{,}5$, d.h. $f(x_1) \notin U(4)$

Nicht zu jeder Umgebung $U(4)$ (z.B. nicht zu $U(4) =]3{,}5;\; 4+\varepsilon_2[$) gibt es also eine Umgebung $V(a)$, so daß für alle $x \in V(a)$ gilt: $f(x) \in U(4)$.
Die Funktion f ist an der Stelle 3 unstetig.

Zur Übung: **12** und **13**

13. *Stetigkeit der Sinusfunktion und der Kosinusfunktion*

Die Sinusfunktion hat einen Graphen ohne Sprungstelle. Daher können wir vermuten, daß sie stetig ist. Weise dies geometrisch am Einheitskreis nach.

Lösung:

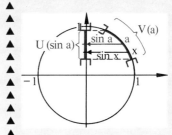

Wir gehen von der geometrischen Definition der Sinusfunktion am Einheitskreis aus. a ist als Länge des Bogens zu deuten, ebenso x. Um $\sin a$ legen wir auf die 2. Achse eine beliebige Umgebung $U(\sin a)$. Die Zeichnung zeigt dann, wie um die Stelle a auf dem Einheitskreis die zugehörige Umgebung $V(a)$ gefunden werden kann, so daß für alle $x \in V(a)$ gilt: $\sin x \in U(\sin a)$ (siehe den Pfeil, der von x nach $\sin x$ führt).
Zeige entsprechend die Stetigkeit der Kosinusfunktion.

Übungen A.3

1. Zeige mit Hilfe von Satz **1** (Seite 149), daß die angegebene Funktion an einer beliebigen Stelle a ihres Definitionsbereiches stetig ist. Gib insbesondere an, wie jeweils die Funktion f und die Funktion g von Satz **1** in dem betrachteten Beispiel heißen.

a) $x \mapsto (mx)^2$

b) $x \mapsto m \cdot x^2$

c) $x \mapsto \dfrac{1}{x^2}$

d) $x \mapsto \left(\dfrac{1}{x}\right)^2$

e) $x \mapsto m \cdot \dfrac{1}{x}$

f) $x \mapsto \dfrac{1}{mx}$

g) $x \mapsto \sin(mx)$

h) $x \mapsto \sin x^2$

i) $x \mapsto \dfrac{1}{\sin x}$

j) $x \mapsto \sin\dfrac{1}{x}$

k) $x \mapsto \sin^2 x$

A.3. Sätze über stetige Funktionen

Beispiele aus dem vorhergehenden Abschnitt geben zu der folgenden Vermutung Anlaß: Wenn die Funktionen f und g an der Stelle a stetig sind, dann ist auch an der Stelle a stetig:

(1) Die *Summenfunktion* h_1 mit $h_1(x) = f(x) + g(x)$

Beispiele: Übungsaufgaben S. 144f., **4a, 7a, 10a, 11a**

(2) Die *Differenzfunktion* h_2 mit $h_2(x) = f(x) - g(x)$

Beispiele: Übungsaufgaben S. 144f., **4b, 7b, 10b, 11b**

(3) Die *Produktfunktion* h_3 mit $h_3(x) = f(x) \cdot g(x)$

Beispiele: Übungsaufgaben S. 144f., **4c, 7c, 10c, 11c**

(4) Die *Quotientenfunktion* h_4 mit $h_4(x) = \dfrac{f(x)}{g(x)}$ wobei $g(x) \neq 0)$

Beispiele: Übungsaufgaben S. 144f., **4d, 7d, 10d, 11d**

Dies kann in der Tat allgemein bewiesen werden. Siehe dazu Satz **2** (Seite 150). Zum Beweis von Satz **2** benötigen wir jedoch noch den Satz **1**, den wir vorher beweisen.

Zum Beweis in Satz **2** benötigen wir auch die Stetigkeit der Funktionen $[x \mapsto \frac{1}{2}x]$ und $[x \mapsto (-1)x]$. Diese ist in Aufgabe **3** (Seite 145) gezeigt, sowie die Stetigkeit von $x \mapsto x^2$ (siehe Aufgabe **1**, S. 144) und die Stetigkeit von $x \mapsto \dfrac{1}{x}$ (siehe Aufgabe **4**, S. 146).

Da die Beweise sehr kunstvoll aufgebaut sind, werden sie hier ohne Anbindung an eine Aufgabenstellung nur vorgetragen. Um einfacher formulieren zu können, führen wir noch folgende abkürzende Schreibweise ein:

Definition 3: Die Funktionen f und g mögen einen gemeinsamen Definitionsbereich D haben. Es sei $c \in R$. Dann sei

$f + g = [x \mapsto f(x) + g(x);\ x \in D]$

$f - g = [x \mapsto f(x) - g(x);\ x \in D]$

$f \cdot g = [x \mapsto f(x) \cdot g(x);\ x \in D]$

$\dfrac{f}{g} = f : g = \left[x \mapsto \dfrac{f(x)}{g(x)};\ x \in D\right]$ (sofern $g(x) \neq 0$ für alle $x \in D$)

$c \cdot f = [x \mapsto c \cdot f(x);\ x \in D]$

Offensichtlich kann man mit diesen Funktionen wie mit reellen Zahlen rechnen. Schon im Vorkurs Analysis war eingeführt:

$g \circ f = [x \to f(g(x));\ x \in D]$, sofern $g(x)$ im Definitionsbereich von f liegt.

Information: *Stetigkeit der Verkettung stetiger Funktionen*

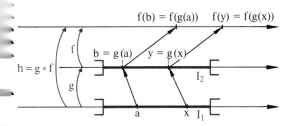

Satz 1: Die Funktion g sei in dem offenen Intervall I_1 definiert. Die Funktion f sei in dem offenen Intervall I_2 definiert. Es sei $a \in I_1$ und $b \in I_2$ mit $b = g(a)$ sowie $g(x) \in I_2$ für $x \in I_1$.
Die Funktion g sei an der Stelle a und die Funktion f an der Stelle b stetig.
Dann ist die Funktion h mit $h(x) = f(g(x))$ für $x \in I_2$ $(h = g \circ f)$ an der Stelle a stetig.

Beweis:

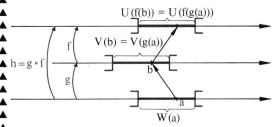

Weil f an der Stelle b stetig ist, gibt es zu jeder Umgebung $U(f(b))$ eine Umgebung $V(b)$, so daß für alle $y \in V(b)$ gilt:
$f(y) \in U(f(b))$.

Da g an der Stelle a stetig ist, gibt es zu der Umgebung $V(b)$ eine Umgebung $W(a)$, so daß für alle $x \in W(a)$ gilt:
$g(x) \in V(b)$.

Wegen $f(y) \in U(f(b)) = U(f(g(a)))$, gilt dann auch für alle $x \in W(a)$:
$f(g(x)) \in U(f(g(a)))$.

Dann ist aber $g \circ f$ an der Stelle a stetig, da es zu jeder Umgebung $U(f(g(a)))$ eine Umgebung $W(a)$ gibt, so daß für $x \in W(a)$ gilt:
$f(g(x)) \in U(f(g(a)))$

Zur Übung: **1** bis **4**

---

2. Zeige durch mehrfache Anwendung von Satz **1**, daß folgende Funktion an einer beliebigen Stelle ihres Definitionsbereiches stetig ist. Gib auch jeweils bei der Anwendung von Satz **1** die Funktionen f und g von Satz **1** an.

a) $x \mapsto m \cdot \dfrac{1}{x^2}$

b) $x \mapsto \left(m \cdot \dfrac{1}{x}\right)^2$

c) $x \mapsto m \cdot \left(\dfrac{1}{x}\right)^2$

d) $x \mapsto (m x^2)^2$

e) $x \mapsto \sin(m x^2)$

f) $x \mapsto \sin^2 x^2$

3. Suche selbst weitere Funktionen, deren Stetigkeit man an einer Stelle a durch Anwendung von Satz **1** nachweisen kann.

4. a) Beweise die folgende Verallgemeinerung von Satz **1**

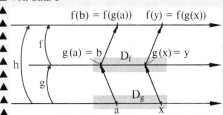

Satz 1' (Verallgemeinerung von Satz **1**):
Die Funktion g habe den Definitionsbereich D_g mit $a \in D_g$. Die Funktion f habe den Definitionsbereich D_f mit $b \in D_f$.
g sei an der Stelle a stetig und f sei an der Stelle b stetig.
Ferner sei $g(a) = b$.
Dann ist die Funktion h mit
$h(x) = f(g(x))$ $(h = g \circ f)$
an der Stelle a stetig.

b) Gib an, warum man von einer Verallgemeinerung von Satz **1** sprechen kann.

5. Zeige, daß der folgende Satz einen Sonderfall von Satz **2** darstellt.

Satz 2a: Die Funktion f sei in einer vollen Umgebung der Stelle a definiert und an der Stelle a stetig. Dann sind auch folgende Funktionen an der Stelle a stetig.

a) Die Funktion $x \mapsto f(x) + c$ $(c \in \mathbb{R})$

b) Die Funktion $x \mapsto f(x) - c$ $(c \in \mathbb{R})$

c) Die Funktion $x \mapsto c - f(x)$ $(c \in \mathbb{R})$

d) Die Funktion $x \mapsto c \cdot f(x)$ $(c \in \mathbb{R})$

e) Die Funktion $x \mapsto \dfrac{f(x)}{c}$ $(c \in \mathbb{R} \setminus \{0\})$

f) Die Funktion $x \mapsto \dfrac{c}{f(x)}$ $(c \in \mathbb{R};\ f(a) \neq 0)$

6. Warum ist folgende Funktion an einer beliebigen Stelle a stetig?

a) $x \mapsto (x + c)^2$

b) $x \mapsto (3x)^2$

c) $x \mapsto (x^2 + x)^2$

d) $x \mapsto (x^2)^2 - 4$

e) $x \mapsto \sin 2x + \sin x$

f) $x \mapsto \sin(ax) + b$

g) $x \mapsto \sin^2(x + c)$

7. Zeige durch ein Gegenbeispiel, daß folgende Sätze falsch sind:

a) Sind f und g in einer vollen Umgebung der Stelle a definiert und sind f und g an der Stelle a unstetig, so ist auch f+g an der Stelle a unstetig.

b) Ist f in einer vollen Umgebung der Stelle a definiert und ist f an der Stelle a unstetig, so ist auch $c \cdot f (c \in \mathbb{R})$ an der Stelle a unstetig.

c) Sind f und g in einer vollen Umgebung der Stelle a definiert und ist f an der Stelle a stetig und g an der Stelle a unstetig, dann ist $f \cdot g$ an der Stelle a unstetig.

▲ **Information:** *Stetigkeit der Summen-, Differenz-, Produkt- und Quotientenfunktion*

> **Satz 2:** Die Funktionen f und g seien in einer vollen Umgebung der Stelle a definiert und an der Stelle a stetig. Dann sind auch folgende Funktionen an der Stelle a stetig:
>
> (1) Die Summenfunktion $f + g$
>
> (2) Die Differenzfunktion $f - g$
>
> (3) Die Produktfunktion $f \cdot g$
>
> (4) Die Quotientenfunktion $\dfrac{f}{g}$ (sofern: $g(x) \neq 0$)

Beweis: (1) Für die Summenfunktion $f + g$

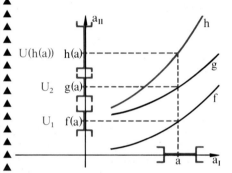

Vorgegeben sei die beliebige Umgebung:

$U\big(f(a) + g(a)\big) = \,]f(a) + g(a) - \varepsilon_1;\quad f(a) + g(a) + \varepsilon_2[.$

Wir müssen zeigen, daß es dann eine Umgebung $V(a)$ gibt, so daß für alle $x \in V(a)$ gilt:

$f(x) + g(x) \in U\big(f(a) + g(a)\big)$

Nun wählen wir um $f(a)$ und um $g(a)$ jeweils kleinere Umgebungen, deren Endpunkte nur $\dfrac{\varepsilon_1}{2}$ bzw. $\dfrac{\varepsilon_2}{2}$ jeweils von $f(a)$ sowie von $g(a)$ entfernt sind. Die Umgebungen sind also:

$U_1\big(f(a)\big) = \,\Big]f(a) - \dfrac{\varepsilon_1}{2};\ f(a) + \dfrac{\varepsilon_2}{2}\Big[$

und

$U_2\big(g(a)\big) = \,\Big]g(a) - \dfrac{\varepsilon_1}{2};\ g(a) + \dfrac{\varepsilon_2}{2}\Big[$

Nun gibt es wegen der Stetigkeit der Funktion f an der Stelle a zu $U_1\big(f(a)\big)$ eine Umgebung $V_1(a)$, so daß für alle $x \in V_1(a)$ gilt: $f(x) \in U_1\big(f(a)\big)$.
Wegen der Stetigkeit der Funktion g an der Stelle a gibt es zu $U_2\big(g(a)\big)$ eine Umgebung $V_2(a)$, so daß für alle $x \in V_2(a)$ gilt: $g(x) \in U_2\big(g(a)\big)$.

Die Schnittmenge $V_1(a) \cap V_2(a)$ ist wieder eine Umgebung $V(a)$, und es gilt dann erst recht wegen $V(a) \subseteq V_1(1)$ und $V(a) \subseteq V_2(a)$ für alle

$x \in V(a) = V_1(a) \cap V_2(a)$:

$f(x) \in U_1(f(a));\quad g(x) \in U_2(g(a))$,

d.h. für $x \in V(a)$:

$f(a) - \dfrac{\varepsilon_1}{2} < f(x) < f(a) + \dfrac{\varepsilon_2}{2}$

$g(a) - \dfrac{\varepsilon_1}{2} < g(x) < g(a) + \dfrac{\varepsilon_2}{2}$

Addition beider Ungleichungen ergibt:

$f(a) + g(a) - \varepsilon_1 < f(x) + g(x) < f(a) + g(a) + \varepsilon_2$,

d.h. $f(x) + g(x) \in U(f(a) + g(a))$

2. Für die Differenzfunktion $f - g$

Wir denken uns geschrieben:

$f - g = f + (-g) = f + (-1) \cdot g$.

Nach Voraussetzung sind f und g an der Stelle a stetig. Nun kann man die Funktion $(-1) \cdot g$ als Verkettung der Funktionen $x \mapsto (-1) \cdot x$ und g auffassen. Da die Funktion $x \mapsto (-1) \cdot x$ an der Stelle a stetig ist, folgt dann nach Satz 1 (Stetigkeit der Verkettung von Funktionen), daß $(-1) \cdot g$ an der Stelle a stetig ist. Nach Satz 2 (Stetigkeit der Summenfunktion) ist dann auch $f + (-1) \cdot g = f - g$ an der Stelle a stetig.

3. Für die Produktfunktion

Wir wissen, daß die Summenfunktion $f + g$ an der Stelle a stetig ist. Wir wissen ferner, daß die Funktion $x \mapsto x^2$ an der Stelle a stetig ist. Nach Satz 1 (Stetigkeit der Verkettung von Funktionen) sind dann auch die Funktionen f^2, g^2 und $(f+g)^2$ an der Stelle a stetig. Es liegt nahe, die Klammer nach der binomischen Formel aufzulösen $(f+g)^2 = f^2 + 2fg + g^2$ und darin $f \cdot g$ freizustellen:

$f \cdot g = \frac{1}{2} \cdot [(f+g)^2 - f^2 - g^2]$.

Nach Satz 2 (Stetigkeit der Differenzenfunktion) ist dann die in der Klammer stehende Funktion $(f+g)^2 - f^2 - g^2$ stetig.

Nun ist die Funktion $x \mapsto \frac{1}{2}x$ stetig. Nach Satz 1 (Stetigkeit der Verkettung von Funktionen) ist dann auch $\frac{1}{2} \cdot [(f+g)^2 - f^2 - g^2]$ an der Stelle a stetig. Da $f \cdot g = \frac{1}{2} \cdot [(f+g)^2 - f^2 - g^2]$, ist damit die Produktfunktion $f \cdot g$ an der Stelle a stetig.

8. a) Formuliere Satz **2** (Seite 150) für den Fall, daß die Funktionen f und g nicht notwendig in einer vollen Umgebung der Stelle a definiert sind, sondern in einem gemeinsamen Definitionsbereich D.

b) Beweise anschließend den in der Teilaufgabe a) formulierten Satz.

9. Führe den Beweis für die Stetigkeit der Produktfunktion (Satz **2** Nr. (3), Seite 150) durch folgende Abänderung des angegebenen Beweises:

a) Verwende anstelle von
$(f+g)^2 = f^2 + 2fg + g^2$ die Formel
$(f-g)^2 = f^2 - 2fg + g^2$

b) Subtrahiere von der einen binomischen Formel $(f+g)^2 = f^2 + 2fg + g^2$ die andere $(f-g)^2 = f^2 - 2fg + g^2$ und stelle dann $f \cdot g$ frei. Man erhält

$f \cdot g = \frac{1}{4} \cdot [\ldots\ldots].$

10. Die Funktion f sei an der Stelle a stetig. Zeige die Stetigkeit der Funktion h mit $h(x) = c \cdot f(x)$ $(c \in \mathbb{R})$ auf zweierlei Weise.

a) Verwende beim Beweis Satz **2**.

b) Verwende beim Beweis Satz **1**.

Die Stetigkeit der Funktionen $x \mapsto c$ und $x \mapsto c \cdot x$ kann hierbei vorausgesetzt werden. Siehe hierzu den Abschnitt **A.2** (Seite 145).

11. Zeige im einzelnen durch mehrmalige Anwendung von Satz **2**, daß folgende Funktion f an jeder Stelle ihres Definitionsbereiches stetig ist.

a) $f(x) = 3x^2 + 4x + 5$

b) $f(x) = 7x^4 - 2x^2 + 5x - 2$

c) $f(x) = \dfrac{2x - 4}{3x + 5}$

d) $f(x) = \dfrac{2x^2 - 4x + 5}{3x^2 - 4}$

e) $f(x) = \dfrac{4x^4 - 2x}{2x - 2}$

12. a) Warum ist folgender Satz richtig?

Eine ganzrationale Funktion ist an jeder Stelle a (mit $a \in \mathbb{R}$) stetig.

b) Warum kann folgende Formulierung für gewisse Stellen a unsinnig sein?

Eine gebrochen rationale Funktion ist an jeder Stelle a (mit $a \in \mathbb{R}$) stetig.

Wie muß die richtige Formulierung lauten?

13. Bilde selbst mit Hilfe der Sätze **1** und **2** stetige Funktionen.

4. Für die Quotientenfunktion

Wir denken uns geschrieben: $\dfrac{f}{g} = f \cdot \dfrac{1}{g}$

Nun wissen wir, daß $x \mapsto \dfrac{1}{x}$ an der Stelle a $(a \neq 0)$ stetig ist. Nach Satz **1** (Stetigkeit der Verkettung stetiger Funktionen) ist dann auch $\dfrac{1}{g}$ an der Stelle a stetig.

Nach (3) (Stetigkeit der Produktfunktion) ist dann

$f \cdot \dfrac{1}{g} = \dfrac{f}{g}$ an der Stelle a stetig.

Zur Übung: **5** bis **10**

Information: *Stetigkeit ganzrationaler und rationaler Funktion*

Da die Funktionen $x \mapsto c$ und $x \mapsto x$ (vgl. Aufgaben **2** und **3,** Seite 145) an jeder Stelle stetig sind, folgt durch Anwendung der Sätze über stetige Funktionen, daß alle ganzrationalen Funktionen und auch alle rationalen Funktionen an jeder Stelle ihres Definitionsbereiches stetig sind.

Zur Übung: **11** bis **13**

A.4. Grenzwert einer Funktion an der Stelle a – Definition mit Hilfe von Umgebungen

Als Einleitung zu diesem Abschnitt können zunächst die Seiten 19 bis 21 dieses Buches, insbesondere die Aufgabe 1 (Seite 19) *Anschauliche Vorstellung zum Grenzwert* und Information *Kritik des Verfahrens* betrachtet werden.

Für diesen Abschnitt hier bleibt dann noch die Präzisierung des Begriffs *Grenzwert einer Funktion an der Stelle a.* Hierbei sollen nicht Folgen, wie auf den Seiten 21 bis 25, sondern Umgebungen als Hilfsmittel verwendet werden.

Aufgabe 1: *Präzisierung des Begriffs Grenzwert der Funktion f an der Stelle a*

Wir gehen aus von einer Funktion f, die an der Stelle a nach der anschaulichen Vorstellung (siehe Aufgabe **1,** Seite 19) dort einen Grenzwert G hat. Offengelassen ist, ob die Funktion f an der Stelle a definiert ist oder nicht.

Versuche mit Hilfe von Umgebungen eine präzisierte Definition des Grenzwertes der Funktion f an der Stelle a zu geben. Gehe dabei ähnlich wie bei der Stetigkeitsdefinition vor.

Übungen A.4

1. Man beweise folgenden Satz:

a) Wenn die Funktion f an der Stelle a stetig ist und in jeder Umgebung von a noch Elemente des Definitionsbereichs von f liegen, dann gilt:

$\lim\limits_{x \to a} f(x) = f(a)$.

b) Wenn für die Stelle a des Definitionsbereiches der Funktion gilt $\lim\limits_{x \to a} f(x) = f(a)$, dann ist die Funktion f an der Stelle a stetig.

Lösung: G ist Grenzwert der Funktion f an der Stelle a, falls man zu jeder Umgebung U(G) eine Umgebung V(a) finden kann, so daß für alle $x \in (V(a) \cap D) \setminus \{a\}$ gilt: $f(x) \in U(G)$.

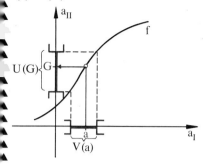

Wir erhalten daher:

Definition 4: *Grenzwert einer Funktion f an der Stelle a*

In jeder noch so kleinen Umgebung von a sollen noch Elemente des Definitionsbereiches D der Funktion f liegen. Dann ist G Grenzwert der Funktion f an der Stelle a, wenn es zu jeder Umgebung U(G) eine Umgebung V(a) gibt, so daß für alle

$x \in (V(a) \cap D) \setminus \{a\}$ gilt: $f(x) \in U(G)$.

Man schreibt $G = \lim\limits_{x \to a} f(x)$.

Information: *Zusammenhang mit der Stetigkeit*

Die Funktion f habe an der Stelle a den Grenzwert G. Damit ist die folgende Funktion $\tilde{f}$ mit

$$\tilde{f}(x) = \begin{cases} f(x) & \text{für } x \in D \setminus \{a\} \\ G & \text{für } x = a \end{cases}$$

wegen der formalen Übereinstimmung der Definition der Stetigkeit (Seite 143) und der Definition des Grenzwertes $\lim\limits_{x \to a} f(x)$ an der Stelle a stetig.

Zur Übung: 1

Aufgabe 2: *Übertragung der Sätze über stetige Funktionen auf Grenzwerte von Funktionen*

Übertrage die Sätze über stetige Funktionen aus dem Abschnitt A.3 (Seite 149 bis 152) auf den Grenzwert einer Funktion an der Stelle a. Verwende dabei die in der vorigen Information eingeführte Funktion $\tilde{f}$.

Lösung: Die Funktion f habe an der Stelle a den Grenzwert G_1. Die Funktion g habe an der Stelle a den Grenzwert G_2.

2. Bei den in den Übungsaufgaben **1** a) und **1** b) formulierten Sätzen ist der eine Satz die Umkehrung des anderen Satzes.
a) Begründe dies.
Beachte: Man erhält die Umkehrung eines Satzes, indem man Voraussetzung und Behauptung vertauscht.
b) Fasse beide Sätze zu einem Satz zusammen. Verwende dazu ... genau dann, wenn ...

Setze voraus, daß in jeder Umgebung von a noch Elemente des Definitionsbereichs von f liegen.

3. *Anwendung der Grenzwertsätze*
Löse Aufgabe **2** (Seite 28) und die zugehörigen Übungsaufgaben.

Herstellung des Zusammenhangs der Umgebungsdefinition des Grenzwertes mit der Folgendefinition des Grenzwertes
Auf Seite 25 wurde die Definition des Grenzwertes einer Funktion an der Stelle a mit Hilfe von Folgen angegeben. Auf dieser Seite wurde die Definition des Grenzwertes einer Funktion an der Stelle a mit Hilfe von Umgebungen angegeben. Beide Definitionen sind äquivalent, d.h. jede von beiden läßt sich aus der anderen folgern. Dies wird in den folgenden Übungsaufgaben geleistet.

4. In der Folgendefinition des Grenzwertes einer Funktion f an der Stelle a (Seite 25) wird vorausgesetzt, daß die Stelle a nicht isoliert zum Definitionsbereich der Funktion liegt. Dies entspricht bei der Umgebungsdefinition der Voraussetzung, daß in jeder Umgebung von a noch Elemente des Definitionsbereiches der Funktion f liegen.
Beweise daher:

a) Wenn a nicht isoliert zum Definitionsbereich von f liegt (d.h. wenn es eine Grundfolge $\langle x_n \rangle$ mit $x_n \neq a$ gibt, die gegen a konvergiert), dann liegt in jeder Umgebung von a noch mindestens ein Element des Definitionsbereiches von f.

b) Wenn in jeder Umgebung von a noch mindestens ein Element des Definitionsbereiches von f liegt, dann ist a nicht isoliert zum Definitionsbereich von f.

5. Zeige, daß aus der Umgebungsdefinition des Grenzwertes einer Funktion an der Stelle a die Folgendefinition des Grenzwertes der Funktion an der Stelle a (Seite 25) folgt.

Anleitung: Wähle eine beliebige Grundfolge $\langle x_n \rangle$, die gegen a konvergiert und zeige, daß die Folge $\langle f(x_n) \rangle$ der Funktionswerte gegen G konvergiert. Dazu muß man nach der Definition der Konvergenz von Folgen zeigen, daß in jeder Umgebung U(G) von einer Platznummer ab alle Glieder der Folge $\langle f(x_n) \rangle$ in U(G) liegen. Das folgt aber daraus, daß es zu U(G) eine Umgebung V(a) gibt und daß von einer Platznummer ab alle Glieder der Grundfolge $\langle x_n \rangle$ in V(a) liegen.

6. Zeige, daß aus der Folgendefinition des Grenzwertes einer Funktion an der Stelle a (Seite 25) die Umgebungsdefinition des Grenzwertes der Funktion an der Stelle a folgt.

Anleitung: Führe den Beweis indirekt. Nimm also an, es gäbe eine Umgebung U(G), so daß es in jeder Umgebung V(a) ein x_i gibt mit $f(x_i) \notin U(G)$. Konstruiere daraus eine Grundfolge $\langle x_n \rangle$, die gegen a konvergiert, deren zugehörige Folge $\langle f(x_n) \rangle$ der Funktionswerte jedoch nicht gegen G konvergiert.

Herstellung des Zusammenhangs zwischen der Umgebungsdefinition der Stetigkeit und der Grenzwertdefinition der Stetigkeit

7. Auf Seite 30 wurde die Stetigkeit mit Hilfe des Grenzwertes einer Funktion an der Stelle a definiert (Grenzwertdefinition der Stetigkeit). Auf Seite 150 dagegen ist die sogenannte Umgebungsdefinition der Stetigkeit angegeben worden. Beide sind äquivalent, d.h. aus jeder läßt sich die andere folgern.

a) Folgere aus der Umgebungsdefinition der Stetigkeit die Grenzwertdefinition.

Anleitung: Verwende Übungsaufgabe 1a.

b) Folgere aus der Grenzwertdefinition der Stetigkeit die Umgebungsdefinition.

Anleitung: Verwende Übungsaufgabe 1b.

Wir gehen über zu den Funktionen $\tilde{f}$ und $\tilde{g}$ mit

$$\tilde{f}(x) = \begin{cases} f(x) & \text{für } x \in D_f \setminus \{a\} \\ G_1 & \text{für } x = a \end{cases}$$

$$\tilde{g}(x) = \begin{cases} g(x) & \text{für } x \in D_g \setminus \{a\} \\ G_2 & \text{für } x = a \end{cases}$$

Dann sind die Funktionen $\tilde{f}$ und $\tilde{g}$ an der Stelle a stetig. Nach Satz **2** (Seite 150) ist dann auch die Summenfunktion $\tilde{f} + \tilde{g}$ an der Stelle a stetig. Ihr Funktionswert an der Stelle a ist $G_1 + G_2$, also ist $G_1 + G_2$ der Grenzwert der Summenfunktion.

Wir erhalten:

---

1. Grenzwertsatz für Summenfunktionen

Es sei $\lim_{x \to a} f(x) = G_1$, $\lim_{x \to a} g(x) = G_2$.

Dann hat die Summenfunktion an der Stelle a einen Grenzwert, und es gilt:

$$\lim_{x \to a} (f(x) + g(x)) = G_1 + G_2$$

Entsprechend erhält man die anderen Grenzwertsätze.

Gegeben seien die Funktionen u und v. Die Grenzwerte $\lim_{x \to a} u(x)$ und $\lim_{x \to a} v(x)$ sollen existieren. Dann gilt:

2. *Grenzwertsatz für Differenzfunktionen*

Der Grenzwert $\lim_{x \to a} (u(x) - v(x))$ existiert, und es gilt:

$$\lim_{x \to a} (u(x) - v(x)) = \lim_{x \to a} u(x) - \lim_{x \to a} v(x)$$

3. *Grenzwertsatz für Produktfunktionen*

Der Grenzwert $\lim_{x \to a} (u(x) \cdot v(x))$ existiert, und es gilt:

$$\lim_{x \to a} (u(x) \cdot v(x)) = \lim_{x \to a} u(x) \cdot \lim_{x \to a} v(x)$$

4. *Grenzwertsatz für Quotientenfunktionen*

Der Grenzwert $\lim_{x \to a} \dfrac{u(x)}{v(x)}$ existiert, sofern $v(x) \neq 0$ und $\lim_{x \to a} v(x) \neq 0$, und es gilt:

$$\lim_{x \to a} \frac{u(x)}{v(x)} = \frac{\lim_{x \to a} u(x)}{\lim_{x \to a} v(x)}$$

Zur Übung: **2** bis **7**

Zur Anwendung der Grenzwertsätze siehe auch Aufgabe **2**, Seite 28, und die zugehörigen Übungsaufgaben.

B. Zur Geschichte der Differentialrechnung

B.1. Anfänge im 17. Jahrhundert

Für die Geschichte der Mathematik bildet der Zeitraum von etwa 1630 bis 1730 eine herausragende Periode. Zwei Gebiete, die in dieser Zeit entwickelt worden sind, haben bis heute die Mathematik beeinflußt und bilden einen wichtigen Teil der Schulmathematik:

(1) *Analytische Geometrie:* Algebraische und geometrische Methoden werden miteinander verschmolzen; sie ist heute ein Teil der linearen Algebra.

(2) *Differential- und Integralrechnung:* Diese Gebiete wurden schnell die wichtigsten mathematischen Hilfsmittel der Naturwissenschaften und der Technik.

Welche Faktoren haben die Entwicklung beeinflußt?
In dem Streben nach politischer Macht und ökonomischem Fortschritt wandte im 17. Jahrhundert das Bürgertum in den Städten, aber auch der Adel, seine Aufmerksamkeit der Mathematik und den Naturwissenschaften zu. Colbert, Finanzminister Ludwig des XIV., entwickelte die erste staatlich gelenkte Nationalwirtschaft mit statistischer Haushaltsplanung.
Der Merkantilismus zielte auf eine aktive Handelsbilanz durch Ausfuhr hochwertiger Güter. Daher wurden Handel und Gewerbe, z.B. Manufakturen, gefördert.
In den Naturwissenschaften und der Mathematik wurden Möglichkeiten zur Steigerung der industriellen (und auch der militärischen) Technik gesehen und gefördert.

Wie verlief die Entwicklung?
Die Entwicklung der Differentialrechnung konnte erst beginnen, nachdem einige Hilfsmittel zur Verfügung standen:
(1) das Rechnen mit Variablen (Vieta (1540–1603)),
(2) die analytische Geometrie (Pierre Fermat (1601–1665) und René Descartes (1596–1650)),
(3) die graphische Darstellung von Funktionen (Nicole Oresme (1320(?)–1382)).
Den ersten bedeutenden Beitrag zur Entwicklung der Differentialrechnung lieferte Pierre Fermat. Über die Betrachtung von Tangenten fand er 1629 eine Methode zur Bestimmung von Extremstellen gegebener Funktionen. Das Verfahren von Fermat wurde u.a. von R. Descartes (1596–1650) weiterentwickelt. Zahlreiche Einzelprobleme wurden mit dieser neuen Methode gelöst, z.B. von Bonaventura Cavalieri (1598?–1647), Blaise Pascal (1623–1662), Isaac Barrow (1630–1677) und Christian Huygens (1629–1695).
Zur Weiterverbreitung trug das Buch „Arithmetica infinitorum" (1656) von John Wallis (1616–1703) bei.

Zeitalter der Entdeckung der Differentialrechnung

Politik

1648 Westfälischer Friede, Ende des Dreißigjährigen Krieges
1640–1688 Friedrich Wilhelm I. von Brandenburg, der Große Kurfürst
1643–1715 Ludwig XIV., der „Sonnenkönig", König von Frankreich
1685 Aufhebung des Ediktes von Nantes, Auszug der Hugenotten aus Frankreich
1640–1658 O. Cromwell setzt sich in England für eine Republik ein
1689 „Bill of Rights", das Parlament wird in England zum maßgeblichen Staatsorgan
1683 Türken belagern Wien
1689–1725 Zar Peter I., der Große, erringt den Aufstieg Rußlands zur Großmacht
1701 Preußen wird Königreich, Friedrich I. von Preußen

Kunst, Musik, Literatur und Philosophie

1585–1672 Heinrich Schütz, Kirchenmusikkomponist
1606–1684 Pierre Corneille, frz. Dichter
1606–1669 Rembrandt van Rijn, ndl. Maler
1607–1676 Paul Gerhardt, Kirchenlieddichter
1617(?)–1676 H.J.Chr. v. Grimmelshausen, Schriftsteller
1621–1695 Jean de La Fontaine, frz. Dichter
1622–1673 Jean-Baptist Molière, frz. Komödiendichter
1630–1648 Bau des Tadsch Mahal
1632–1675 Jan Vermeer van Delft, ndl. Maler
1632–1677 Baruch de Spinoza, Philosoph in Holland
1632–1704 John Locke, engl. Philosoph
1639–1699 Jean Baptiste Racine, frz. Dichter
1644–1737 Antonie Stradivari, ital. Geigenbauer
1659(?)–1695 Henry Purcell, engl. Komponist
1667–1745 Jonathan Swift, engl. Schriftsteller

Gründung wissenschaftlicher Einrichtungen

1635 Académie Française
1652 Kaiserlich Leopoldinisch-Carolinische Deutsche Akademie der Naturforscher
1662 Akademie der Wissenschaften „Royal Society" in England
1666 Akademie der Wissenschaften (= Naturwissenschaften) in Paris
1675 Sternwarte in Greenwich
1710 Preußische Akademie der Wissenschaften in Berlin

Gottfried Wilhelm Leibniz

Gottfried Wilhelm Leibniz wurde 1646, also zwei Jahre vor dem Ende des Dreißigjährigen Krieges, als Sohn eines Leipziger Notars und Universitätsprofessors geboren. Er war ein Universalgenie: Auf den Gebieten Philosophie und Mathematik, Geschichte und Sprachforschung, Jurisprudenz und Theologie, Naturwissenschaften und Technik hat er trotz seiner Inanspruchnahme als Diplomat und Politiker anregend und schöpferisch gearbeitet.

Schon als Achtjähriger lernte er allein, nur mit Hilfe eines illustrierten, lateinisch geschriebenen Buches Latein. Mit zehn Jahren las er die lateinischen und griechischen Klassiker im Original. Mit fünfzehn wurde er Student an der Universität in Leipzig, veröffentlichte ein Jahr später seine erste philosophische Schrift und wurde 1664 Magister der Rechtswissenschaft. Da man ihn in Leipzig wegen seiner Jugend nicht zur Promotion zulassen wollte, ging er an die später erloschene Universität Altdorf bei Nürnberg und wurde dort Doktor der beiden Rechte. Eine ihm angebotene Professur schlug er aus und trat vielmehr in den Dienst des Mainzer Kurfürsten Johann Philipp von Schönborn. Für ihn nahm Leibniz politische und diplomatische Aufgaben wahr und kam 1672 nach Paris. Vier Jahre, von einigen Reisen abgesehen, hielt er sich in dieser Stadt, die durch den Regenten Ludwig XIV. geprägt wurde, auf. Hier in Paris drang er in Gesprächen mit Huygens und durch das Studium der Schriften von B. Pascal, R. Descartes, J. Wallis u.a. in die neueste Mathematik ein. Er lernte die Mathematik der „Indivisiblen" kennen und konstruierte eine Rechenmaschine.

Leibniz war nicht nur als Mathematiker ideenreich, sondern befruchtete auch die mathematische Schreibweise. Von ihm stammt die Schreibweise des Differentialquotienten, die Schreibweise von Proportionen mit Doppelpunkt und Gleichheitszeichen $a:b=c:d$, die Verwendung der Potenzschreibweise a^x mit Variablen im Exponenten, der Multiplikationspunkt, die Determinantenschreibweise, die Indizes bei Koeffizienten usw.

B.2. Begründung der Differentialrechnung

Leibniz. Die Differentialrechnung – etwa so, wie sie heute in den Schulen unterrichtet wird – wurde zwischen 1673 und 1676 von Gottfried Wilhelm Leibniz entwickelt. Leibniz befand sich zu der Zeit in Paris, stand in engem Gedankenaustausch mit Huygens und studierte die Werke von Descartes und Pascal.

Bei der Lektüre von Pascals „Traité des sinus du quart de cercle" (1658) fand er das *charakteristische Dreieck* (wir sagen heute: *Steigungsdreieck*) und machte dies zur Grundlage seines ersten Ansatzes.

Die erste Veröffentlichung der Leibnizschen Differentialrechnung geschah 1684 in einem sechs Seiten langen Artikel in den „Acta eruditorum", einer mathematischen Zeitschrift, die 1682 gegründet worden war. Die Arbeit hatte den langen Titel „Nova methodus pro maximis et minimis, itemque tangentibus, quae nec fractas nec irrationales quantitas moratur, et singulare pro illi calculi genus" (Eine neue Methode für Maxima und Minima sowie für Tangenten, die durch gebrochene irrationale Werte nicht beeinträchtigt wird, und eine besondere Art des Kalküls dafür).

Eine fruchtbare Periode mathematischen Schaffens wurde durch diese Veröffentlichung eingeleitet. Vor allem zusammen mit den Brüdern Jakob und Johann Bernoulli wurden in kurzer Zeit viele Sätze der Differentialrechnung gefunden. 1696 erscheint das erste Lehrbuch der Differentialrechnung, die „Analyse des infiniment petits" von l'Hospital, das in wesentlichen Teilen aber von Johann Bernoulli geschrieben worden ist.

Newton. Schon vor Leibniz hatte Isaac Newton eine Form der Differentialrechnung aufgebaut. Er entdeckte seine Methode in den Jahren 1665/66, als er in seinem Geburtsort weilte, um sich vor der Pest zu schützen, die Cambridge heimsuchte. Aber nur wenige Gelehrte aus seiner Umgebung wußten von seiner Entdeckung. Sein Buchmanuskript „Methodus fluxionum et serium infinitarum" (Methode der fließenden Größen und unendlichen Reihen) wurde erst 1736 – also nach seinem Tode – in einer englischen Übersetzung veröffentlicht. Newtons Ansatz unterscheidet sich erheblich von Leibniz' Begründung der Differentialrechnung:

Alle veränderlichen Größen sind für ihn physikalische Größen, die von der Zeit abhängen. Die Variablen nennt er daher Fluenten, d.h. soviel wie „Fließende". Ihre zeitlichen Änderungen nennt er Fluxionen und bezeichnet diese durch einen übergesetzten Punkt. Diese Bezeichnung ist noch heute in der Physik für die Bezeichnung von Ableitungen nach der Zeit üblich.

Um die Beziehungen zwischen Fluenten und Fluxionen herzuleiten, benutzte er einen „gerade noch wahrnehmbaren Zuwachs einer Größe". Newtons Analysis war beeinflußt durch die Vorstellung sogenannter „Individsiblen", die in der Antike von Demokrit und Heron entwickelt worden war. So kann man sich z.B. eine Linie durch Bewegung eines Punktes erzeugt denken. Kugel, Kegel, Zylinder können entsprechend durch Drehen von Linien um eine Achse erzeugt werden.

Im Jahre 1629 schrieb der italienische Mönch Cavalieri (1598?–1647) eine systematische Darstellung der Theorie der Indivisiblen. Seine Betrachtungen werden z.T. noch heute benutzt, um die Rauminhalte von Pyramiden, schiefen Kegeln und schiefen Zylindern zu bestimmen.

Die Flußvorstellungen übernahm dann Newton von seinem Lehrer Isaac Barrow (1639–1677).

Prioritätsstreit. Der Streit um die Erstentdeckung der Differentialrechnung ist wohl der berühmteste Prioritätsstreit der Geistesgeschichte. In der Sache hat die historische Forschung Klarheit gebracht:

Newton entdeckte 1665/66 die Grundlagen der Fluxionsrechnung. Leibniz hingegen entwickelte erst seit 1675 seine Differentialrechnung. Dies geschah selbständig und nicht unter dem Einfluß Newtons. Newton und seine Anhänger folgerten (unzulässig) aus der Priorität der Fluxionsrechnung, daß Leibniz ein Plagiator gewesen sei. Diese Beschuldigung stützte sich darauf, daß Leibniz 1676 Newton-Briefe benutzt hatte, in denen die Ergebnisse der Fluxionsrechnung mitgeteilt waren. Seine Methode hatte Newton aber in einem Anagramm[1]) verschlüsselt.

In einer Antwort beschrieb Leibniz seinen „Calculus". Da Leibniz in seiner entscheidenden Veröffentlichung von 1684 an keiner Stelle erwähnte, daß Newton vor ihm zu einer ähnlichen Methode gelangt ist, war Newton – wie man aus einem späteren Verhalten ersehen kann – schwer gekränkt, und der Prioritätsstreit nahm immer heftigere und teilweise sogar nationalistische Züge an.

Zusammenfassend kann man feststellen, daß unabhängig voneinander auf verschiedenen Wegen Newton und Leibniz zum gleichen Ziel gekommen waren. Newton hat zwar sein Verfahren früher gefunden, die Methode und Schreibweise von Leibniz sind aber klarer und für Probleme der Mathematik besser geeignet.

---

[1]) *Anmerkung:* Werden die Buchstaben eines Wortes oder mehrere Wörter so versetzt, daß die neue Zusammenstellung wieder einen bestimmten Wortsinn ergibt, so spricht man von einem Anagramm, z.B. Tafel-Falte, Armut-Traum, Regen-Neger.
Die Gelehrten des 16. und 17. Jahrhunderts versteckten ihre Entdeckungen oft unter Anagrammen. So konnten sie ihre Überlegungen bzw. Entdeckungen gewissermaßen patentieren: Nur wer zu ähnlichen Erkenntnissen gekommen war, konnte i.a. das Anagramm entschlüsseln.

Nach dem Tode seines Gönners Philipp von Schönborn trat er 1676 in den Dienst des Herzogs von Hannover. Anfangs ließ sich seine Tätigkeit dort gut an, doch nach dem Tode des Herzogs 1679 wurde er von dessen Nachfolger bedrängt, sich um Verbesserungen an den Maschinen der Harzer Bergwerke zu bemühen und eine Geschichte des Herrschergeschlechtes der Welfen zu schreiben. Für eine Beschäftigung mit Mathematik fehlte so die Zeit und auch eine aufnahmebereite Atmosphäre. Dafür widmete er sich der Organisation der Wissenschaften. Auf seine Initiative wurde 1700 die Berliner Societät der Wissenschaften gegründet.

Als Leibniz 1716 starb, war er einsam und stand in Ungnade bei seinem Landesherren.

Isaac Newton

Isaac Newton wurde 1643 als jüngster Sohn eines Gutspächters in Woolsthorpe geboren. Er studierte von 1661 an Philosophie in Cambridge, dann seit 1664 Mathematik bei Barrow. Dieser zog ihn bald zu wissenschaftlichen Arbeiten heran. 1668 wurde er „Master of Arts", 1669 übernahm er den Lehrstuhl von Barrow, sein akademisches Amt übte er aber nur zwei Jahre aus. 1696 wurde er an die königliche Münzanstalt in London gerufen, der er ab 1699 vorstand. Er leitete hier die schwierige Aktion einer Währungsreform, die für die Entwicklung des sich ausweitenden Handels in England unumgänglich geworden war. Im Jahre 1703 wählte ihn die Royal Society of London zu ihrem Präsidenten. Verehrt als der größte englische Naturforscher wurde Newton nach seinem Tode im 85. Lebensjahr (1727) in der Westminster-Abtei beigesetzt. Newton hat zeitlebens wenig veröffentlicht, vor allem bezüglich der Mathematik. Die Werke, die seinen Ruf begründet haben, gehören in erster Linie der Physik an „Philosophiae naturalis principa mathematica" (1687) und „Optics" (1704).

In dem ersten Werk entwickelte er die Grundlegung der klassischen Mechanik, wie sie bis heute an den Schulen unterrichtet wird. Um 1672 formulierte er seine zu einem Abschluß gelangten Überlegungen zur Infinitesimalrechnung.

Augustin Louis Cauchy

Cauchy wurde 1789 geboren, also in demselben Jahr, in dem der Sturm auf die Bastille stattfand. Im Jahre 1805 begann er sein Studium an der Ecole Polytechnique, nachdem sein Vater seine Ausbildung vorher geleitet hatte. Als einer der besten Studenten beendete er sein Studium, wurde Ingenieur und beaufsichtigte u.a. den Ausbau des Hafens von Cherbourg. 1813 ging er nach Paris, um sich ganz wissenschaftlichen Arbeiten widmen zu können. Die wissenschaftliche Anerkennung folgte:

Er wurde Professor an der Ecole Polytechnique und an der Universität Sorbonne. Da Cauchy sehr königstreu eingestellt war, ging er nach der Revolution von 1830 freiwillig ins Exil. Er wirkte in Turin als Prinzenerzieher am Hofe des vertriebenen Karl X. in Prag.

1839 wurde er in das französische Amt für Maße und Gewichte gewählt. Durch die Toleranz, die nach 1848 herrschte, konnte er in seine Professur an der Ecole Polytechnique und der Universität zurückkehren. So konnte er bis zu seinem Tod 1857 in den Institutionen wirken.

Aus seinen Vorlesungen an der Ecole Polytechnique entstand sein Werk „Cours d'Analyse de l'Ecole Polytechnique" (Lehrgang der Analysis an der polytechnischen Schule). Zwar hatte es schon vorher Bücher zur Einführung in die Differentialrechnung gegeben, z.B. von L. Euler und J. Bernoulli, aber Cauchy gibt im Gegensatz zu seinen Vorgängern eine geschlossene Darstellung der Grundlagen der Analysis, wobei er von einer exakten Definition des Grenzwertes ausgeht.

Großen Anteil hatte Cauchy auch an der ersten Entwicklung der modernen Algebra. In einer Beweisskizze legte er dar, wie man zeigen könne, daß algebraische Gleichungen höheren als des vierten Grades nicht mehr durch eine Formel aufgelöst werden können. Seine Überlegungen zu Permutationen und Determinanten trugen zum Aufbau der Gruppentheorie bei.

Cauchy befaßte sich nicht nur mit reiner Mathematik. In zahlreichen Abhandlungen behandelte er Anwendungsprobleme, insbesondere solche aus der theoretischen Physik.

B.3. Weitere Entwicklung der Differentialrechnung

18. und 19. Jahrhundert. Die Methoden von Leibniz und Newton wurden von den Mathematikern des 18. Jahrhunderts mit großem Erfolg auf eine Fülle von Problemen angewendet. Vor allem die Brüder Jakob und Johann Bernoulli und Leonhard Euler (1707–1783) bearbeiteten in eleganter Weise viele Aufgaben, die vorher unlösbar erschienen waren.

Ein großes und reichhaltiges Lehrbuch, das mit seinen Bezeichnungen und Aufgaben die folgende Zeit lange bestimmte, war das Werk Eulers „Institutiones calculi differentialis" von 1775. In diesem Buch findet man praktisch die gesamte Differentialrechnung mit vielen schönen Beispielen und Anwendungen.

In der Zeit der ersten großen Erfolge der Differentialrechnung war die seit den Griechen in der Mathematik übliche Strenge verlorengegangen. Erst im 19. Jahrhundert ging man wieder daran, die Grundlagen der Mathematik genauer zu untersuchen. Entscheidend für die strenge Begründung der Differentialrechnung waren die Arbeiten von Augustin Louis Cauchy (1789–1857), der die heute noch üblichen Definitionen der grundlegenden Begriffe wie *Stetigkeit, Differenzierbarkeit* usw. schuf („Cours d'analyse" (1821), „Resumé des leçons données à l'école royale polytechnique" (1823)).

Die Überlegungen von Bernhard Bolzano (1815–1848), Georg Cantor (1845–1918) und Karl Weierstraß (1815–1897) brachten eine Klärung der logischen und mathematischen Grundlagen der Differentialrechnung.

20. Jahrhundert. In diesem Jahrhundert ist ein weiteres Teilgebiet der Mathematik neu hinzugekommen und hat insbesondere die Analysis beeinflußt:

Es ist dies das Gebiet der Topologie. 1906 führte M. Frechet in seiner Dissertation den Begriff des metrischen Raumes ein, in dem der Abstand eine zentrale Bedeutung hat. Kurz darauf erkannten F. Riesz und F. Hausdorff, daß die Konvergenz einer Folge in einer Menge sich bereits dann definieren läßt, wenn man nur den Begriff der Umgebung vorher festlegt. Damit war die Möglichkeit gegeben, einen topologischen Raum zu definieren. Die Theorie wurde vereinheitlicht und der Gültigkeitsbereich zugleich erheblich erweitert.

Die topologischen Strukturen sind zusammen mit algebraischen und Anordnungsstrukturen die drei Grundstrukturen, aus denen die Bereiche der Mathematik zusammengesetzt werden können. Eine Darstellung der Mathematik unter diesen einheitlichen Gesichtspunkten veröffentlichte gegen Ende der dreißiger Jahre dieses Jahrhunderts eine Gruppe zumeist französischer Mathematiker, die das Pseudonym N. Bourbaki benutzte.

Stichwortverzeichnis

Ableitung 60 f.
— an der Stelle a 58
— der Potenzfunktionen 69
—, höhere 62
—, zweite 62
Ableitungsfunktion 60 f.
Ableitungskurve 42
Ableitungsregeln 69 ff.
absoluter Hochpunkt 85
absoluter Tiefpunkt 85
arithmetisches Folge 8 f.

Berechnung
— der Sekantensteigung 44 f.
— der Tangentensteigung 44 f.
beschränkt 12
—, nach oben 12
—, nach unten 12

Definitionslücke 33
Differential 59
— operator 62
— quotient 59
Differenzenquotient 57
Differenzfolge 16
— -n, Grenzwertsatz für 16 f.
Differenzfunktionen, Grenzwertsatz
    für 27 f., 154
Differenzierbarkeit an der Stelle a 58
Differenzieren 61
—, zeichnerisches 39 f.
Differenzregel 75 f.
divergent 14
durchschnittliche Kosten 134
durchschnittlicher Steuersatz 131

Einkommen 128
Einkommensteuertabelle 128
Erlösfunktion 135
Erlöskurve 135
Extremalbedingungen 117
Extrema mit Nebenbedingungen 116
Extrempunkt 86
Extremstelle 86
Extremum 86

Faktorregel 71
Fehlergrenze 138
Folge 7 ff.
—, arithmetische 8 f.
—, der Funktionswerte 21
—, Differenz- 16
—, geometrische 10 f.
—, Grenzwert einer 14
— -n, Grenzwertsätze für 16 f.
—, Grund- 22
—, monotone 12
—, Null- 15
—, Produkt- 16
—, Quotienten- 16
—, Sekantensteigungs- 45 ff.
—, Summen- 16

Funktion
— Ableitungs- 60 f.
—, Grenzwert einer 19 f., 152 f.
— en, Grenzwertsätze für 27 f., 154
Funktionsuntersuchung 85, 110

geometrische Folge 10 f.
Gewinnfunktion 135
Gewinnkurve 135
Gewinnmaximierungsprinzip 135
Grenzgewinn 135
Grenzkosten 134
Grenzwert
— einer Folge 14
— einer Funktion 18 f., 152 f.
Grenzwertsätze
— für Folgen 16 f.
— für Funktionen 27 f., 154
Grundfolge 22

Häufungspunkt 16
hinreichendes Kriterium
— für relative Extremstellen 93, 99 f., 105
— für Wendestellen 107 f.
höhere Ableitung 62
Hochpunkt 42, 86
— absoluter 85
— relativer 86
horizontale Tangente 42, 87

isolierte Stelle 22

Kettenregel 80 f.
konstante Differenz 8
konstanter Quotient 10
konvergent 14
Krümmung 43
—, Links-, Rechts- 105
Krümmungsverhalten 104 f.

Linkskrümmung 105
Linkskurve 104

Maximum 86
Minimum 86
monoton fallend 12, 91
—, streng 91
monotone Folgen 12
monoton wachsend 12, 91
—, streng 91
Monotonie 90
Monotonieintervall 90
Monotoniesatz 91
— -es, Beweis des 121 ff.

Newtonsches Näherungsverfahren 135 f.
nicht differenzierbar 58
notwendiges Kriterium
— für relative Extremstellen 87 f.
— für Wendestellen 107
Nullfolge 15

obere Schranke 11

Parameteraufgaben 113 f.
Potenzfunktionen, Ableitungsregeln für 69
Produktfolge 16
Produktregel 76

Quotientenfolge 16
Quotientenregel 78

Randextremum 86
Rechtskrümmung 105
Rechtskurve 104
relativer Hochpunkt 86
relativer Tiefpunkt 86

Sattelpunkt 42, 109
Schranke
—, obere 11
—, untere 11
Sekantensteigung
—, Berechnung der 44 f.
— -en, Berechnung der 45
Sekantensteigungsfunktion 45 ff.
Steigung
— der Tangente 50 f.
— einer Geraden 39, 40
— einer Sekante 50 f.
— eines Funktionsgraphen in einem
    Punkt 39, 40
stetig
— an einer Stelle a 30, 142 f.
— -e, Erweiterung 33 f.
Stetigkeit 29 f., 142 f.
streng monoton
— fallend 91
— wachsend 91
Summen, Ableitungsregel für 69 ff.
Summenfolge 16
— -n, Grenzwertsatz für 16 f.
Summenfunktionen, Grenzwertsatz
    für 27, 154
Summenregel 73

Tangente 39, 40
— an eine Gerade 54
—, horizontale 42, 87
—, Wende- 43
Tangentensteigung
—, Berechnung der 44 f.
Tiefpunkt 42, 85
— absoluter 85
— relativer 86
Toleranzangabe 138 f.

Umgebung einer Zahl 13 f., 139 f.
untere Schranke 11
unstetig 29, 143

Wendepunkt 42, 105 f.
Wendestelle 106 f.
Wendetangente 43

zeichnerisches Differenzieren 39 f.

Rechengesetze für reelle Zahlen

1. Grundlegende Gesetze (Axiome)

Addition	Multiplikation
Abgeschlossenheit	

(A1) Jedem geordneten Paar $(a; b)$ mit $a, b \in \mathbb{R}$ ist eine ganz bestimmte Zahl $a + b \in \mathbb{R}$ zugeordnet.

(M1) Jedem geordneten Paar $(a; b)$ mit $a, b \in \mathbb{R}$ ist eine ganz bestimmte Zahl $a \cdot b \in \mathbb{R}$ zugeordnet.

Kommutativität

(A2) Für alle $a, b \in \mathbb{R}$ gilt: $a + b = b + a$.

(M2) Für alle $a, b \in \mathbb{R}$ gilt: $a \cdot b = b \cdot a$.

Assoziativität

(A3) Für alle $a, b, c \in \mathbb{R}$ gilt: $(a + b) + c = a + (b + c)$.

(M3) Für alle $a, b, c \in \mathbb{R}$ gilt: $(a \cdot b) \cdot c = a \cdot (b \cdot c)$.

Existenz eines neutralen Elementes

(A4) Für alle $a \in \mathbb{R}$ gilt: $a + 0 = a$ (also auch $0 + a = a$).

(M4) Für alle $a \in \mathbb{R}$ gilt: $a \cdot 1 = a$ (also auch $1 \cdot a = a$).

Gegenelementeigenschaft

Eingeschränkte Gegenelementeigenschaft

(A5) Zu jeder reellen Zahl a gibt es das additive Gegenelement $-a$ mit der Eigenschaft $a + (-a) = 0$ (also auch $(-a) + a = 0$).

(M5) Zu jeder reellen Zahl a außer 0 gibt es das multiplikative Gegenelement $\frac{1}{a}$ mit der Eigenschaft $a \cdot \frac{1}{a} = 1$ $\left(\text{also auch } \frac{1}{a} \cdot a = 1\right)$.

Distributivität

Für alle $a, b, c \in \mathbb{R}$ gilt: $a \cdot (b + c) = a \cdot b + a \cdot c$.

Vollständigkeit

Axiom von der Intervallschachtelung: Ist eine Folge von abgeschlossenen Intervallen $I_1, I_2, I_3, \ldots$ gegeben, die alle ineinander geschachtelt sind, d.h. für die gilt: $I_1 \supseteq I_2 \supseteq I_3 \supseteq \ldots$, so gibt es mindestens eine reelle Zahl, die in allen Intervallen liegt.

Archimedisches Axiom: Zu jedem Paar A, a von positiven reellen Zahlen gibt es eine natürliche Zahl n mit $n \cdot a > A$.

2. Aus den Axiomen herleitbare Sätze bzw. Definitionen

1. In einem Term der Form $a_1 + a_2 + \ldots + a_n$ bzw. $a_1 \cdot a_2 \cdot \ldots \cdot a_n$ darf man beliebig Klammern setzen und weglassen und die Glieder beliebig umstellen.

2. Ein Produkt ist genau dann gleich Null, wenn mindestens ein Faktor Null ist: $a \cdot b = 0 \Leftrightarrow (a = 0 \vee b = 0)$.

3. *Regeln über das additive Gegenelement:*
$$-(-a) = a$$
$$(-a) \cdot b = -(a \cdot b) \qquad a \cdot (-b) = -(a \cdot b)$$
$$(-a) \cdot (-b) = a \cdot b \qquad -(a + b) = (-a) + (-b)$$
$$\frac{-a}{b} = \frac{a}{-b} = -\frac{a}{b} \text{ (für } b \neq 0) \qquad \frac{-a}{-b} = \frac{a}{b} \text{ (für } b \neq 0)$$

4. *Sätze über Gleichungen:*
$$a = b \Leftrightarrow a + c = b + c$$
Für $c \neq 0$ gilt: $a = b \Leftrightarrow a \cdot c = b \cdot c$

Für $\frac{p^2}{4} - q \geq 0$ gilt: $x^2 + px + q = 0$
$$\Leftrightarrow \left(x = -\frac{p}{2} + \sqrt{\frac{p^2}{4} - q} \ \vee \ x = -\frac{p}{2} - \sqrt{\frac{p^2}{4} - q} \right)$$

5. *Definition der Subtraktion:*
$$a - b = a + (-b)$$

6. *Distributivgesetz für die Subtraktion:*
$$a \cdot (b - c) = a \cdot b - a \cdot c$$

7. *Binomische Formeln:*
$$(a + b)^2 = a^2 + 2ab + b^2$$
$$(a - b)^2 = a^2 - 2ab + b^2$$
$$(a + b) \cdot (a - b) = a^2 - b^2$$

8. *Bruchrechenregeln:*
$$\frac{a}{b} = \frac{a \cdot c}{b \cdot c} \text{ (für } b, c \neq 0) \qquad \frac{a}{b} \cdot \frac{c}{d} = \frac{a \cdot c}{b \cdot d} \text{ (für } b, d \neq 0)$$
$$\frac{a}{b} \cdot c = \frac{a \cdot c}{b} \text{ (für } b \neq 0) \qquad \frac{a}{b} : \frac{c}{d} = \frac{a \cdot d}{b \cdot c} \text{ (für } b, c, d \neq 0)$$
$$\frac{a}{b} : c = \frac{a}{b \cdot c} \text{ (für } b, c \neq 0) \qquad \frac{a}{c} + \frac{b}{c} = \frac{a + b}{c} \text{ (für } c \neq 0)$$

9. *Satz über Proportionen:*
$$\frac{a}{b} = \frac{c}{d} \Leftrightarrow a \cdot d = b \cdot c \quad \text{(für } b, d \neq 0)$$

10. *Definition der Potenzen:*
$$a^n = \underbrace{a \cdot \ldots \cdot a}_{n \text{ Faktoren } a} \quad (n \in \mathbb{N}) \qquad a^0 = 1 \quad a^{-n} = \frac{1}{a^n} \quad (n \in \mathbb{N}, a \neq 0)$$
$$a^{\frac{m}{n}} = \sqrt[n]{a^m} \quad (n \in \mathbb{N}, m \in \mathbb{Z}, a > 0)$$

11. *Potenzgesetze:*
Für $a, b \in \mathbb{R}^+$ und für $r, s \in \mathbb{Q}$ bzw. $\mathbb{R}$ gilt:

(P1) $a^r \cdot a^s = a^{r+s}$ (P2) $(a \cdot b)^r = a^r \cdot b^r$

(P1*) $a^r : a^s = a^{r-s}$

(P3) $(a^r)^s = a^{r \cdot s}$ (P2*) $\left(\frac{a}{b}\right)^s = \frac{a^s}{b^s}$